U0650455

"丽水市生物多样性本底调查"系列图书

编委会

主　编

雷金松

副主编

崔　鹏　陈灵敏

龙泉卷编委

（按姓氏笔画排序）

丁　晖　叶梦梅　朱战凯　刘春龙　刘海华　杜维涛　李小龙　李禄伟

　　　　吴　军　应　臻　张文文　范修亮　罗　艳　胡盛锋　莫冠华

龙泉卷参编人员

（按姓氏笔画排序）

马方舟　王　乐　王晨彬　王鹿敏　毛方芳　尧　袁　朱滨清　齐　鑫

孙骏威　杨　笑　杨善玲　吴延庆　吴　翼　陈水飞　周　旭　郑　笑

　　　　赵圣军　胡亚萍　娜　琴　盖宇鹏　葛晓敏　雷雅妮　雍　凡

龙泉卷参编单位

丽水市生态环境局

生态环境部南京环境科学研究所

丽水市生态环境局龙泉分局

序言

　　丽水是华东地区重要的生态屏障，拥有无与伦比的生态优势。为了保护好这一生态屏障，实现其生态功能稳定发挥，乃至进一步提升其生态功能，创造未来的生物产业，发挥其生态、经济和社会效益，就必须阐明其生态优势产生的根基是什么、构成生态功能的生物多样性的物种是哪些、是什么样的生态系统将这些物种组成和谐的生命共同体、如何才能保障其生态功能的可持续发挥等科学问题。丽水市生态环境局联合生态环境部南京环境科学研究所等 50 余家单位的科技工作者开展了这一系列的相关研究，取得了丰硕的科研成果，汇集了"丽水市生物多样性本底调查"系列图书。

　　丽水全域内海拔 1 000 m 以上的山峰有 3 573 座，森林覆盖率高达 81.7%，生态环境状况指数已连续 18 年位居全省第一，被称为"中国生态第一市"，也素有"江南秘境""浙江绿谷""天然氧吧"等美誉。良好的生态环境孕育了丰富的生物物种资源，丽水作为全国 32 个陆地生物多样性保护优先区之一，其物种多样性居全省之冠，是名副其实的生物宝库。

　　生物多样性是人类可持续发展的基础，是地球生命共同体的血脉和根基。生物多样性保护是一项浩大而复杂的生态工程，不仅需要多学科专家的合作，也需要政府与民间的共同努力，令人庆幸的是，当下人们越来越重视生物多样性保护。作为"绿水青山就是金山银山"理念的重要萌发地和先行实践地，丽水始终坚持"生态优先，绿色发展"这一核心战略，一以贯之地推进生物多样性保护工作，开展了一系列创新探索：高站位谋划，编制了《丽水市生物多样性保护与可持续利用发展规划（2020—2035 年）》；高标准保护，努力建设以百山祖国家公园为主体的自然保护地体系；全地域调查，高起点推进全域生物多样性调查工作，发现了百山祖角蟾、丽水丽丝盖伞等多种新物种，特别是曾被宣布灭绝的阳彩臂金龟又在丽水被发现有稳定种群，为丽水的生物多样性增添了浓墨重彩的一笔；数字化赋能、可持续利用、全社会参与……一系列行动彰显了丽水守护绿水青山的决心，也坚定着丽水未来携手共建万物和谐的美丽家园的方向。

"丽水市生物多样性本底调查"系列图书从多彩的生态系统、多样的物种和丰富的遗传资源等角度出发，以专业、故事、科普的多样化笔触系统展示了丽水生物多样性之丰、之美和之魅，让广大读者领略诗画浙江大花园最美核心区的无穷魅力。或是翱翔苍天，或是枕眠草木，万物一幕幕自由又安逸的剪影是对丽水生态最好的认可，也是丽水生物多样性的生动写照，彰显出丽水作为华东生物王国的独特魅力。当那些千姿百态的珍稀物种"组团"映入眼帘时，仿佛让人身临其境地融入奇妙多彩的丽水大自然。

多年从事生物学和林学研究的工作经历让我深刻体会到，生物圈中的每个生态系统都与周围的其他生态系统相关联。这种关联性表现在方方面面，比如长江和黄河作为河流生态系统，源自西部源头的森林生态系统、草原生态系统，河水奔流东去，滋润着沿途的农田生态系统，养育着亿万人口和其他生物，在沿途形成了湖泊生态系统、湿地生态系统，最终挟裹着陆地上的土壤和其他物质汇入海洋生态系统。丽水的生态保护和建设同样立足本地、关系到全国乃至全球的共同利益。

在 2021 年 10 月于昆明举办的《生物多样性公约》缔约方大会第十五次会议（COP15）第一阶段会议上，丽水在生态文明论坛上分享了生物多样性保护案例，得到了全世界的广泛关注和点赞。丽水的工作是令人瞩目的，也给我留下了非常深刻的印象。

如今，丽水继续秉承"绿水青山就是金山银山"的理念走向未来，不仅通过生物多样性保护实现生态屏障功能的可持续稳定发挥，而且在生态产业化和产业生态化思想的指引下，正在探索如何将保护生物资源的生产力转化为新兴产业，把生物多样性保护工作作为丽水建设共同富裕示范区的动力源泉。我们的心愿是，高水平打造"全国生物多样性保护引领区"，积极探索人与自然和谐共生之路，争当全球生物多样性保护与可持续利用的参与者、贡献者、引领者，为建设人与自然和谐共生的美丽家园做出更大贡献。

中国工程院院士

生物多样性本底调查是开展生物多样性保护的重要基础性工作。为进一步摸清浙江省生物多样性本底情况，有针对性地开展生物多样性保护与监管，浙江省生态环境厅和浙江省林业局联合发布《关于开展重点区域生物多样性调查评估工作的通知》（浙环发〔2019〕25 号），其中浙江省丽水市龙泉市被列为重点调查区域。根据该通知要求，丽水市生态环境局和丽水市生态环境局龙泉分局联合生态环境部南京环境科学研究所开展了龙泉市生物多样性本底调查，基本掌握了龙泉市生物多样性本底现状，为全面提升龙泉市生物多样性保护水平和管理决策能力提供了坚实的数据支撑。

2019—2020 年，龙泉市全域开展了为期一年的调查。该调查按照 10 km×10 km 网格进行抽样，调查内容涵盖生态系统、陆生维管植物、陆生脊椎动物（哺乳动物、鸟类、两栖爬行动物）、陆生昆虫、水生生物（淡水鱼类、大型底栖无脊椎动物）、大型真菌等类群。调查共记录到物种 4 138 种。其中，国家一级重点保护野生动植物 3 种，国家二级重点保护野生动植物 69 种。

陆生维管植物调查共记录到 1 315 种，隶属 177 科 707 属，其中蕨类植物 20 科 50 属 76 种，裸子植物 7 科 22 属 28 种，被子植物 150 科 635 属 1 211 种。国家一级重点保护野生植物 1 种，国家二级重点保护野生植物 30 种。

陆生脊椎动物调查共记录到 294 种，隶属 28 目 88 科，其中国家一级重点保护野生动物 2 种，国家二级重点保护野生动物 35 种。调查共记录到哺乳动物 7 目 17 科 31 种，其中国家一级重点保护野生动物 1 种，国家二级重点保护野生动物 4 种；鸟类共 18 目 53 科 195 种，其中国家一级重点保护野生动物 1 种，国家二级重点保护野生动物 30 种；爬行动物共 1 目 10 科 39 种；两栖动物共 2 目 8 科 29 种，其中国家二级重点保护野生动物 1 种。

陆生昆虫调查共记录到 18 目 236 科 2 116 种，其中国家二级重点保护野生动物 3 种。

水生生物调查共记录到淡水鱼类 6 目 16 科 62 种，其中国家二级重点保护野生动物 1 种；大型底栖无脊椎动物 165 种，隶属 5 门 8 纲 19 目 68 科 124 属。

大型真菌调查共记录到 18 目 49 科 186 种。

编　者

2024 年 1 月

目 录

第1章

总 论

1.1 区域概况

1.1.1 行政区划

龙泉市位于浙江省西南部的浙、闽、赣边境，东邻云和县、景宁县，南连庆元县，北接遂昌县、松阳县，西与福建省浦城县交界，地理范围介于北纬 27°42′～28°20′，东经 118°42′～119°25′。市区东西宽 70.25 km，南北长 70.80 km，总面积为 3 059 km²，其中山地面积近九成，有"九山半水半分田"之称。

作为"瓯婺八闽通衢""驿马要道，商旅咽喉"的龙泉市于 1990 年撤县立市，并由浙江省丽水市代管，是浙江省内占地面积第二大的县市，历来为浙、闽、赣毗邻地区商贸重地。

龙泉市下辖 4 个街道、8 个镇、7 个乡（包括 1 个民族乡），即：龙渊街道、西街街道、剑池街道、塔石街道；八都镇、上垟镇、小梅镇、查田镇、屏南镇、安仁镇、锦溪镇、住龙镇；兰巨乡、宝溪乡、龙南乡、道太乡、岩樟乡、城北乡、竹垟畲族乡。2021 年丽水市统计局公布的数据显示，截至 2020 年年末，龙泉市常住人口为 24.9 万人，城镇化率达 66.5%。

1.1.2 经济发展状况

2020 年，龙泉市实现地区生产总值 147.15 亿元，同比增长 3%。从分产业来看，第一产业增加值为 16.18 亿元，同比增长 2.2%；第二产业增加值为 51.13 亿元，同比增长 0.1%，其中工业增加值为 37.52 亿元，同比增长 3.1%；第三产业增加值为 79.84 亿元，同比增长 5.7%。三次产业结构从 11.1∶34.7∶54.2 调整到 11.0∶34.7∶54.3。

2020 年，龙泉市居民消费价格指数（CPI）为 102.6，比上一年下降 0.8 个百分点。八大类商品消费价格呈"六升二降"的运行态势。其中，居民消费价格总指数、食品烟酒、居住、生活用品及服务、教育文化和娱乐、医疗保健六类商品呈上升态势，衣着、交通和通信两类商品的消费价格有所下降。

全年实现财政总收入 14.64 亿元，同比增长 2.9%。其中，一般公共预算收入 9.17 亿元，同比下降 6.3%；一般公共预算支出 50.60 亿元，同比下降 11.7%。全年民生支出 39.00 亿元，占全部支出的 77.1%。其中，社会保障和就业支出 6.34 亿元，同比下降 11.8%；文化旅游体育与传媒支出 1.44 亿元，同比增长 20.5%；科学技术支出 1.05 亿元，同比增长 1.4%；卫生健康支出 5.54 亿元，同比增长 17.3%。

1.2 自然资源与地理环境

1.2.1 地质地貌

1. 地质

龙泉市地层下伏前泥盆系基底，上覆侏罗系火山岩盖层，其中夹杂大小不一的燕山期侵入体。出露的地层有前泥盆系陈蔡群、下侏罗统枫坪组、中侏罗统毛弄组、上侏罗统火山岩系、下白垩统朝川组及第四纪松散沉积物。

龙泉市的岩石主要有火山岩、侵入岩、变质岩和沉积岩。火山岩广泛分布在市境东部、东南部、北部，是该市主要地表岩类，代表性岩石为凝灰岩及流纹岩；侵入岩在市域内呈零星分布，属燕山早期和燕山晚期，主要分布在宝溪、住龙、宏山、南窖、小梅、茶丰、竹垟等地，有花岗岩、二长花岗岩、花岗斑岩、混合花岗闪长岩等；变质岩主要分布在该市西南部的宏山、兰巨、剑湖、茶丰、查田、青溪、小梅、四源、上垟、竹垟、八都、瀑云、锦溪、新民等乡镇，面积仅次于火山岩，岩石种类主要有变质岩的片岩类、片麻岩类和混合片麻岩类等；沉积岩主要分布在龙渊至半边月一带及宝鉴、上源、五梅垟等地，有砂岩、石英砂岩、砂砾岩、粉砂岩、页砂、炭质页岩等；混合岩主要有小查田的印支混合花岗闪长岩和石坑的混合二长花岗岩。

2. 地貌

龙泉市的地貌属华南褶皱系，其核部位于八都至花桥一带，呈北东走向，由陈蔡群变质岩组成。断裂是龙泉市主要的构造类型，域内各向断裂纵横交错，控制了地貌发育，以北北东向和北东向断裂为主。

龙泉市是浙江省内海拔最高的山地地貌区域之一，东南和西北部山脉绵亘，龙泉溪从西南向东北贯穿中部，群山平行于河谷并对称分布，西北部为仙霞岭山脉，其主峰为龙泉与遂昌之间的九龙山，海拔 1 724 m，东南部为洞宫山脉，其主峰为龙泉域内的凤阳山黄茅尖，海拔 1 929 m，为江浙第一峰。中部为龙泉溪大小不一的河谷小盆地，如安仁、龙渊、查田、小梅、八都等，最大的龙渊河谷盆地的面积约为 14 km²。此外，还有成片的缓坡地残留在山地中，域内地形中低中山占总面积的 69.17%，丘陵盆地占 27.92%，河谷平原占 2.91%，故有"九山半水半分田"之说。

1.2.2 气候特征

龙泉市位于中亚热带季风气候区，其特征是四季分明、雨量充沛、冬不严寒、夏无酷暑、春早夏长、温暖湿润。因地形复杂、海拔高低悬殊，当地气候基本呈垂直分布，光、热、水地域差异明显。海拔 800 m 以下的区域属于亚热带湿润季风气候，海拔 800 m 以上的区域近乎于暖温带湿润季风气候。

市域范围内群峰巍峨、山谷幽深、盆地平坦，特殊的地理环境形成了立体型的山区气候，不同高度季节差异很大。春季冷暖气流交汇频繁，气温逐渐回升，雨量开始增多，气温变幅大，偶有春寒或倒春寒出现。夏季分二期：5 月下旬至 7 月上旬为初夏梅雨期，雨量集中，多大雨、暴雨，时有洪涝发生，温度、湿度同步增长；7 月中旬至 8 月上旬为盛夏伏旱期，多晴热天气，局部有雷阵雨，气温高、日照长、蒸发大。海拔每升高 100 m，气温下降 0.53℃，即便是三伏时节，海拔 1 000 m 以上的山区气候仍很凉爽。秋季气温缓慢波动下降，昼夜温差大，是降水最少的季节。冬季气温急剧下降，多晴冷天气。

1.2.3 水文与水资源

1. 水文

龙泉市内的河流分属瓯江、钱塘江、闽江三江水系，西北部披云山"三江汇顶"：北坡之水汇入住溪，为钱塘江支流乌溪江之源；西坡之水汇入宝溪，流入福建省内的建溪，为闽江源头之一；南坡之水流经八都溪，注入瓯江上游的龙泉溪。

瓯江发源于凤阳山锅帽尖西北麓，域内长 90 km，流域面积为 2 488 km²，属山溪性河流；钱塘江发源于披云山北坡，经住溪北向流入遂昌县，域内长 58 km，流域面积为 340.1 km²；闽江发源于披云山西坡，经宝溪流入福建省内的建溪，域内长 28 km，流域面积为 98.1 km²。

河水悬移质含沙量较少，平时清澈可见河床全貌，洪水时才浑浊。遇强度大、范围广的暴雨时，河水挟带大量泥沙，伴随河底滚动的粒径较大的粗砂、石子向下游推进，淤积河道水库。每年 4 至 6 月的输沙率较大，11 月至翌年 1 月最小。

2. 水资源

2020 年，龙泉市降水量为 1 825.5 mm（折合降水总量为 55.841 1 亿 m³），比多年平均值偏少 2.8%。龙泉市水资源总量为 34.203 8 亿 m³，比多年平均值偏少 7.6%。龙泉市平均产水系数为 0.61，产水模数为 111.8 万 m³/km²。人均年拥有水资源量为 13 741.98 m³。

龙泉市有中型水库 4 座，年末总蓄水量为 0.199 7 亿 m³，比年初减少 0.021 2 亿 m³。龙泉市总供水量为 0.817 8 亿 m³，均为地表水源供水，水资源利用率为 2.4%。其中，农田灌溉用水量占

73.0%，林牧渔畜用水量占 1.6%，工业用水量占 10.1%，城乡居民生活用水量占 10.9%，城镇公共用水量占 3.5%，生态环境用水量占 1.0%[①]。

2020 年，龙泉市总耗水量为 0.529 3 亿 m³，平均耗水率为 64.7%。其中，农田灌溉耗水量为 0.429 8 亿 m³，占总耗水量的 81.2%。龙泉市城镇居民生活、第二产业、第三产业用水总量为 0.092 8 亿 t。龙泉市人均综合用水量为 328.61 m³，人均生活用水量为 35.76 m³（其中城镇和农村居民分别为 38.16 m³ 和 30.97 m³），农田灌溉亩均用水量为 255.41 m³，万元 GDP 用水量为 55.57 m³，万元工业增加值用水量为 21.91 m³。

1.2.4 土壤与矿产资源

1. 土壤

龙泉市的土壤母质分为残积母质、坡积母质、洪积母质和冲积母质四大类。其中，残积母质分布在山地及丘陵顶部，面积较小，在较平缓地区土层较厚，在地势陡处土层较薄，一般残积厚层约为 30 cm；坡积母质分布在山坡或山麓地段的沉积，风化层厚，在风化物中混有石砾，无分选性，通透性良好，土层深厚，土壤肥力较高，属凝灰岩类，土层较薄，土体中夹有棱角明显的石砾；洪积母质广泛分布在山谷、小溪沿岸，形成土壤差异较大，土层深达 1 m 以上，薄者仅数厘米，土性含沙砾重，无分选性，质地轻，土壤保肥保水性能差；冲积母质分布在瓯江两岸，由洪水泛滥沉积而成，堆积深厚，多为 1 m 以上，有明显的成层性，呈带状分布，近河床沉积物粗，远河床沉积物逐渐变细，冲积物分选性较好，土壤保水、保肥性好，因龙泉市冲积物系急流冲积，土壤层理性一般。

龙泉市域内的土壤有山地黄壤、红壤、潮土、水稻土 4 个土类，10 个亚类，50 个土属，67 个土种。土壤总面积约为 455 万亩[②]。其中，山地黄壤占总面积的 39.32%，主要分布在海拔 800 m 以上的山地；红壤占 50.1%，广泛分布在海拔 750～800 m 的低山丘陵区；潮土占 0.32%，分布在溪流沿岸滩地、阶地上，占旱地面积的 0.35%；水稻土占 10.26%，主要分布在海拔 150～1 200 m 的谷地、垄地、台地，以及沿溪的河谷平地，是耕地的主要土壤类型。

2. 矿产资源

龙泉市位于武夷山成矿带的北东段，域内矿产资源较丰富，铅锌等有色金属、金银等贵金属及萤石、瓷土等非金属矿产在浙江省内具有较为突出的优势，是丽水市乃至浙江省重要的矿产资源大市。域内矿产资源主要集中于龙泉市区南西锦溪—八都—宝溪—小梅—查田—兰巨一带，已探明的矿产资源有金、银、铜、铅锌、萤石、磁铁、叶蜡石、云母、黄铁、煤、明矾、石英石等，高岭土、紫金土等非金属矿资源蕴藏量较大，是制瓷的优质原料。

---

① 因四舍五入，各项加总不严格为百分之百，本书其余处不再特别说明。

② 1 亩=1/15 hm²。

第 2 章
调查技术方法

2.1 调查区域

调查范围为龙泉市全域，重点调查市域范围内的自然保护区、森林公园、饮用水水源保护区、生态公益林等重要生态功能区。

调查前，按照《关于发布县域生物多样性调查与评估技术规定的公告》（环境保护部公告〔2017〕84号）、《关于开展重点区域生物多样性调查评估工作的通知》（浙环发〔2019〕25号）的要求，采用 10 km×10 km 的网格作为基本调查单元，制作龙泉市 10 km×10 km 网格并进行编号，每个网格代表一个调查单元，共划分了 47 个调查单元。在市域范围内，若该调查单元面积≥25 km² （即网格面积的 25%），则视为有效调查单元，须纳入本次生物多样性调查范围；反之，则为非有效调查单元。经统计，龙泉市共有有效调查单元 39 个。

2.2 调查时间

2019 年 11 月，丽水市生态环境局委托生态环境部南京环境科学研究所在龙泉市开展为期一年的生物多样性本底调查。调查团队于 2019 年 12 月下旬启动了龙泉市鸟类冬季调查，随后陆续开展了陆生维管植物、两栖爬行动物、哺乳动物、水生生物、大型真菌等类群的调查，类群分别至少开展了 3 次野外调查，并结合遥感和地理信息技术对龙泉市的土地利用、植被类型、基础设施等生态系统格局及其变化进行了详细的描述。截至 2020 年 12 月，完成了龙泉市生物多样性本底调查工作。

2.3 调查方法

龙泉市生物多样性本底调查涉及龙泉市境内的生态系统和物种多样性调查，其中物种多样性调查具体包括陆生维管植物、陆生脊椎动物、陆生昆虫、水生生物和大型真菌等类群。

2.3.1 生态系统调查方法

1. 调查与评价内容

本项目调查主要基于遥感影像解译、地面核查及查阅历史资料等技术手段，调查龙泉市生态系统的主要类型、面积、组成和分布特征等，生态系统分类体系参考生态环境部"全国生态环境十年变化（2000—2010 年）遥感调查与评估"项目。生态系统调查与评价内容包括以下 3 个方面。

（1）生态系统类型分布与构成的现状评价

以 2019 年的数据为基础，分别从生态系统一级分类和三级分类分析与评估区域生态系统类型和空间分布特征，以及各类型生态系统构成和面积比例，具体内容如下：

① 分析区域内不同生态系统类型的空间分布；

② 分析与评价不同生态系统类型的构成与面积比例。

（2）生态系统分布与构成的变化评价

以 2010 年和 2019 年的数据为基础，分别从生态系统一级分类和三级分类分析与评价生态系统类型与分布的变化过程与趋势，具体内容如下：

① 分析与评价近 10 年各类型生态系统空间分布的变化特征；

② 分析与评价近 10 年各类型生态系统的构成与面积比例的变化特征。

（3）生态系统景观格局特征分析与评价

分别以生态系统一级分类和三级分类数据为基础，分析与评价该区域 2010 年和 2019 年两个时期的生态系统景观格局特征，重点评价生态系统的连通性、破碎化程度及其变化趋势。

2. 调查与评价指标

根据调查与评价内容，构建市域生态系统格局调查与评价指标体系（表 2-1）。

表 2-1 市域生态系统格局调查与评价指标体系

调查内容	调查与评价指标	数据需求
生态系统类型与结构	基于一级分类的各类生态系统类型结构比例	各类生态系统面积
		各类生态系统分布
	基于三级分类的各类生态系统类型结构比例	各子类型生态系统面积
		各子类型生态系统分布

调查内容	调查与评价指标	数据需求
生态系统结构变化	生态系统类型面积变化	2010—2019 年各时段一级和三级各类生态系统面积
生态系统景观格局特征及其变化	斑块数（NP）/个	2010—2019 年各时段一级和三级各类生态系统分布
	平均斑块面积（MPS）/hm²	2010—2019 年各时段一级和三级各类生态系统分布
	边界密度（ED）/（m/hm²）	2010—2019 年各时段一级和三级各类生态系统分布
	最邻近距离（ENN）/m	2010—2019 年各时段一级和三级各类生态系统分布
	聚集度指数（CONTAG）/%	2010—2019 年各时段一级和三级各类生态系统分布

3．调查与分析方法

（1）数据源与数据处理

遥感数据源：包括分辨率为 30 m 的环境卫星 CCD 影像或 Landsat TM/ETM 影像，以及高分遥感影像数据（10 m 以下）。市域尺度调查和评估使用环境卫星 CCD 影像或 Landsat TM/ETM 影像，重要物种栖息地调查与评价可采用高分遥感影像。遥感数据见表 2-2。

表 2-2　龙泉市生态系统评价遥感数据

卫星种类	分辨率	时相
环境卫星 CCD 影像	30 m	2010 年、2019 年
Landsat TM/ETM 影像	30 m	2010 年、2019 年
高分遥感影像	10 m 以内	2019 年

"3S"技术处理：运用 Erdas9.3 软件选取 60 个易于识别的同名地物点与实地调研的地面控制点对影像进行几何精纠正，均方根误差（RMSE）控制在 0.5 个像元之内。对纠正后的影像进行镶嵌处理，建立 2 个时期的区域遥感影像数据库。依据遥感图像中地物及其周边环境的颜色、纹理、形状、结构等特征，结合已有成果及野外调查数据，建立研究调查区遥感解译标志。以实地考察区域特点的结果为基础，结合专家经验，采用先目视解译、后非监督分类的方法将区域的生态系统类型进行解译。2010 年和 2019 年两期生态系统空间分布数据集的精度要求至少达到三级分类水平。

（2）分析和评价方法

本研究调查的各项任务主要以构建评价指标体系进行分析和评估。各项任务的分析和评价方法如下：

① 基于一级分类的各类生态系统结构比例

该比例指土地覆被分类系统中基于一级分类的各类生态系统的面积比例。计算方法为

$$P_{ij} = \frac{S_{ij}}{TS} \qquad (2\text{-}1)$$

式中，P_{ij}——土地覆被分类系统中基于一级分类的第 i 类生态系统在第 j 年的面积比例；

S_{ij}——土地覆被分类系统中基于一级分类的第 i 类生态系统在第 j 年的面积，km^2；

TS——评价区域总面积，km^2。

② 基于三级分类的各类生态系统类型结构比例

该比例指土地覆被分类系统中基于三级分类的各类生态系统的面积比例。计算方法为

$$P'_{ij} = \frac{S'_{ij}}{TS} \tag{2-2}$$

式中，P'_{ij}——土地覆被分类系统中基于三级分类的第 i 类生态系统在第 j 年的面积比例；

S'_{ij}——土地覆被分类系统中基于三级分类的第 i 类生态系统在第 j 年的面积，km^2；

TS——评价区域总面积，km^2。

③ 生态系统类型面积变化

该变化指研究区一定时间范围内某种生态系统类型的数量变化情况。计算方法为

$$E_v = EU_b - EU_a \tag{2-3}$$

式中，E_v——研究时段内某一生态系统类型的变化；

EU_a、EU_b——研究期初（EU_a）及研究期末（EU_b）某一种生态系统类型的面积，km^2。

④ 斑块数

斑块数（NP）指评价范围内斑块的数量，可应用 GIS 技术及景观结构分析软件 FRAGSTATS 4.1 进行计算。其生态学意义是，斑块个数可以反映景观的空间格局，经常被用于描述整个景观的异质性，一般规律是斑块个数越多，破碎度越高；斑块个数越少，破碎度越低。

⑤ 平均斑块面积

平均斑块面积（MPS）指评价范围内的平均斑块面积，可应用 GIS 技术以及景观结构分析软件 FRAGSTATS 4.1 进行分析，计算方法如下：

$$MPS = CA/NP \tag{2-4}$$

式中，MPS——平均斑块面积，hm^2；

CA——景观或某一斑块类型总面积，hm^2；

NP——斑块数量，个。

其生态学意义是，MPS 代表一种平均状况，在景观结构分析中反映两方面的意义：一是景观中 MPS 值的分布区间对图像或地图的范围及景观中最小斑块粒径的选取有制约作用；二是 MPS 可以指征景观的破碎程度。

⑥ 边界密度

边界密度（ED）可以从边形特征描述景观的破碎化程度。计算方法为

$$\mathrm{ED}_i = \frac{1}{A_i}\sum_{j=1}^{m} P_{ij} \tag{2-5}$$

$$\mathrm{ED} = \frac{1}{A}\sum_{i=1}^{m}\sum_{j=1}^{m} P_{ij} \tag{2-6}$$

式中，ED——景观边界密度，$\mathrm{m/hm^2}$；

　　　A——斑块面积，$\mathrm{hm^2}$；

　　　m——1，2，3，…，m；

　　　P_{ij}——景观中第 i 类景观要素斑块与相邻第 j 类景观要素斑块间的边界长度，m。

其生态学意义是，ED 可以从斑块的边界周长方面反映景观类型的破碎程度。ED 值越大，景观类型被边界割裂的程度越高；反之，景观类型保存完好、连通性高。该指标在一定程度上反映了景观类型的破碎化程度，与生态扩散过程相关，也影响干扰的扩散。

⑦ 最邻近距离

最邻近距离（ENN）指某景观类型斑块之间的平均最邻近距离。计算方法为

$$\mathrm{ENN} = \frac{\displaystyle\sum_{i=1}^{m}\sum_{j=1}^{n} h_{ij}}{N} \tag{2-7}$$

式中，ENN——最邻近距离，m；

　　　i——斑块类型，$i = 1$，…，m；

　　　j——斑块数目，$j = 1$，…，n；

　　　h_{ij}——斑块 ij 与其最近邻体的距离，m；

　　　N——景观中斑块总数，个。

其生态学意义是，一般来说 ENN 值大，反映出同类型斑块间的相隔距离远，分布较离散；反之，说明同类型斑块间的相隔距离近，呈团聚分布。另外，斑块间距离的远近对干扰很有影响，如距离近，相互间容易发生干扰；距离远，相互干扰就少。

⑧ 聚集度指数

聚集度指数（CONTAG）反映景观中不同斑块类型的非随机性或聚集程度。计算方法为

$$\mathrm{CONTAG} = \left[1 + \left(\sum_{i=1}^{m}\sum_{k=1}^{m}\left[P_i\left(\frac{g_{ik}}{\displaystyle\sum_{k=1}^{m} g_{ik}}\right)\right]\left[\ln(P_i)\left(\frac{g_{ik}}{\displaystyle\sum_{k=1}^{m} g_{ik}}\right)\right] / 2\ln(m) \right) \right](100) \tag{2-8}$$

式中，CONTAG——聚集度指数；

P_i——i 类型斑块所占面积百分比，%；

g_{ik}——i 类型斑块和 k 类型斑块毗邻的数目，个；

m——景观中的斑块类型总数目，个。

其生态学意义是，理论上，CONTAG 值较小时表明景观中存在许多小斑块，趋于 100 时表明景观中有连接度极高的优势斑块类型存在。CONTAG 指标描述的是景观里不同斑块类型的团聚程度或延展趋势。该指标因含有空间信息而成为描述景观格局最重要的指数之一。一般来说，聚集度指数高说明景观中的某种优势斑块类型形成了良好的连接性；反之，则表明景观是具有多种要素的密集格局，景观的破碎化程度较高。

2.3.2 陆生维管植物调查方法

陆生维管植物多样性调查主要依据龙泉市的自然生态系统类型，通过野外实地调查，并结合对历史资料的整理分析，全面了解龙泉市陆生维管植物的种类组成、种群分布等。调查对象包括蕨类植物、裸子植物和被子植物。对于国家、浙江省重点保护野生植物或特有物种的分布区域，适当增加调查强度。在市域陆生维管植物物种多样性现状的基础上，评估物种丰富度、特有种及珍稀濒危状况。

1．调查方法

样线法：陆生维管植物调查主要采用样线法，在植物生长旺盛的地点布设调查样线，徒步开展调查。随时记录沿途观察到的植物种类、分布、生境等信息，拍摄植物及其生境照片，并记录调查线路轨迹。当调查样线不能连续行走时，可采取分段的方式。森林类型的调查样线每条长度不低于 3 km，灌丛类型的调查样线每条长度不低于 2 km，草地、湿地、经济林类型的调查样线每条长度不低于 1 km。

样方法：重点物种调查采用样方法，森林群落样方大小为 10 m×10 m，灌丛群落样方大小为 5 m×5 m，草本群落样方大小为 2 m×2 m，观察记录重点物种所在生境、植物群落信息及种群状况等。

2．鉴定方法

蕨类植物：野外肉眼直接观察或利用手持放大镜观察，记录蕨类植物根状茎、叶片，尤其是孢子囊群、孢子囊穗的形态特征，并记录蕨类植物种类。分别拍摄植物生长环境、个体全貌特征、根状茎、茎、叶、孢子囊群、孢子囊穗的特征照片。适当采集具有孢子囊群、孢子囊穗的蕨类植物标本，那些在野外调查过程中难以确定种类的必须采集植物标本，以便在室内作进一步的物种鉴定。

裸子植物：野外肉眼直接观察或利用手持放大镜观察，记录裸子植物茎、叶、大小孢子叶球或雌雄球花，尤其是球果的形态特征，并记录裸子植物种类。分别拍摄植物生长环境，植物个体全貌特征，植物茎、叶、雌雄球花、球果的特征照片。适当采集具有枝叶、雌雄球花、球果的植物标本，那些在野外调查过程中难以确定种类的必须采集植物标本，以便在室内作进一步的物种鉴定。

被子植物：野外肉眼直接观察或利用手持放大镜观察，记录被子植物茎、叶、花、果实的形态特征，并记录植物是否含有乳汁、挥发油，是否为寄生或腐生植物及其寄主植物，利用挖掘工具适当采集一些草本植物的地下营养器官，如根状茎、块茎、鳞茎、球茎、块根等。分别拍摄植物生长环境，植物个体全貌特征，植物地下营养器官，地上茎、叶、花、果实及种子的特征照片。适当采集具有枝叶、花、果实的植物标本，那些在野外调查过程中难以确定种类的必须采集植物标本，以便在室内作进一步的物种鉴定。

3．调查工具

野外调查仪器与工具主要有手持可折叠的 10 倍放大镜、手持 GPS、望远镜、枝剪、铁锹、标本采集袋、标本夹、瓦楞纸板、挂号牌、野外采集记录本、钢卷尺、长卷尺、测深杆、测高杆、TruPulse 激光测高测距仪、防水工作服、高筒胶靴、橡胶手套、铁耙、锚型沉水植物打捞器、水桶、铅笔、签字笔、数码相机及防雨、防晒、防虫咬等防护用品和创可贴、消毒酒精等常规药品。

室内植物标本压制与鉴定、数据录入常用仪器与工具主要有植物标本材料烘箱、吸水纸、标本夹、体视显微镜（解剖镜）、显微摄影装置、镊子、解剖针、台式电脑、标本柜等。

2.3.3　陆生脊椎动物调查方法

通过野外实地调查，并结合对历史资料的整理分析，全面了解龙泉市陆生脊椎动物（包括哺乳动物、鸟类和两栖爬行动物）的物种组成、分布、生境、受威胁因素和保护现状，并针对重点保护野生动物的栖息地适当增加调查强度，在龙泉市陆生脊椎动物物种多样性现状的基础上，评估物种丰富度及其分布状况、栖息地质量、受威胁情况及保护现状。根据各动物类群采用不同的调查方法和工具。

1．哺乳动物

（1）调查方法

红外相机自动拍摄法：对于大中型哺乳动物，采用红外相机自动拍摄法调查，在林地、灌丛生境设置红外相机。红外相机设置拍照+视频模式，每 2～3 个月更换一次相机内存卡并获取照片，根据照片读取动物种类信息。

笼捕法：对于小型陆生哺乳动物，如刺猬、啮齿类等，采用笼捕法调查，于下午天黑前在林间、灌丛、草地、水边等生境布设捕鼠笼，放置诱饵，次日上午进行检视，对捕到的动物拍照记录。使用 GPS、相机等设备准确记录时间、地点、动物种类和数量等数据。

铗日法：对于小型陆生哺乳动物，如啮齿类等，采用铗日法调查，于下午天黑前布设铗子，放置诱饵，次日上午进行检视，对捕到的动物拍照记录。使用 GPS、相机等设备准确记录时间、地点、动物种类和数量等数据。

网捕法：对于飞行类哺乳动物采用网捕法调查，其中对于洞穴型翼手目，采用网捕法调查其物种和个体数量；对于树栖型翼手目，将雾网或蝙蝠竖琴网安放在林道等飞行活动通道，捕获并记录物种和个体数量。使用 GPS、相机等设备准确记录时间、地点、动物种类和数量等数据。

（2）调查工具

调查工具包括地图、GPS 定位仪、对讲机、卫星电话、照相机、红外相机、夜视仪、摄像机、录音机、捕鼠笼、鼠铗、雾网、竖琴网及必要的野外防护设备和药品等。

2. 鸟类

（1）调查方法

样线法：调查人员选择鸟类活动频繁的时段，以 1.5～3 km/h 的步行速度沿着设置好的固定样线行走，记录沿线两侧（包括前方）各约 100 m 看到和听到的鸟类。调查时用双筒望远镜确定目标，并记录鸟类名称、数量、经纬度、海拔、所处生境类型、栖息地受干扰情况及影像等信息。每条样线长度为 1～2 km。

样点法：以观察者为中心形成一个圆，记录一定范围内的所有鸟类个体。调查时用双筒望远镜或单筒望远镜确定目标，记录观察到的鸟类名称、数量、经纬度、所处生境类型、栖息地受干扰情况及影像等信息。

红外相机辅助调查法：结合哺乳动物红外相机自动拍摄法开展地面活动的鸟类调查，尤其是鸡形目等的调查，具体的调查方法详见哺乳动物调查方法部分。

（2）调查工具

调查工具包括 GPS 定位仪、双筒望远镜、单筒望远镜（三脚架）、数码相机、记录本、笔、工具书等。

3. 两栖爬行动物

（1）调查方法

两栖爬行动物调查以样线法为主，调查记录样线两侧的两栖爬行动物。对于一些狭域分布的物种，如角蟾等，需要选择特定繁殖季、固定繁殖场来开展详细调查，获取翔实的数据。对于龙泉市植被类型保存较好的地区，如南部的凤阳山区域，适当增加调查力度，开展栖息地的全面调查。另外，在生境比较复杂、可视性较差的地区，可扩大范围详细搜寻。

样线法：根据影响两栖爬行动物分布的环境因素，如海拔梯度、植被类型、水域等科学合理地设置样线，样线应尽可能包含各种生境类型，包括水域、耕地、林地等。两栖动物调查以短样线为主，样线长度在 100～500 m；爬行动物调查以长样线为主，样线长度在 500～2 000 m。样线的宽度根据视野情况而定，一般为 2～6 m。对于样线难以达到最低要求的特殊情况，可以适当增加样线数。采用样线法调查时，调查人员应沿样线观察两栖爬行动物，行进期间对看到的或路死个体进行现场鉴定并记录物种名称、形态、经纬度和个体数量。每条样线通常分配 2～3 人开展调查，其中 1～2 人负责调查报告种类和记录数量，1 人负责拍照并记录轨迹样线信息，包括海拔、地理坐标、栖息地生境等信息。

走访调查法：走访的对象主要是当地管理部门的技术人员及当地居民，通过向他们展示动物图鉴核实近期见到的两栖爬行动物种类，并了解其分布状况，最终确定龙泉市内现有两栖爬行动物种类及分布情况。

室内分子鉴定：对于在野外不易鉴定到种的个体及可能为新种的个体，应采集少量个体标本带回至室内，经清水冲洗，最终用浓度为 75% 的酒精保存。根据需要进行组织取样，用于后续的 DNA 测序鉴定。

（2）调查工具

调查工具包括 GPS 定位仪、数码相机、头灯、手电筒、录音设备、抄网、塑料袋、密封袋、塑料瓶、水鞋、塑料桶、记录表、记录笔、镊子、针线、注射器、麻醉瓶、纱布、脱脂棉、乙醇、常备药品及野外个人防护用品等。

2.3.4　陆生昆虫调查方法

陆生昆虫多样性调查尽可能涵盖龙泉市全部的陆生昆虫物种种类，其中蝴蝶作为环境指示生物物种是必须调查的类群。通过调查了解龙泉市陆生昆虫的分布、生境状况等，综合评估龙泉市陆生昆虫物种丰富度和空间分布格局。

1. 调查方法

样线法：调查时沿生境路线缓慢匀速前行，速度为 1～2.5 km/h。不固定调查样线长度，根据典型生境区域情况开展调查。样线踏查行进期间记录物种名称和个体数量、经纬度、海拔、生境类型等信息，两人一组，一人观测拍照，报告种类和数量，另一人记录。记录样线左右各 2.5 m、上方 5 m、前方 5 m 范围内见到的所有昆虫及枯枝落叶、树洞、石块下等生境中的种类和数量。对于非保护物种和不能确定的种类，采用网捕后进行鉴定的方法完成，现场鉴定疑难样本应带回实验室进行处理或借用分子手段进行鉴定。调查主要在晴朗或多云、温暖、风速小于 40 km/h 的气候条件下进行。白天的调查时间一般为 9：00—18：00，考虑有些昆虫的夜行性活动习性，夜晚在植被丰富区域增加一些补充调查，调查采用样线法、灯诱法、陷阱法等。调查避开夏季中午极热天气或大风大雨天气。

马来氏网法：马来氏网是一种架设于野外的帐幕类采集工具，其底部及垂直面为黑色纱网，上部为白色网，当昆虫从地下爬出，或沿地面飞行时受垂直网拦截停下，利用昆虫的趋光性和趋高习性，引导其向上爬入顶部的采集筒中（采集筒须加酒精）来完成定点采集，记录采集到的物种名称、数量、采集点经纬度、海拔、生境类型、采集时间、人员等信息。

灯诱法：即在夜晚应用灯光将具有趋光性的昆虫吸引过来再行采集的方法。选择典型生境开阔区域进行夜间采集和灯诱法调查，时间一般为 19：00—22：00。诱虫灯采用高压汞灯，功率为 450 W，保障诱虫灯有足够的亮度和射程，使用落地式白色幕布支架进行昆虫诱集，记录采集到的物种名称、数量、采集点经纬度、海拔、生境类型、采集时间、人员等信息。

　　陷阱法：在主要样线的典型生境（植被丰富、生境多样）布设陷阱，采用一次性塑料杯子（＞100 mL）布设于样线上，杯子放置于土壤中，杯口上沿与地面平齐，在距离杯口 2/3 处设置出水口。杯中盛有化学诱捕剂（陈醋、高度白酒及蝉粉等组成）以引诱附近的昆虫，陷阱内建议用糖、醋、酒精、水等组成引诱剂或防腐剂。记录采集到的物种名称、数量、采集点经纬度、海拔、生境类型、采集时间、人员等信息。

2．调查工具

　　调查工具包括长焦照相机、微距照相机、捕虫网（包括气网、扫网、马来氏网）、高压汞灯、蓄电池（+逆变器）、灯诱设备、黄盘、一次性塑料杯、工兵铲、无水酒精、白酒、陈醋、可乐、洗涤灵、三角纸袋、标本保存瓶、GPS 定位仪、记录本、标签纸、记录笔、铅笔、吸水纸、昆虫针、三级台、标本盒、自封袋、氨水、注射器、针插标本板、镊子、解剖针、乳胶手套、胶鞋、手电筒等。

2.3.5　水生生物调查方法

　　水生生物多样性调查工作主要针对龙泉市的湖泊、水库和河流等水域进行实地调查，并结合历史资料收集整理，全面了解龙泉市包括淡水鱼类、大型底栖无脊椎动物在内的水生生物物种种类组成和种群分布等，并综合评估水生生物栖息地质量及受威胁状况。根据不同类群的生活习性采取不同的调查方法和工具。

1．淡水鱼类

（1）调查方法

鱼类多样性调查以现场捕获法为主，并辅以渔获物统计法和走访调查法。

　　现场捕获法：在溪流和坑塘等区域的断面和样点处进行自行采集，以撒网、浮网、拖网、地笼等采样工具采集鱼类样本，记录采集到的物种名称、数量、采集点经纬度、海拔、生境类型、采集时间、人员等信息。

　　渔获物统计法：统计调查水体区域内各类渔具、渔法所捕捞的渔获物中的所有种类。

　　走访调查法：走访渔民、码头、水产市场等有当地鱼类交易的地方，或者休闲垂钓的地方，采集鱼类标本进行补充调查。

（2）调查工具

　　调查工具包括解剖剪、镊子、水桶、福尔马林溶液、乙醇、自封袋、标本瓶、解剖镜、电子秤、手抄网等渔具、流速仪、GPS 定位仪、深水温度计、透明度盘、多普勒剖面仪、水质分析仪、标签纸等。

2．大型底栖无脊椎动物

（1）调查方法

大型底栖无脊椎动物调查在河道可涉水区域进行，采用彼德逊采泥器、D 形网、带网夹泥器等工具在河道断面进行采样，每个断面尽可能多地采集不同生境的小样方。每个小生境样方的采集距离为 30 cm，一个调查点需采集 10～15 个小样方。经 40 目钢筛筛洗后置于酒精内保存，带回实验室进行后续处理。

彼德逊采泥器采样：采用 1/16 m^2 的普通彼德逊（水深小于 3 m）或加重彼德逊（水深大于 3 m）开展调查，通常每个样点需要完成 3 个成功的彼德逊泥样，用于采集昆虫幼虫、寡毛类及小型软体动物。

拖网采样：在水深小于 2 m 的河流沿岸的浅水区使用拖网进行定性样品采集。采样时，将拖网（带有重锤）抛入水中，在船上缓慢拖行（船速 5～10 km/h）20～30 m 后提起拖网。

带网夹泥器采样：是一种大型底栖动物夹网，用来采集大型软体动物，采集面积为 1/16 m^2。采得泥样后应将网口闭紧，放在水中涤荡，清除网中泥沙，然后提出水面，拣出其中全部螺、蚌等底栖动物。

采样框定量采样：滩涂大型底栖动物采样时根据滩涂湿地现场状况用 GPS 精确定位确定站位，以后的采集站位根据首次的经纬度确定。定量采集用面积为 0.15 m^2 的采样框确定采样范围，选取框内范围的所有大型底栖动物，包括砾石表面的动物；挖出采样框内的底泥，用孔径 0.1 mm 的筛子冲洗去泥，获取大型底栖动物，挖掘深度约为 30 cm。每站重复采样两次，获得样品合并为一个，作为该站样品。

定性采集：定性采集是在采集点附近尽可能多地采集生物样品种类，补充定量采集生物种数的不足。所获生物样品用 95% 的酒精固定后带回实验室。

室内鉴定：在实验室内对所获样品进行挑选、种类鉴定、个体计数和电子天平称重，统计并计算种数、栖息密度、生物量。样品采集和实验室内处理均按照《海洋调查规范　第 6 部分：海洋生物调查》（GB/T 12763.6—2007）进行。在生物取样的同时，利用温度计对采样点的间隙水温度进行现场精确测量并记录。

（2）调查工具

调查工具包括标本箱、称重工具、GPS 定位仪、数码相机、地图、彼德逊采泥器、D 型网、拖网、样品瓶、深水温度计、直尺、游标卡尺、光学显微镜、体视显微镜等。

2.3.6　大型真菌调查方法

大型真菌多样性调查主要依据龙泉市主要自然生态系统类型，通过野外实地调查，并结合对历史资料的整理分析，全面了解龙泉市大型真菌物种组成、分布、生境、威胁因子和保护现状，重点关注食用价值和药用价值较高的菌种分布情况，在龙泉市大型真菌物种多样性现状基础上，评估物种丰富度、特有性和应用价值等信息。

1. 调查方法

样线法：依据生境类型选择调查样线，沿着选定样线对遇到的大型真菌进行标本及影像采集，并录入其生境、基物、GPS 点位、分布地点等关键数据信息，样线长度不少于 500 m，每年调查 3 次。

访谈（问）法：通过访谈的形式对采集、利用真菌资源有经验的农户、当地有关技术人员和专家进行访问。走访当地市场，了解该地出产的和自由市场上出售的各种野生食用菌和药用菌的情况。

2. 调查工具

调查工具包括 GPS 定位仪、便携烘干机、标本盒、标尺、采集刀（铲）、野外采集记录本、铅笔、签字笔、数码相机、笔记本电脑、标签、吸水纸、锡纸、镊子、个人野外调查防护用品与装备等。

第 3 章

生态系统

3.1 生态系统结构特征

根据 2019 年生态系统遥感调查结果，龙泉市森林生态系统的面积为 2 468.20 km²，约占区域总面积的 81.27%，主要为常绿针叶林、常绿阔叶林和针阔混交林，分别约占该系统总面积的 49.56%、23.88% 和 19.69%；灌丛生态系统的面积为 48.54 km²，约占区域总面积的 1.59%，主要为常绿阔叶灌木林，约占该系统总面积的 97.88%；草地生态系统的面积为 34.32 km²，约占区域总面积的 1.12%，为草丛；湿地生态系统的面积为 57.49 km²，约占区域总面积的 1.88%，为河流和水库/坑塘，分别约占该系统总面积的 58.18% 和 41.82%；农田生态系统的面积为 322.79 km²，约占区域总面积的 10.55%，主要为水田，约占该系统总面积的 75.19%；城镇生态系统的面积为 109.46 km²，约占区域总面积的 3.58%，主要为居住地和交通用地，分别占该系统总面积的 66.71% 和 24.34%；裸地生态系统的面积为 0.20 km²，约占区域总面积的 0.01%，主要为裸岩，约占该系统总面积的 85.00%（表 3-1）。结果显示，龙泉市以自然生态系统为主，约合占区域总面积的 85.85%，其中生物多样性丰富的森林生态系统占主导地位，广泛分布于全市，在东南和西北部集中连片；非自然生态系统则主要为农田和城镇生态系统，约合占区域总面积的 14.13%，呈现中部集聚，其余区域零星散布。

表 3-1 龙泉市三级生态系统构成特征

代码	一级	代码	二级	代码	三级	2010 年		2019 年	
						面积/km²	比例/%	面积/km²	比例/%
1	森林	11	阔叶林	111	常绿阔叶林	598.99	19.58	593.78	19.41
				112	落叶阔叶林	68.32	2.23	67.28	2.20
			合计			667.31	21.81	661.06	21.61

代码	一级	代码	二级	代码	三级	2010 年		2019 年	
						面积/km²	比例/%	面积/km²	比例/%
1	森林	12	针叶林	121	常绿针叶林	1 242.51	40.62	1 232.21	40.28
				122	落叶针叶林	106.5	3.48	103.37	3.38
				合计		1 349.01	44.10	1 335.58	43.66
		13	针阔混交林	131	针阔混交林	497.28	16.26	489.56	16.00
		合计				2 513.60	82.17	2 486.20	81.27
2	灌丛	21	阔叶灌丛	211	常绿阔叶灌木林	48.06	1.57	47.51	1.55
				212	落叶阔叶灌木林	0.48	0.02	0.34	0.01
				合计		48.54	1.59	47.85	1.56
		22	针叶灌丛	221	常绿针叶灌木林	0.87	0.03	0.69	0.02
		合计				49.41	1.62	48.54	1.59
3	草地	31	草地	313	草丛	36.72	1.20	34.32	1.12
		合计				36.72	1.20	34.32	1.12
4	湿地	42	湖泊	422	水库/坑塘	22	0.72	24.04	0.79
		43	河流	431	河流	31.7	1.04	33.45	1.09
		合计				53.7	1.76	57.48	1.88
5	农田	51	耕地	511	水田	252.99	8.27	242.72	7.93
				512	旱地	61.54	2.01	55.26	1.81
				合计		314.53	10.28	297.98	9.74
		52	园地	521	乔木园地	3.7	0.12	3.38	0.11
				522	灌木园地	23.14	0.76	21.43	0.70
				合计		26.84	0.88	24.81	0.81
		合计				341.37	11.16	322.79	10.55
6	城镇	61	居住地	611	居住地	46.36	1.52	73.02	2.39
		62	城市绿地	623	草本绿地	9.37	0.31	8.26	0.27
		63	工矿交通	631	工业用地	5.98	0.20	1.53	0.05
				632	交通用地	2.44	0.08	26.64	0.87
				合计		8.41	0.27	28.18	0.92
		合计				64.14	2.10	109.46	3.58
7	裸地	71	裸地	713	裸岩	0	0.00	0.17	0.01
				714	裸土	0.06	0.00	0.03	0.00
		合计				0.06	0.00	0.2	0.01

3.2　生态系统变化分析

2010—2019 年，龙泉市的生态系统呈城镇、湿地和裸地总面积增加，而森林、农田、草地和灌丛总面积减少的趋势（图 3-1）。10 年间，森林生态系统面积共减少 27.40 km²，减少的主要为常绿针叶林、针阔混交林和常绿阔叶林，分别减少了 10.30 km²、7.72 km² 和 5.21 km²；减少的森林主要转向城镇、农田和湿地，其中减少的常绿针叶林和针阔混交林主要转向交通用地和居住地，常绿阔叶林主要转向交通用地和水田（表 3-2、表 3-3）。灌丛生态系统面积减少了 0.87 km²，减少的主要为常绿阔叶灌木林；灌丛主要转向城镇，其中减少的常绿阔叶灌木林主要转向交通用地和居住地。草地生态系统的面积减少了 2.40 km²，减少的为草丛；减少的草地主要转向城镇，其中减少的草丛主要转向居住地。湿地生态系统的面积共增加了 3.79 km²，增加的主要为水库/坑塘和河流；增加的湿地主要来源于森林和农田，其中增加的河流主要来源于水田、水库/坑塘和常绿针叶林，增加的水库/坑塘主要来源于河流。农田生态系统的面积共减少了 18.58 km²，减少的主要为水田和旱地，分别净减少了 10.27 km² 和 6.28 km²；减少的农田主要转向城镇，其中减少的水田和旱地主要转向居住地和交通用地。城镇生态系统的面积共增加了 45.32 km²，增加的主要为居住地和交通用地，分别净增加了 26.66 km² 和 24.20 km²；增加的城镇主要来源于农田和森林，其中增加的居住地主要来源于水田、旱地和常绿针叶林，增加的交通用地主要来源于水田、常绿针叶林和针阔混交林。裸地生态系统面积共增加了 0.14 km²，增加的主要为裸岩；增加的裸地主要来源于湿地和森林，其中增加的裸岩主要来源于河流。结果显示，龙泉市生态系统之间的整体变化较小，主要存在于城镇、农田和森林之间，相互之间的转化相对频繁，而其余自然生态系统的整体变化程度较小。

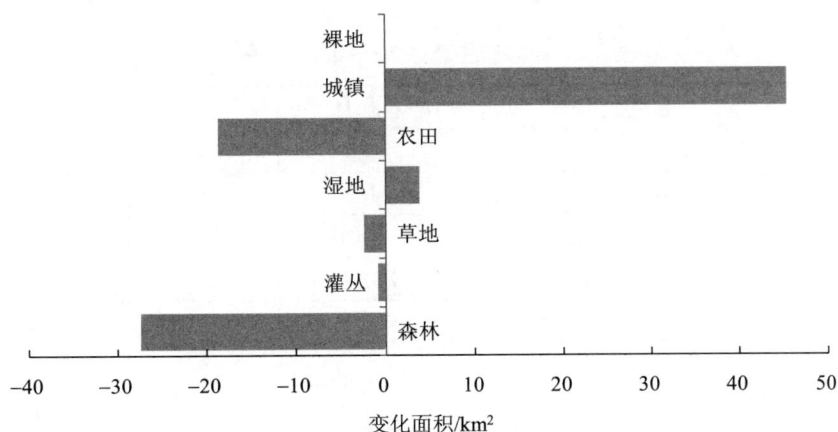

（a）一级生态系统

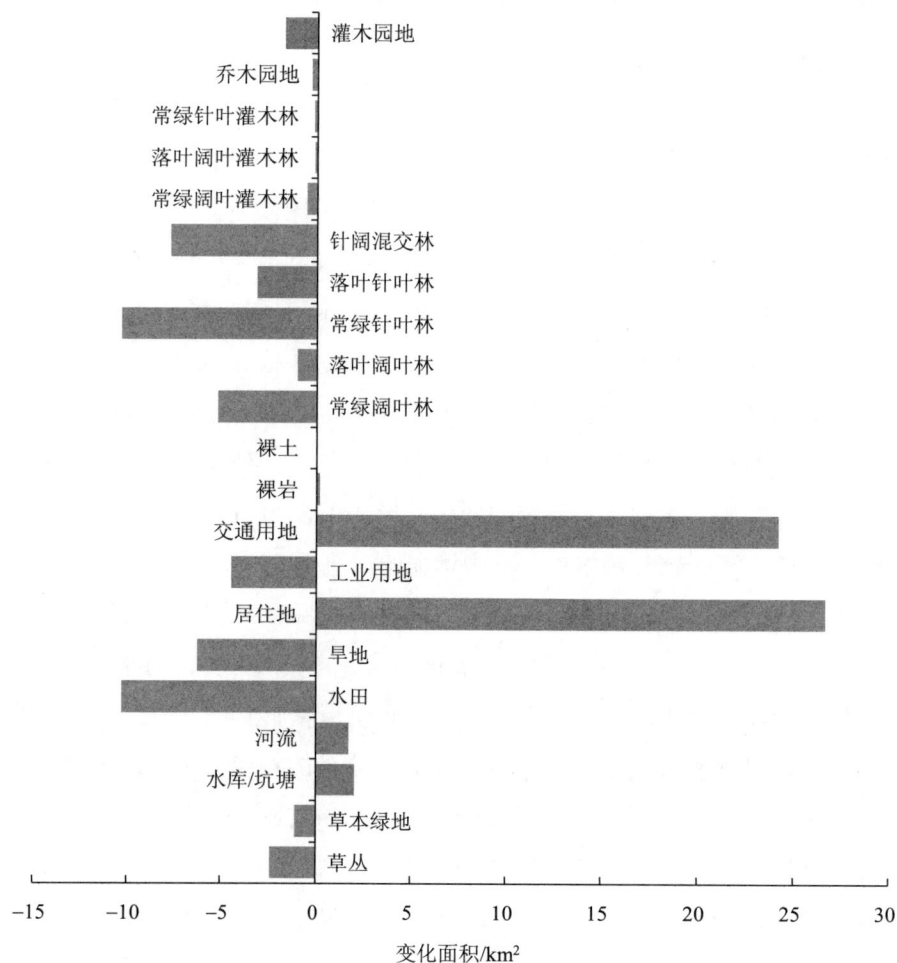

（b）三级生态系统

图 3-1　龙泉市 2010—2019 年生态系统面积变化

表 3-2　龙泉市生态系统一级转移矩阵

单位：km²

	森林	灌丛	草地	湿地	农田	城镇	裸地
森林	2 484.81		0.12	3.93	4.87	19.79	0.07
灌丛		48.54		0.25	0.03	0.58	
草地	0.00		34.14	0.30	0.52	1.77	0.00
湿地	0.85		0.02	48.99	0.14	3.62	0.09
农田	0.00		0.00	2.84	311.34	27.18	0.00
城镇	0.55		0.05	1.17	5.90	56.49	0.00
裸地				0.00		0.03	0.03

表 3-3　龙泉市生态系统三级转移矩阵　　　　　　　　　　　　单位：km²

	草丛	草本绿地	水库/坑塘	河流	水田	旱地	居住地	工业用地	交通用地	裸岩	裸土	常绿阔叶林	落叶阔叶林	常绿针叶林	落叶针叶林	针阔混交林	常绿阔叶灌木林	落叶阔叶灌木林	常绿针叶灌木林	乔木园地	灌木园地
草丛	34.1	0.0	0.1	0.2	0.5	0.1	1.2		0.6	0.0		0.0									
草本绿地		8.3	0.0	0.1	0.4	0.1	0.4		0.2												
水库/坑塘			20.0	1.3	0.0	0.0	0.2		0.1	0.0				0.3							
河流	0.0		1.3	26.4	0.1	0.0	2.0	0.0	1.3	0.1				0.5	0.0	0.0					
水田	0.0		0.5	1.3	232.6	0.0	12.5	0.0	6.1	0.0				0.0							
旱地	0.0		0.2	0.6	0.3	53.0	5.3	0.0	2.2												
居住地	0.0		0.3	0.8	4.1	0.6	37.4	0.0	2.7	0.0		0.0	0.0	0.3					0.2		
工业用地		0.0			0.2	0.0	3.5	1.5	0.8												
交通用地		0.0	0.0	0.6			0.2		1.6												
裸土		0.0					0.0		0.0	0.0											
常绿阔叶林	0.0		0.4	0.6	1.4	0.0	1.1	0.0	1.8	0.0		633.3	0.0								
落叶阔叶林	0.0		0.1	0.1	0.0		0.5		0.4	0.0			67.3								
常绿针叶林	0.1		0.6	0.9	1.4	0.7	3.6	0.0	4.2	0.0				1 231.1							
落叶针叶林	0.0		0.1	0.2	0.3	0.0	1.5	0.0	1.0	0.0					103.4						
针阔混交林	0.0		0.2	0.6	0.6	0.5	2.9	0.0	3.0	0.0						489.4					
常绿阔叶灌木林			0.0	0.0	0.0		0.2		0.3								47.5				
落叶阔叶灌木林			0.0	0.0	0.0		0.1		0.0									0.3			
常绿针叶灌木林			0.1	0.1			0.0		0.0										0.7		
乔木园地			0.1	0.0			0.1		0.1											3.4	
灌木园地			0.0	0.1	0.4	0.1	0.6		0.4	0.0											21.4

注：精确到小数点后 1 位。

3.3　生态系统景观格局分析

　　根据 2019 年生态系统景观格局的分析结果，龙泉市一级生态系统斑块数为 26 149 个，平均斑块面积为 11.70 hm²，边界密度为 46.92 m/hm²，聚集度指数为 73.87%，最邻近距离为 144.43 m（表 3-4）。

表 3-4　龙泉市一、三级生态系统景观格局特征及其变化

年份	斑块个数（NP）/个		平均斑块面积（MPS）/hm²		边界密度（ED）/（m/hm²）		聚集度指数（CONT）/%		最邻近距离（ENN）/m	
	一级	三级	一级	三级	一级	三级	一级	三级	一级	三级
2010	9 862	40 139	31.02	7.62	37.03	103.77	76.16	58.09	260.20	206.58
2019	26 149	63 212	11.70	4.84	46.92	114.17	73.87	57.24	144.43	164.40

其中，斑块主要为城镇、农田和灌丛，其斑块数分别为 15 429 个、3 402 个和 3 057 个；平均斑块面积则以森林为最大，为 239.98 hm²，最小为裸地，为 0.28 hm²；边界密度以森林为最大，为 34.57 m/hm²，农田次之，为 25.62 m/hm²，最小为裸地，为 0.05 m/hm²；最邻近距离以裸地为最大，为 918.91 m，以森林为最小，为 82.31 m（表 3-5）。

表 3-5　龙泉市一级类别斑块景观格局特征及其变化

类型	斑块数（NP）/个		边界密度（ED）/（m/hm²）		平均斑块面积（MPS）/hm²		最邻近距离（ENN）/m	
	2010 年	2019 年	2010 年	2019 年	2010 年	2019 年	2010 年	2019 年
森林	806	1 036	30.48	34.57	311.86	239.98	86.55	82.31
灌丛	3 015	3 057	7.10	7.08	1.64	1.59	313.38	306.51
草地	1 015	1 141	3.66	3.73	3.62	3.01	402.90	355.29
湿地	946	2 015	5.02	6.31	5.68	2.85	147.49	115.97
农田	2 610	3 402	22.05	25.62	13.08	9.49	176.79	144.13
城镇	1 468	15 429	5.73	16.47	4.37	0.71	313.44	101.21
裸地	2	69	0.01	0.05	3.06	0.28	40 738.91	918.91

龙泉市三级生态系统的斑块数为 63 212 个，平均斑块面积为 4.84 hm²，边界密度为 114.17 m/hm²，聚集度指数为 57.24%，最邻近距离为 164.40 m（表 3-4）。其中，斑块主要为交通用地、常绿阔叶林、常绿针叶林和落叶针叶林，其斑块数分别为 16 668 个、8 215 个、6 178 个和 5 868 个；平均斑块面积则以常绿针叶林为最大，为 19.95 hm²，水库/坑塘次之，为 11.78 hm²，最小为交通用地，仅为 0.16 hm²；边界密度以常绿针叶林为最大，为 63.92 m/hm²，以裸土为最小，仅为 0.01 m/hm²；最邻近距离以裸土为最大，为 40 804.08 m，以常绿针叶林为最小，为 93.05 m（表 3-6）。

2010—2019 年，龙泉市生态系统景观格局的总体特征变化较大，一、三级类型中斑块数和边界密度呈快速上升趋势，而平均斑块面积、聚集度指数和最邻近距离呈明显下降趋势。一、三级类型的斑块数分别增加 16 287 个和 23 073 个，边界密度分别增加 9.89 m/hm² 和 10.40 m/hm²；平均斑块面积分别减少 19.01 hm² 和 2.71 hm²，最邻近距离分别减少 115.77 m 和 42.18 m，聚集度指

数分别减少 2.29% 和 0.85%。

表 3-6　龙泉市三级类别斑块景观格局特征及其变化

类型	斑块数 （NP）/个		边界密度 （ED）/（m/hm²）		平均斑块面积 （MPS）/hm²		最邻近距离 （ENN）/m	
	2010 年	2019 年	2010 年	2019 年	2010 年	2019 年	2010 年	2019 年
草丛	1 015	1 141	3.66	3.73	3.62	3.01	402.90	355.29
草本绿地	111	146	0.82	0.83	8.44	5.66	1 668.75	1 035.98
水库/坑塘	92	204	1.10	1.40	23.91	11.78	1 458.31	709.47
河流	939	1 988	4.04	5.13	3.38	1.68	103.02	99.27
水田	2 925	3 563	19.37	21.63	8.65	6.81	175.39	149.40
旱地	1 143	1 488	5.47	6.03	5.38	3.71	343.57	269.51
居住地	1 379	4 478	4.54	9.79	3.36	1.63	331.53	169.16
工业用地	24	220	0.27	0.32	24.90	0.70	112.93	105.20
交通用地	132	16 668	0.44	9.75	1.85	0.16	122.40	102.46
裸岩	0	67	0.00	0.05	0.00	0.25	0.00	597.15
裸土	2	2	0.01	0.01	3.06	1.40	40 738.91	40 804.08
常绿阔叶林	8 107	8 215	42.01	42.38	7.26	7.11	117.22	116.08
落叶阔叶林	3 349	3 389	8.69	8.69	2.04	1.99	251.93	248.10
常绿针叶林	5 927	6 178	62.91	63.92	20.96	19.95	94.08	93.05
落叶针叶林	5 732	5 868	14.30	14.26	1.86	1.76	195.60	190.73
针阔混交林	5 801	6 042	30.62	31.13	8.57	8.10	148.18	143.70
常绿阔叶灌木林	2 860	2 889	6.85	6.87	1.68	1.64	319.50	313.73
落叶阔叶灌木林	46	47	0.08	0.07	1.05	0.73	2 614.21	2 470.12
常绿针叶灌木林	118	129	0.17	0.16	0.74	0.54	1 783.08	1 499.10
乔木园地	112	115	0.30	0.31	3.30	2.94	1 431.18	1 301.78
灌木园地	325	375	1.88	1.91	7.12	5.71	819.57	606.72

　　生态系统中，变化较大的是城镇、农田和森林，其斑块数分别增加 13 961 个、792 个和 230 个，平均斑块面积分别减少 3.66 hm²、3.59 hm² 和 71.88 hm²。结果显示，龙泉市的破碎化程度随着城市化的进程不断加剧，森林被分割，面积萎缩。

第 4 章

陆生维管植物

4.1 物种组成

通过调查，龙泉市记录到的陆生维管植物共有 177 科 707 属 1 315 种（含种以下单位，下同）。其中，蕨类植物有 20 科 50 属 76 种；种子植物有 157 科 657 属 1 239 种，其中裸子植物门共有 7 科 22 属 28 种，被子植物门共有 150 科 635 属 1 211 种。各类植物的科级组分、属级组分和种级组分分析如图 4-1 所示，被子植物门占绝大部分，其科级、属级和种级占比分别为 84.7%、89.8% 和 92.1%，占比最低的为裸子植物门，分别仅占 4.0%、3.1% 和 2.1%。各类植物的各级（科级、属级和种级）占比均非常相似。

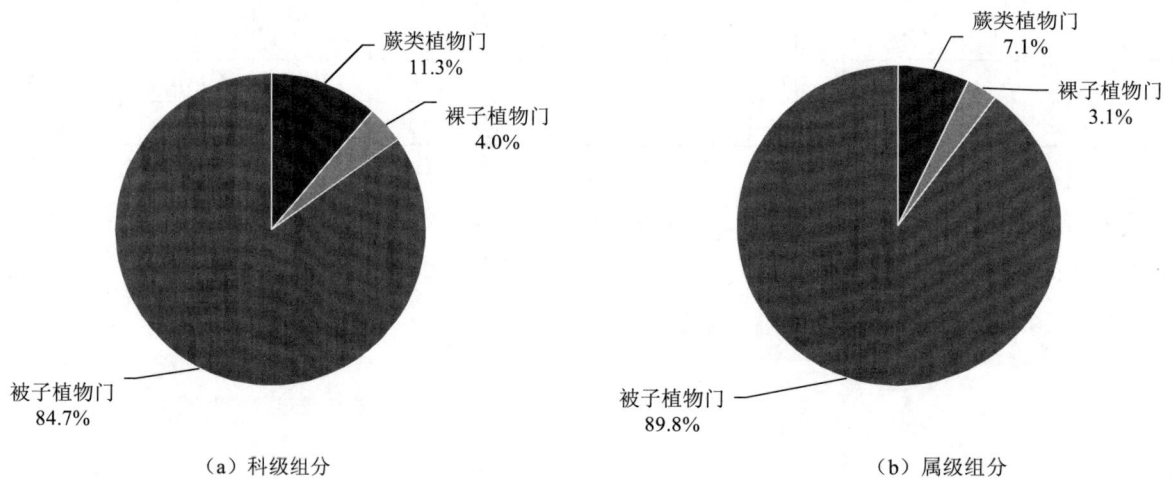

（a）科级组分　　　　　　　　　　　　　　（b）属级组分

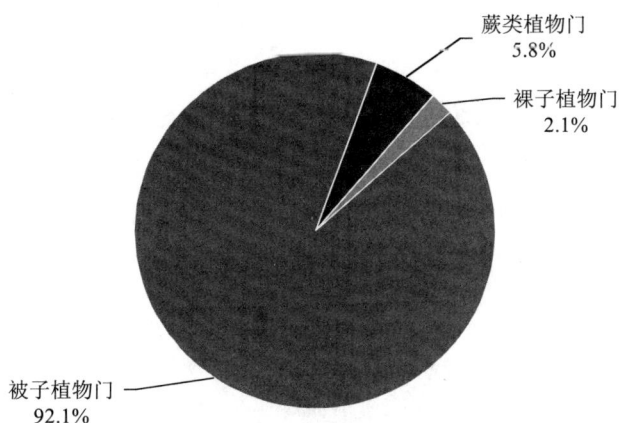

（c）种级组分

图 4-1　龙泉市陆生维管植物各门下的科、属、种组分分析

4.1.1　蕨类植物

龙泉市记录到的蕨类植物有 20 科 50 属 76 种，占陆生维管植物总种数的 5.8%，海金沙科（Lygodiaceae）、骨碎补科（Davalliaceae）、瓶尔小草科（Ophioglossaceae）、槐叶蘋科（Salviniaceae）、铁角蕨科（Aspleniaceae）和合囊蕨科（Marattiaceae）6 科内仅 1 种植物；种数最多的科为鳞毛蕨科（Dryopteridaceae），有 4 属 11 种，占蕨类植物总种数的 14.5%；其次是水龙骨科（Polypodiaceae），有 8 属 10 种，占蕨类植物总种数的 13.2%；卷柏科（Selaginellaceae）有 1 属 8 种，凤尾蕨科（Pteridaceae）有 5 属 8 种，各占蕨类植物总种数的 10.5%；金星蕨科（Thelypteridaceae）有 7 属 7 种，占蕨类植物总种数的 9.2%；石松科（Lycopodiaceae）有 3 属 6 种，占蕨类植物总种数的 7.9%；碗蕨科（Dennstaedtiaceae）有 4 属 4 种，占蕨类植物总种数的 5.3%；里白科（Gleicheniaceae）有 2 属 3 种，蹄盖蕨科（Athyriaceae）有 3 属 3 种，各占蕨类植物总种数的 3.9%；鳞始蕨科（Lindsaeaceae）和膜蕨科（Hymenophyllaceae）各有 2 属 2 种，瘤足蕨科（Plagiogyriaceae）、乌毛蕨科（Blechnaceae）和紫萁科（Osmundaceae）各有 1 属 2 种，均各占蕨类植物总种数的 2.6%。

4.1.2　种子植物

对种子植物科内种的组成进行分析发现（表 4-1），在所记录到的科内含 40 种及以上的特大科有 5 科，虽仅占种子植物总科数的 3.2%，但种数达 310 种，占种子植物总种数的 25.0%。它们显然是当地自然条件下的适生类群，在调查区域植物区系中明显占有主导地位，如菊科（Asteraceae）50 属 85 种、蔷薇科（Rosaceae）21 属 62 种、豆科（Fabaceae）33 属 58 种、禾本科（Poaceae）39 属 53 种、唇形科（Lamiaceae）23 属 52 种。科内含 21～39 种的大科共有 6 科，占种子植物总科数的 3.8%，种数达到 142 种，占种子植物总种数的 11.5%，如壳斗科（Fagaceae）6 属 26 种、莎草科（Cyperaceae）9 科 25 种、茜草科（Rubiaceae）17 属 25 种、兰科（Orchidaceae）15 属 24 种、樟科（Lauraceae）7 属 21 种、报春花科（Primulaceae）6 属 21 种。科内含 6～20 种的中等科共有 53 科，占种子植物总科数的 33.8%，种数达到 567 种，占种子植物总种数的 45.8%，如桑科（Moraceae）有 6 属 20 种、葡萄科（Vitaceae）5 属 20 种、大戟科（Euphorbiaceae）8 科 19 种、锦葵科（Malvaceae）13 科 18 种。科内含 2～5 种的寡种科共有 55 科，占种子植物总科数的 35.0%，含 182 种，占种子植物总种数的 14.7%，如爵床科（Acanthaceae）有 3 属 5 种、防己科（Menispermaceae）有 4 属 5 种、金丝桃科（Hypericaceae）有 1 属 5 种、列当科（Orobanchaceae）有 5 属 5 种、山矾科（Symplocaceae）有 1 属 5 种、五味子科（Schisandraceae）有 3 属 5 种、旋花科（Convolvulaceae）有 2 属 5 种、罂粟科（Papaveraceae）有 3 属 5 种。所记录的单种科共有 38 科，占种子植物总科数的 24.2%，包含的种仅占种子植物总种数的 3.1%，在该区系中显然不占主要地位，如银杏科（Ginkgoaceae）、三白草科（Saururaceae）、芭蕉科（Musaceae）、远志科（Polygalaceae）、杨梅科（Myricaceae）、狸藻科（Lentibulariaceae）、白花菜科（Cleomaceae）、白花丹科（Plumbaginaceae）、叠珠树科（Akaniaceae）等。

表 4-1　龙泉市种子植物科内种的组成

含种数	科数	占总科数比例/%	种数	占总种数比例/%
≥40	5	3.2	310	25.0
21～39	6	3.8	142	11.5
6～20	53	33.8	567	45.8
2～5	55	35.0	182	14.7
1	38	24.2	38	3.1
合计	157	—	1 239	—

表 4-2 是对种子植物属内种的组成的分析，调查记录含 10 种及以上的大属有 9 个，占种子植物总属数的 1.4%，共包含 110 种，占种子植物总种数的 8.9%，分别为悬钩子属（Rubus）20 种，冬青属（Ilex）16 种，菝葜属（Smilax）、薹草属（Carex）、堇菜属（Viola）和荚蒾属（Viburnum）均为 11 种，紫珠属（Callicarpa）、榕属（Ficus）、萹蓄属（Polygonum）均为 10 种；含 5～9 种的中等属有 36 个，占种子植物总属数的 5.5%，包含 228 种，占种子植物总种数的 18.4%，如珍珠菜属（Lysimachia）和茄属（Solanum）有 9 种，胡枝子属（Lespedeza）、葡萄属（Vitis）、柃属（Eurya）、山胡椒属（Lindera）均有 8 种；含 2～4 种的小属有 192 个，占种子植物总属数的 29.2%，其种数为 480 种，占种子植物总种数的 38.7%，如灯心草属（Juncus）、草灵仙属（Veronicastrum）、婆婆纳属（Veronica）、芋属（Colocasia）、安息香属（Styrax）、石荠苎属（Mosla）、鼠尾草属（Salvia）、野桐属（Mallotus）、山蚂蝗属（Desmodium）、陌上菜属（Lindernia）、木犀属

（*Osmanthus*）、松属（*Pinus*）等均为 4 种，五味子属（*Schisandra*）、润楠属（*Machilus*）、花椒属（*Zanthoxylum*）、紫堇属（*Corydalis*）、柿属（*Diospyros*）等均有 3 种，勾儿茶属（*Berchemia*）、水青冈属（*Fagus*）、当归属（*Angelica*）等均有 2 种；单种属有 421 属，占种子植物总属数的 64.0%，占种子植物总种数的 34.0%，如柳杉属（*Cryptomeria*）、杉木属（*Cunninghamia*）、水杉属（*Metasequoia*）、红豆杉属（*Taxus*）、伯乐树属（*Bretschneidera*）、射干属（*Belamcanda*）、杜仲属（*Eucommia*）、野扇花属（*Sarcococca*）等。

表 4-2　龙泉市种子植物属内种的组成

含种数	属数	占总属数比例/%	种数	占总种数比例/%
≥10	9	1.4	110	8.9
5～9	36	5.5	228	18.4
2～4	192	29.2	480	38.7
1	421	64.0	421	34.0
合计	658	—	1 239	—

4.2　国家重点保护与受威胁植物

根据 2021 年公布的《国家重点保护野生植物名录》，调查记录到的南方红豆杉（*Taxus wallichiana* var. *mairei*）为国家一级重点保护野生植物，天竺桂（*Cinnamomum japonicum*）、浙江楠（*Phoebe chekiangensis*）、福建观音座莲（*Angiopteris fokiensis*）、长柄石杉（*Huperzia javanica*）、四川石杉（*Huperzia sutchueniana*）、福建柏（*Fokienia hodginsii*）、白豆杉（*Pseudotaxus chienii*）、罗汉松（*Podocarpus macrophyllus*）、金钱松（*Pseudolarix amabilis*）、白及（*Bletilla striata*）、台湾独蒜兰（*Pleione formosana*）、金线兰（*Anoectochilus roxburghii*）、春兰（*Cymbidium goeringii*）、多花兰（*Cymbidium floribundum*）、寒兰（*Cymbidium kanran*）、蕙兰（*Cymbidium faberi*）、建兰（*Cymbidium ensifolium*）、铁皮石斛（*Dendrobium officinale*）、华重楼（*Paris polyphylla* var. *chinensis*）、伯乐树（*Bretschneidera sinensis*）、野大豆（*Glycine soja*）、红豆树（*Ormosia hosiei*）、花榈木（*Ormosia henryi*）、金荞麦（*Fagopyrum dibotrys*）、中华猕猴桃（*Actinidia chinensis*）、鹅掌楸（*Liriodendron chinense*）、香果树（*Emmenopterys henryi*）、八角莲（*Dysosma versipellis*）、六角莲（*Dysosma pleiantha*）、蛛网萼（*Platycrater arguta*）共 30 种维管植物为国家二级重点保护野生植物（表 4-3）。

表 4-3　龙泉市重点保护野生植物

序号	中文名	学名	保护等级
1	南方红豆杉	*Taxus wallichiana* var. *mairei*	一级
2	天竺桂	*Cinnamomum japonicum*	二级
3	浙江楠	*Phoebe chekiangensis*	二级
4	福建观音座莲	*Angiopteris fokiensis*	二级
5	长柄石杉	*Huperzia javanica*	二级
6	四川石杉	*Huperzia sutchueniana*	二级
7	福建柏	*Fokienia hodginsii*	二级
8	白豆杉	*Pseudotaxus chienii*	二级
9	罗汉松	*Podocarpus macrophyllus*	二级
10	金钱松	*Pseudolarix amabilis*	二级
11	白及	*Bletilla striata*	二级
12	台湾独蒜兰	*Pleione formosana*	二级
13	金线兰	*Anoectochilus roxburghii*	二级
14	春兰	*Cymbidium goeringii*	二级
15	多花兰	*Cymbidium floribundum*	二级
16	寒兰	*Cymbidium kanran*	二级
17	蕙兰	*Cymbidium faberi*	二级
18	建兰	*Cymbidium ensifolium*	二级
19	铁皮石斛	*Dendrobium officinale*	二级
20	华重楼	*Paris polyphylla* var. *chinensis*	二级
21	伯乐树	*Bretschneidera sinensis*	二级
22	野大豆	*Glycine soja*	二级
23	红豆树	*Ormosia hosiei*	二级
24	花榈木	*Ormosia henryi*	二级
25	金荞麦	*Fagopyrum dibotrys*	二级
26	中华猕猴桃	*Actinidia chinensis*	二级
27	鹅掌楸	*Liriodendron chinense*	二级
28	香果树	*Emmenopterys henryi*	二级
29	八角莲	*Dysosma versipellis*	二级
30	六角莲	*Dysosma pleiantha*	二级
31	蛛网萼	*Platycrater arguta*	二级

根据《中国生物多样性红色名录——高等植物卷》的界定，调查记录到的近危（NT）等级的有 25 种，包括四川石杉、粗榧（*Cephalotaxus sinensis*）、钩距虾脊兰（*Calanthe graciliflora*）、纤细薯蓣（*Dioscorea gracillima*）、多花黄精（*Polygonatum cyrtonema*）、大野芋（*Colocasia gigantea*）、伯乐树、云和假糙苏（*Paraphlomis lancidentata*）、翅柄鼠尾草（*Salvia alatipetiolata*）等；易危

（VU）等级的有 26 种，包括白豆杉、金钱松、绿花油点草（*Tricyrtis viridula*）、台湾独蒜兰、华重楼、小慈姑（*Sagittaria potamogetonifolia*）、花榈木、杜仲（*Eucommia ulmoides*）等；濒危（EN）等级的有 10 种，包括白及、虎头兰（*Cymbidium hookerianum*）、多枝霉草（*Sciaphila ramosa*）、红豆树等；极危（CR）等级的有 2 种，即银杏（*Ginkgo biloba*）、苏铁（*Cycas revoluta*）。此外，龙泉市还记录到 289 个中国特有种。

本次调查发现小斑叶兰（*Goodyera repens*）（见附图）在龙泉市内分布，此次小斑叶兰的发现属浙江省丽水市的新记录种。

4.3　外来入侵植物

根据《中国外来入侵物种名单》（第一批至第四批），调查区域内记录到的入侵植物有 47 种。其中，菊科外来入侵植物占了绝大部分，有 13 种，包括鬼针草（*Bidens pilosa*）、大狼杷草（*Bidens frondosa*）、小蓬草（*Erigeron canadensis*）、一年蓬（*Erigeron annuus*）、藿香蓟（*Ageratum conyzoides*）、加拿大一枝黄花（*Solidago canadensis*）、钻叶紫菀（*Symphyotrichum subulatum*）等；苋科外来入侵植物有 6 种，包括刺苋（*Amaranthus spinosus*）、反枝苋（*Amaranthus retroflexus*）、喜旱莲子草（*Alternanthera philoxeroides*）、土荆芥（*Dysphania ambrosioides*）等；车前科外来入侵植物有 3 种，包括阿拉伯婆婆纳（*Veronica persica*）、蚊母草（*Veronica peregrina*）和直立婆婆纳（*Veronica arvensis*）；禾本科、石竹科和大戟科的外来入侵植物各有 2 种；其他科的入侵植物各有 1 种，如石蒜科、天南星科、酢浆草科、豆科、凤仙花科、锦葵科、落葵科、马鞭草科、马齿苋科、牻牛儿苗科、荨麻科、茜草科、茄科、伞形科、商陆科、十字花科、旋花科、雨久花科和紫茉莉科。

调查发现，菊科的大部分植物如鬼针草、大狼杷草、小蓬草等大范围存在，不仅分布于乡镇周围，也大量存在于野外，唯独加拿大一枝黄花主要分布在城镇周围，在野外却极少被发现，喜旱莲子草、刺苋、反枝苋、落葵薯和土荆芥的分布范围比较窄，主要分布于村庄周围，凤眼蓝在个别池塘有发现，但并无扩散现象。

4.4　典型物种介绍

1. 南方红豆杉（*Taxus wallichiana* var. *mairei*）　红豆杉科　红豆杉属

保护等级：国家一级重点保护野生植物，被列入《中国生物多样性红色名录——高等植物卷》易危（VU）等级，丽水市市树。

形态特征：又称美丽红豆杉，属裸子植物，为常绿乔木。树干通直，树皮呈灰褐色或红褐色，浅纵裂。叶通常较宽较长，多呈镰状，排成较整齐的两列，稍弯曲，中脉明显可见，淡绿色或绿色，气孔带黄绿色，与中脉异色，绿色边带较宽而明显。种子微扁，上部较宽，呈倒卵圆形或椭圆状卵形，有钝纵脊，种脐椭圆形或近三角形，生于鲜红色肉质杯状假种皮中。花期3—4月，种子11月成熟。

2. 长柄石杉（*Huperzia javanica*）　石松科　石杉属

保护等级：国家二级重点保护野生植物。

形态特征：即蛇足石杉，属阴生蕨类植物。茎直立或下部平卧，高 10～30 cm，单一或数回二叉分枝，顶端常具芽胞。叶螺旋状排列，略呈四行疏生，具短柄，椭圆披针形，长 1～2 cm，宽 3～4 mm，短尖头，向基部明显变狭并有柄，边缘有不规则的尖牙齿；中脉明显。孢子叶与营养叶同大同形。孢子囊肾形，生于叶腋，两端露出，几乎每叶都有。孢子同型，分布于全国各地。

3. 福建柏（*Fokienia hodginsii*）　柏科　福建柏属

保护等级：国家二级重点保护野生植物，被列入《中国生物多样性红色名录——高等植物卷》易危（VU）等级。

形态特征：乔木，高 30 m，树皮红褐色，纵裂成条片状脱落。具叶小枝扁平，排成一平面。鳞叶较大，质地较薄，两对交互对生，近轮生而呈节状，两侧的叶常较中央的叶稍长，上面中央的叶蓝绿色，下面中央的叶中脉两侧各具一条较小的白色气孔带，两侧的叶各具一条较大的白色气孔带；球果近球形；种鳞6～8 对，顶部多角形，顶面皱缩微凹，中间具 1 枚小尖头。种子具 2 枚大小不等的薄翅。

4. 罗汉松（*Podocarpus macrophyllus*）　罗汉松科　罗汉松属

保护等级：国家二级重点保护野生植物，被列入《中国生物多样性红色名录——高等植物卷》易危（VU）等级。

形态特征：乔木，高达 20 m，树皮灰色或灰褐色，浅纵裂，成片脱落；叶条状披针形，微弯，中脉显著隆起，下面灰绿色或浅绿色，中脉微隆起；雄球花穗状，腋生，常3～5 条簇生于极短的花序梗上，基部有数枚三角状苞片；雌球花单生于叶腋，有梗，基部有少数钻形苞片；种子卵球形，成熟时假种皮呈紫黑色，有白粉，种托肉质圆柱形，红色、橘红色或紫红色，花期3～5月，种子8—9月成熟。

5. 伯乐树（*Bretschneidera sinensis*）　叠珠树科　伯乐树属

保护等级：国家二级重点保护野生植物，被列入《中国生物多样性红色名录——高等植物卷》近危（NT）等级。

形态特征：又名钟萼木，落叶乔木，高可达 25 m。树皮灰褐色；芽大，宽圆锥状，小枝粗壮，幼时密被棕色糠秕状短毛，后渐脱落，具狭线状淡褐色皮孔；叶痕迹半圆形，大而明显。奇数羽状复叶互生，小叶片 7～15 枚，对生，全缘，两侧不对称，先端渐尖，基部常楔形，偏斜；叶上面绿色，无毛，下面粉白色，有短柔毛；叶脉两面均隆起，在叶背尤显著，侧脉 8～15 对。总状花序顶生，长 20～35 cm；花瓣粉红色或白色，内面有红色纵条纹。蒴果木质，椭球形或近球形，三棱状，果 3 瓣开裂，种子椭球形，橙红色。花期 4—5 月，果熟期 9—10 月。

6. 春兰（*Cymbidium goeringii*）　兰科　兰属

保护等级：国家二级重点保护野生植物，被列入《中国生物多样性红色名录——高等植物卷》易危（VU）等级。

形态特征：属地生草本植物，根状茎短。假鳞茎集生于叶丛中。叶基生，4～6 枚成束；叶片带形，边缘略具细齿。花葶直立，高 3～7 cm，具 1 朵花，稀有 2 朵花；苞片膜质，鞘状包围花葶；花淡黄绿色，具清香，萼片较厚，长圆状披针形，中脉紫红色，基部具紫纹；花瓣卵状披针形，具紫褐色斑点，中脉紫红色；唇瓣乳白色，不明显 3 裂，中裂片向下反卷，先端钝，侧裂片较小，位于中部两侧，唇盘中央从基部至中部具 2 个褶片；蒴果长椭圆柱形。花期 2—4 月，果期 4—6 月。

7. 多花兰（*Cymbidium floribundum*）　兰科　兰属

保护等级：国家二级重点保护野生植物，被列入《中国生物多样性红色名录——高等植物卷》易危（VU）等级。

形态特征：属附生草本植物，假鳞茎卵状圆锥形，隐于叶丛中。叶 3～6 枚成束丛生；叶片坚纸质，带形，基部具明显关节，全缘。花葶直立、稍斜出或下垂，较叶短；总状花序密生 20～50 朵花；花无香气，红褐色；萼片近同形等长，狭长圆状披针形；花瓣长椭圆形，先端急尖，具紫褐色带黄色边缘；唇瓣卵状三角形，上面具乳突，明显 3 裂，中裂片近圆形，稍向下反卷，紫褐色，中部浅黄色，侧裂片半圆形，直立，具紫褐色条纹，边缘紫红色，唇盘从基部至中部具 2 个黄色平行褶片。花期 4—5 月，果期 7—8 月。

8. 金线兰（*Anoectochilus roxburghii*）　兰科　开唇兰属

保护等级：国家二级重点保护野生植物，被列入《中国生物多样性红色名录——高等植物卷》濒危（EN）等级。

形态特征：植株高 8～14 cm。茎上部直立，下部具 2～4 枚叶。叶片卵圆形或卵形，上面暗紫色，具金黄色网纹脉和丝绒状光泽，下面淡紫红色，叶脉 5～7 条，具叶柄，基部扩展抱茎。总状花序长 3～5 cm，疏生 2～6 朵花；苞片卵状披针形，先端尾尖；花白色或淡红色；中萼片卵形，向内凹陷，侧萼片卵状椭圆形，稍偏斜，与中萼片近等长；花瓣近镰刀状，和中萼片靠合成兜状；唇瓣前端 2 裂，呈 "Y" 字形，裂片舌状条形，边缘全缘，中部具爪，两侧具 6 条流苏状细条，基部具距；距末端指向唇瓣，中部生有胼胝体。花期 9—10 月。

9. 台湾独蒜兰（*Pleione formosana*）　兰科　独蒜兰属

保护等级：国家二级重点保护野生植物，被列入《中国生物多样性红色名录——高等植物卷》易危（VU）等级。

形态特征：半附生或附生草本。假鳞茎卵球形，绿色或暗紫色，顶端具 1 枚叶。叶在花期尚幼嫩，长成后叶片椭圆形或倒披针形，纸质。花葶从无叶的老假鳞茎基部发出，直立，基部有 2 枚或 3 枚膜质的圆筒状鞘，顶端通常具 1 朵花，偶见 2 朵花；苞片条状披针形，明显长于花梗和子房；花粉红色，稀白色；唇瓣色泽常略浅于花瓣，上面具有黄色、红色或褐色斑，有时略芳香；花瓣条状倒披针形；唇瓣宽卵状椭圆形至近圆形，不明显 3 裂，先端微缺，上部边缘撕裂状，上面具 2～5 个褶片，中央 1 个褶片短或不存在，褶片常有间断，全缘或啮蚀状；蒴果纺锤状，黑褐色。花期 4—5 月，果期 7 月。

10. 白及（*Bletilla striata*）　兰科　白及属

保护等级：国家二级重点保护野生植物，被列入《中国生物多样性红色名录——高等植物卷》濒危（EN）等级。

形态特征：属地生草本植物。植株高 30～80 cm，具明显粗壮的茎。叶 4 枚或 5 枚，叶片狭长椭圆形或披针形，基部渐窄下延成长鞘状抱茎，叶面具多条平行纵褶。总状花序顶生，具 4～10 朵花；苞片长椭圆状披针形，开花时凋落；花较大，直径约 4 cm，紫红色或玫瑰红色；萼片离生，与花瓣几相似，狭卵圆形；唇瓣倒卵形，白色带红色，具紫色脉纹，中部以上 3 裂，侧裂片直立，围抱蕊柱，先端钝而具细齿稍伸向中裂片，中裂片倒卵形，上面有 5 个脊状褶片，褶片边缘波状；蕊柱两侧具翅；具细长的蕊喙。花期 5—6 月，果期 7—9 月。

11. 花榈木（*Ormosia henryi*）　豆科　红豆属

保护等级：国家二级重点保护野生植物，被列入《中国生物多样性红色名录——高等植物卷》易危（VU）等级。

形态特征：常绿乔木，高达 16 m。树皮青灰色，光滑。幼枝、叶轴、小叶柄、叶背及花序均密被灰黄色绒毛。裸芽。小叶 5～9 枚；无托叶；小叶革质。圆锥花序顶生或腋生，或总状花序腋生；花萼筒短，倒圆锥形，萼齿 5 枚，与萼筒近等长；花冠黄白色，旗瓣有瓣柄；雄蕊 10 枚，分离，伸出；荚果木质，狭长圆形，扁平，稍有喙，无毛，具 2～7 颗种子，种子间横隔明显。种子鲜红色，稍扁的椭球形。花期 6—8 月，果期 10—11 月。

12. 华重楼（*Paris polyphylla* var. *chinensis*）　藜芦科　重楼属

保护等级：国家二级重点保护野生植物，被列入《中国生物多样性红色名录——高等植物卷》易危（VU）等级。

形态特征：多年生草本植物。根状茎粗壮，稍扁，不等粗，密生环节，叶通常 5～10 枚轮生于茎顶；叶片长圆形、倒卵状长圆形或倒卵状椭圆形，花单生于茎顶，花被片每轮 4～7 枚，外轮花被片叶状，绿色，开展，内轮花被片狭条形，通常远短于外轮花被片，花药远长于花丝。蒴果近圆形，具棱，暗紫色，室背开裂。种子具红色肉质的外种皮。花期 4—6 月，果期 7—10 月。

13. 八角莲（*Dysosma versipellis*）　小檗科　鬼臼属

保护等级：国家二级重点保护野生植物，被列入《中国生物多样性红色名录——高等植物卷》易危（VU）等级。

形态特征：多年生草本。高 40～150 cm。根状茎粗壮，横走，多须根；茎直立，不分枝，淡绿或粉绿色，无毛。茎生叶 2 枚，互生，盾状，近圆形，近掌状 4～9 中裂，稀浅裂，裂片阔三角形、卵形或卵状长圆形，先端锐尖，不分裂，边缘具细齿，上面无毛，下面被密或疏毛至无毛，放射脉直达裂片先端。花深红色，5～14 朵簇生于离叶基不远处，下垂，花梗纤细，被柔毛；萼片 6 枚，粉绿色，早落，外面有疏毛；花瓣 6 枚，勺状倒卵形，无毛；雄蕊 6 枚，子房椭球形，无毛，花柱短，柱头盾状。浆果倒卵形至椭球形，具多数种子。花期 4—5 月，果期 6—8 月。

第 5 章

陆生脊椎动物

5.1 哺乳动物

5.1.1 物种组成

调查结果显示，龙泉市共有哺乳动物 7 目 17 科 31 种，其中国家一级重点保护野生动物 1 种，为黑麂（*Muntiacus crinifrons*）；国家二级重点保护野生动物 4 种，分别为豹猫（*Prionailurus bengalensis*）、中华鬣羚（*Capricornis milneedwardsii*）、猕猴（*Macaca mulatta*）和藏酋猴（*Macaca thibetana*）。列入《中国生物多样性红色名录——脊椎动物卷》濒危（EN）级别的物种有 1 种，为黑麂；列入易危（VU）级别的物种有 5 种，分别为藏酋猴、豹猫、中华鬣羚、小麂（*Muntiacus reevesi*）和喜马拉雅水麝鼩（*Chimarrogale himalayica*）。中国特有种共有 3 种，分别为黑麂、小麂和藏酋猴。

从目的水平来看，啮齿目的物种数最高，有 9 种；其次为翼手目，达到 7 种；食肉目有 6 种；偶蹄目有 4 种；灵长目和劳亚食虫目均为 2 种；兔形目最少，仅 1 种。

从科的水平来看，以啮齿目鼠科的种类最多，达到 6 种；其次为翼手目菊头蝠科，有 4 种；食肉目鼬科有 3 种；灵长目猴科、偶蹄目鹿科、啮齿目松鼠科及翼手目蝙蝠科均有 2 种；仅有 1 种的有食肉目獴科、灵猫科及猫科，偶蹄目猪科和牛科，啮齿目豪猪科，劳亚食虫目鼩鼱科和猬科，兔形目兔科，翼手目蹄蝠科。

5.1.2 区系分析

龙泉市位于丽水西南部，地势高峻陡峭，多峡谷急流，1 000 m 以上的山峰连绵不断。该区域纬度低，气候温暖、植被良好、生境复杂。哺乳动物中以东洋种所占比例最高，达到 58.1%；其次为广布种，占比 38.7%；还有外来入侵物种 1 种，占比 3.2%。物种的区系型也与该地区所处的地理位置相吻合。

5.1.3　典型物种介绍

1. 大蹄蝠（*Hipposideros armiger*）　翼手目　蹄蝠科　蹄蝠属

保护等级：被列入《中国生物多样性红色名录——脊椎动物卷》无危（LC）等级。

形态特征：体型较大的蝙蝠，翼长约 220 mm，翼宽 100 mm。前鼻叶没有中央缺，鼻间隔不高隆；两旁各有 4 片小附叶，最外的一片退化，但能见到毛丛中的隆突。中鼻叶中央微膨胀，后鼻叶窄于前鼻叶，三叶状，由明显的中央隔所支持。体被毛长而细密，体色变化大，犹如两个色型，深暗的背色烟褐甚至黑褐，1/2 以上的毛基灰褐很苍淡，有肩斑；腹色灰褐，有些偏紫褐，毛基略深，色调与大菊头蝠近似，较中蹄蝠海南亚种要深；鲜亮的背色棕褐而偏赭黄，毛基淡棕白或灰白，有肩斑，腹色淡棕白，毛基带褐色较多，色调较栗黄菊头蝠的浓而比中蹄蝠海南亚种要淡。这两色型间有逐渐过渡的个体，从性别和年龄也难以划分。

生活习性：常数十或数百只生活在一起，也有的单只挂于顶壁，常与其他蝙蝠混居。大蹄蝠 11 月冬眠，冬眠时多处在洞道深处，翌年 2—3 月开始活动，出眠后移于洞口附近，有的甚至生活在光度大、温度高的环境里。冬季不迁飞，1 月上旬当洞口气温达 10℃时，双翅折叠并列于体侧，洞内湿度大，毛上具水珠，受干扰后少数起飞。一般夏季夜间外出觅食，飞翔于居民区、农田、林间上空，飞行较缓慢，捕食昆虫，其中尤以鳞翅目蛾类昆虫为主。

2. 果子狸（*Paguma larvata*）　食肉目　灵猫科　果子狸属

保护等级：被列入《中国生物多样性红色名录——脊椎动物卷》近危（NT）等级。

形态特征：因从鼻镜后缘经颜面中央至额顶有一条宽阔的白色面纹而得名。颈背常有颈纹与面纹相延续，但因季节或地区不同而有变化，多数地区的标本冬季退化消失。具长方形眼下斑、眼角斑（扇形）和耳前斑（半圆形）。中国的果子狸耳前斑的毛较短，毛端向前不超过眼耳间距之半。眼角斑与耳前斑相延续，中央面纹不与眼角斑相延续，即使有连接，也仅仅是一条白细窄线。颈侧到喉部多有白色领纹。体背基色因地区和季节不同而异，一般呈灰白、灰黄、棕黄、棕褐以至乌黑色。额黑褐色，喉灰白或灰褐色，胸部棕黄或灰黄色，腹灰白色，四肢棕黑到足背变为乌黑色。尾色变异较大，多数标本尾基同背色，尾端黑色，但少数标本均呈灰黄色或灰白色。毛色多变，一般因季节或地区不同而有差异，冬季毛色浅淡多灰黄，夏季毛色多棕黄常有焦黑色调，亦有全白（白化型）或全黑（黑化型）的个体变异。

生活习性：可见于多种森林栖息地，从原始常绿林到落叶次生林，还经常光顾农业区。主要吃果实，也吃鸟类、啮齿类、昆虫和根；在农田它们会攻击家禽。树栖性，独居，夜行性，白天在树上的洞穴中睡觉；也居住于地洞，并组成 2～10 只的小家庭群。家域约 3.7 km²。每胎产 1～5 只崽，妊娠期 70～90 天，1 岁性成熟。

3．食蟹獴（*Herpestes urva*）　食肉目　獴科　獴属

保护等级：被列入《中国生物多样性红色名录——脊椎动物卷》近危（NT）等级。

形态特征：成体一般体长 400～840 mm，尾长约为体长的 2/3，体重通常为 1.5～2 kg。鼻吻尖长，耳短小。颈短而粗，体躯稍粗壮，略似扁圆形。尾基部粗大，向尾末端逐渐尖细。四肢短矮，各具五趾。肛门两侧有一对肛门腺，有腺孔可放出臭气。体毛和尾毛均甚粗长且蓬松。吻部及眼周围的短毛棕褐色，颊、额、头顶及耳朵均被黑色的短毛。自口角经颊部、颈侧向后直到肩部各有一条白色纵纹，其毛尖端灰白色，中段黑褐色，基部为棕黄色。体背针毛黑色与棕色相间，有些部位黑色与灰白色或浅灰棕色相间。体部绒毛棕褐色。尾之近基部半段毛色如同体背，唯黑白成分较少，尾后半段被毛棕黄色，年老个体尾端毛色明显变白。喉部向后至腹面均呈棕褐色，至尾之末端全呈浅棕黄色，唇边及颔下灰白色，四肢黑褐色。四肢短毛棕褐色，杂有棕黄色毛尖。

生活习性：通常见于常绿林中紧靠溪流的地方和低海拔的水稻梯田。比其他种类更善于水栖，善于游泳和潜水。主要捕食蛙类、鱼和螃蟹，沿溪流的岸边捕猎。具有晨昏活动和昼行性的特性。通常独居，作为御敌的手段，会从肛腺喷射出恶臭的液体。

4．喜马拉雅水麝鼩（*Chimarogale himalayica*）　劳亚食虫目　鼩鼱科　水麝鼩属

保护等级：被列入《中国生物多样性红色名录——脊椎动物卷》易危（VU）等级。

形态特征：体型似鼠但吻部尖细，体长多超过 100 mm，尾长稍短于体长。足发达，具五趾，爪不长但相当锐利钩曲。麝香腺位于胸侧，长形。眼小，耳短并隐于毛被中，具半月形耳屏瓣，入水后可关闭耳孔，以防水进入；四足及两侧密生扁硬短粗之刚毛，形成毛栉，利于拨水；尾下两侧也有长毛形成的毛栉；毛被柔软致密，闪丝状光泽，具防水性能；短毛间杂有一些具灰白色亮尖的长毛，背中部少而体侧较多，尤以臀部最为长而密集。在水中时稀疏的长毛之间包着气泡，具隔水作用。体背棕褐色，毛基蓝灰色，毛尖棕褐色，次端部灰白色。腹毛毛基深灰色，毛尖灰白色略染黄棕色。背毛与腹毛在体侧无明显分界线。尾上褐色，尾下基部 2/3 左右污白色，其余部分与尾上同呈褐色。四足背面淡棕褐色，毛栉白色。

生活习性：系典型的水陆两栖哺乳动物，仅栖息于山间溪流及其附近地区。善潜水和游泳，可在水底潜行数分钟后才露出水面呼吸，也常在溪边草地、灌丛、沙滩、小树林间活动。若遇惊险即迅速钻入水中，有时也从水中钻出，迅速隐于水边灌丛中。巢筑于水中或水边石隙内，以小型鱼类和水生昆虫为食。

5．豹猫（*Prionailurus bengalensis*）　食肉目　猫科　豹猫属

保护等级：国家二级重点保护野生动物，被列入《中国生物多样性红色名录——脊椎动物卷》易危（VU）等级。

形态特征：体型和家猫相仿，但更加纤细，腿更长。南方种的毛色基调是淡褐色或浅黄色，而北方种的毛基色显得更灰且周身有深色斑点。图案总是很独特，一般由头到肩有 4 条

主条纹，宽而明显，延伸至脊柱。体侧有斑点，但从不连成垂直的条纹。明显的白色条纹从鼻子一直延伸到内眼间，常常到头顶。耳大而尖，耳后黑色，带有白斑点。两条明显的黑色条纹从眼角内侧一直延伸到耳基部。内侧眼角到鼻部有一条白色条纹，鼻吻部白色。尾长，有环纹至黑色尾尖。

生活习性：栖息地类型很多，可见于茂盛的次生林、被采伐地、人工林和农业区及人类居住地附近。窝穴多在树洞、土洞、石块下或石缝中。主要为地栖，但攀爬能力强，在树上活动灵敏自如。夜行性，晨昏活动较多。独栖或成对活动。善游水，喜在水塘边、溪沟边、稻田边等近水之处活动和觅食，捕食小型脊椎动物，如野兔、鸟类、爬行类、两栖类、鱼类、啮齿类，偶尔也吃腐肉。常可见成对活动，雄性可能帮助抚育后代。非季节性繁殖，妊娠期 60～70 天；平均每胎 2～3 崽，18～24 个月性成熟。

6. 小麂（*Muntiacus reevesi*）　偶蹄目　鹿科　麂属

保护等级：中国特有种，被列入《中国生物多样性红色名录——脊椎动物卷》易危（VU）等级。

形态特征：麂类中体型最小的一种。脸部较短而宽，额腺短而平行。在颈背中央有一条黑线。雄者具角，但角叉短小，角尖向内、向下弯曲。眶下腺大，呈弯月形的裂缝，其后端向后弯曲的浅沟直至眼窝的前缘，其相对的另一端稍向脸部前方的中部略呈"S"形，弯向裂缝的中部。弯月形的裂缝中部深度较两端浅。个体毛色变异较大。由栗色以至暗栗色，腰部毛鲜栗色，而是鲜栗色，其后部黑色毛尖相当长。身体两侧较暗黑，脚为黑棕色，面颊暗棕色，喉部发白略呈淡栗黄色，颈背黑线或不明显，或向后伸延至颈背一半，颜色渐淡以至于完全和颈背的暗栗色融合在一起而难以区分。冬毛一般较夏毛稍黑，夏毛通常为淡栗红色，且混杂有灰黄色的斑点。体背和四肢上部近于暗栗色，四肢下部为黑棕色，在蹄的附近毛色暗黑色。胸腹部、后肢的内侧、臀部边缘及尾的腹面白色，尾的背面和臀部边缘均有一条鲜艳的橙栗色的窄线。

生活习性：昼间活动，清晨和傍晚的活动最为频繁，其叫声虽似犬吠，但音调较高。性情胆小，在进行觅食活动时十分谨慎。取食多种灌木、树木和草本植物的枝叶、嫩叶、幼芽，也吃花和果实。

7. 黑麂（*Muntiacus crinifrons*）　偶蹄目　鹿科　麂属

保护等级：中国特有种，国家一级重点保护野生动物，被列入《中国生物多样性红色名录——脊椎动物卷》濒危（EN）等级。

形态特征：麂类中体型较大的种类。成年个体体长超过 1 m，体重 21～26 kg。自吻端直至眶前区的面长为 64～70 mm，一般短于颅全长的 1/2。头骨短小，吻部较窄，鼻骨长直，且其最宽处在前部。冬毛上体暗褐色，夏毛棕色成分增加。雄性具角，角柄较长，头顶部和两角之间有一簇长达 5～7 cm 的棕色冠毛。体毛为粗硬长毛，易脱落，且几乎呈一致的黑褐色（包括头部、耳和四肢）。半成体毛色略淡，多为暗褐；胎儿及初生幼仔体具浅黄色圆形斑点。背面黑色，尾腹及尾侧毛色纯白，白尾十分醒目。眼后的额顶部有簇状鲜棕、浅褐或淡黄色的长毛，有时能把两只短角遮得看不出来，故又名"蓬头麂"。

生活习性：胆小怯懦，恐惧感强，大多在早晨和黄昏活动，白天常在大树根下或在石洞中休息，稍有响动立刻跑入灌木丛中隐藏起来，其在陡峭的区域活动时有较为固定的路线，常踩踏出 16～20 cm 宽的小道，但在平缓处则没有固定的路线。一般雄雌成对在一起，活动比较隐蔽，有领域性，一般在领域范围内活动。有游走觅食的习性，在一定的范围内来回觅食，直到吃饱为止。主要以草本植物的叶和嫩枝等为食，种类多达近百种，包括伞菌、三尖杉、矩圆叶鼠刺、杜鹃、南五味子、爬岩红等。

8. 中华鬣羚（*Capricornis milneedwardsii*）　偶蹄目　牛科　鬣羚属

保护等级：国家二级重点保护野生动物，被列入《中国生物多样性红色名录——脊椎动物卷》易危（VU）等级。

形态特征：俗称"四不像"。头体长 140～170 cm，肩高 90～100 cm，体重 85～140 kg。体高腿长，毛色深，具有向后弯的短角，颈背部有长且蓬松的鬃毛形成向背部延伸的粗毛脊。有显著的眶前腺，尾短被毛，身体毛色黑灰或红灰色，特别是长鬃和腿部的毛粗，毛层较薄。雌雄均具短而光滑的黑角。耳似驴耳，狭长而尖。自角基至颈背有长十几厘米的灰白色毛，甚为明显。尾巴较短，四肢短粗，适于在山崖乱石间奔跑跳跃。全身被毛稀疏而粗硬，通体略呈黑褐色，但上下唇及耳内污白色。

生活习性：亚洲东南部热带、亚热带地区的典型动物之一，主要活动于海拔 1 000～4 400 m 针阔混交林、针叶林或多岩石的杂灌林。通常冬天在森林带，夏天转移到高海拔的峭壁区。单独或成小群生活，大多在早晨和黄昏活动，行动敏捷，在乱石间奔跑迅速。取食草、嫩枝和树叶，喜食菌类。采食多种植物的树叶和幼苗，还会到盐渍地舔食盐。常在低洼处睡觉，有时也在视角好的隆起地休息。

9. 猕猴（*Macaca mulatta*）　灵长目　猴科　猕猴属

保护等级：国家二级重点保护野生动物，被列入《中国生物多样性红色名录——脊椎动物卷》无危（LC）等级。

形态特征：自然界中最常见的一种猴类，在同属猴类中个体稍小。颜面瘦削，头顶没有向四周辐射的漩毛，呈棕色，额略突，眉骨高，眼窝深，具颊囊，肩毛较短，尾较长，约为体长之半。身上大部分毛色为灰黄色灰褐色，背部棕灰或棕黄色，腰部以下为橙黄色或橙红色，腹面淡灰黄色，有光泽，胸腹部的腿部的灰色较浓。不同地区和个体间体色往往有差异。面部、两耳多为肉色，臀胝发达，多为肉红色。成年雄猴的体型要比雌猴大。面部裸露无毛，轮廓分明，眼眶由骨形成环状，使两眼向前，眼间的距离较窄，视觉发达，立体化，可以在树林之间活动时较准确地判定距离、辨别色彩，但嗅觉退化。四肢上都具有 5 指（趾），可以灵活而稳定地抓握树枝，指（趾）的端部仅盖住指（趾）头背面的扁平指甲，突出的指（趾）部有发达的指（趾）纹，触觉灵敏，还有防止滑落的作用；掌面和跖面裸出，具有发达的两行皮垫，手脚的拇指（趾）和其余 4 指（趾）相对，可以握合。

生活习性：集群生活，往往数十只或上百只一群，由猴王带领群居于森林中。常爱攀藤上树，喜觅峭壁岩洞，活动范围很大。善于攀援跳跃，会游泳和模仿人的动作，有喜怒哀乐的表现。性情躁动时爱举石掷人。以树叶、嫩枝、野菜等为食，也吃鸟类、各种昆虫及其他小型无脊椎动物。

10．藏酋猴（*Macaca thibetana*）　灵长目　猴科　猕猴属

保护等级：中国特有种，国家二级重点保护野生动物，被列入《中国生物多样性红色名录——脊椎动物卷》易危（VU）等级。

形态特征：中国猕猴属中体型最大的一种。雄兽的体长为 61～72 cm，体重 14～17.5 kg，尾长 8～10 cm；雌兽的体长为 51～62 cm，体重 9～14 kg，尾长 4～8 cm。有一对大的犬齿，雄兽的脸部为肉色，眼围为白色，眉脊有黑色硬毛；雌兽的脸部带有红色，眼围为粉红色。全身披着疏而长的毛发，背部色泽较深，腹部颜色较浅，头顶常有旋状项毛。颜面随年龄的不同而异色，性成熟时呈鲜红色，进入老年时变为紫色、肉色、黑色。雄猴头部深棕色，背为棕褐色，靠近尾基黑色；腹面及四肢内侧淡黄色，四肢外侧及手、脚的背面棕色。雌猴的毛色浅于雄猴。幼体毛色浅褐。尾短，不超过 10 cm。

生活习性：栖息于山地阔叶林区有岩石的生境中，集群生活，由十几只或二三十只组成，大群可达百余只。每群有 1～3 只成年雄猴为首领，遇敌时首领在队尾护卫。喜在地面活动，在崖壁缝隙、陡崖或大树上过夜。以多种植物的叶、芽、果、枝及竹笋为食，也食鸟及鸟卵、昆虫等动物性食物。5 岁性成熟，发情期多在秋季，春末夏初产崽，每胎通常产一崽。

5.2　鸟类

5.2.1　物种组成

本次调查共记录到鸟类 18 目 53 科 195 种。其中，雀形目鸟类最多，共 31 科 130 种，科数占调查总科数的 58.5%，种数占调查总种数的 66.7%；其次是鹰形目鸟类，共 1 科 10 种，科数和种数分别占调查总科数和总种数的 1.9%和 5.1%；鹈形目和鸮形目各 8 种，啄木鸟目 7 种，鸡形目 6 种，鸽形目、佛法僧目和鹃形目各 4 种，鹤形目 3 种，鸨形目、雁形目、夜鹰目各 2 种，鹳鹬目、隼形目、犀鸟目、鲣鸟目和咬鹃目各 1 种（表 5-1）。

表 5-1 龙泉市鸟类物种组成

目	科（占比）	种（占比）	目	科（占比）	种（占比）
鸡形目	1（1.9%）	6（3.1%）	鹈形目	1（1.9%）	8（4.1%）
雁形目	1（1.9%）	2（1.0%）	鹰形目	1（1.9%）	10（5.1%）
鹲䴙目	1（1.9%）	1（0.5%）	鸮形目	1（1.9%）	8（4.1%）
鸽形目	1（1.9%）	2（1.0%）	咬鹃目	1（1.9%）	1（0.5%）
夜鹰目	2（3.8%）	2（1.0%）	犀鸟目	1（1.9%）	1（0.5%）
鹃形目	1（1.9%）	4（2.1%）	佛法僧目	3（5.7%）	4（2.1%）
鹤形目	1（1.9%）	3（1.5%）	啄木鸟目	2（3.8%）	7（3.6%）
鸻形目	2（3.8%）	4（2.1%）	隼形目	1（1.9%）	1（0.5%）
鲣鸟目	1（1.9%）	1（0.5%）	雀形目	31（58.5%）	130（66.7%）

在记录到的 195 种鸟类中，国家一级重点保护野生动物为黄腹角雉（*Tragopan caboti*），国家二级重点保护野生动物共 30 种，分别为白眉山鹧鸪（*Arborophila gingica*）、勺鸡（*Pucrasia macrolopha*）、白鹇（*Lophura nycthemera*）、鸳鸯（*Aix galericulata*）、黑翅鸢（*Elanus caeruleus*）、黑冠鹃隼（*Aviceda leuphotes*）、蛇雕（*Spilornis cheela*）、雀鹰（*Accipiter nisus*）、黄嘴角鸮（*Otus spilocephalus*）、斑头鸺鹠（*Glaucidium cuculoides*）、红头咬鹃（*Harpactes erythrocephalus*）、蓝喉蜂虎（*Merops viridis*）、短尾鸦雀（*Neosuthora davidiana*）、画眉（*Garrulax canorus*）、红嘴相思鸟（*Leiothrix lutea*）等。列入《中国生物多样性红色名录——脊椎动物卷》受威胁等级物种有 6 种，其中列入濒危（EN）等级的鸟类有 1 种，为黄腹角雉；列入近危（NT）等级的鸟类有 15 种，分别为鸳鸯、黄嘴角鸮、雕鸮（*Bubo bubo*）、长嘴剑鸻（*Charadrius placidus*）、淡绿鵙鹛（*Pteruthius xanthochlorus*）、丽星鹩鹛（*Elachura formosa*）、白眉鹀（*Emberiza tristrami*）等。中国特有种鸟类有 6 种，分别白眉山鹧鸪、黄腹角雉、灰胸竹鸡（*Bambusicola thoracicus*）、黄腹山雀（*Pardaliparus venustulus*）、华南斑胸钩嘴鹛（*Erythrogenys swinhoei*）和乌鸫（*Turdus mandarinus*）。

5.2.2 季节动态分析

1. 春季调查

在春季调查中，共观察记录到鸟类 154 种，共计 1 826 只。其中，黄腹角雉为国家一级重点保护鸟类，国家二级重点保护鸟类 23 种，包括白眉山鹧鸪、白鹇、黑翅鸢、黑冠鹃隼、蛇雕、鹰雕（*Nisaetus nipalensis*）、林雕（*Ictinaetus malaiensis*）、凤头鹰（*Accipiter trivirgatus*）、赤腹鹰（*Accipiter soloensis*）、松雀鹰（*Accipiter virgatus*）、雀鹰、黄嘴角鸮、领角鸮（*Otus lettia*）、红角鸮（*Otus sunia*）、雕鸮、褐林鸮（*Strix leptogrammica*）、领鸺鹠（*Glaucidium brodiei*）、斑头鸺鹠、红头咬鹃、画眉和红嘴相思鸟等。《中国生物多样性红色名录——脊椎动物卷》中濒危（EN）物种 1 种，即黄腹角雉；易危（VU）物种 3 种，为白眉山鹧鸪、林雕、白喉林鹟（*Cyornis brunneatus*）。中国特有种鸟类 5 种，分别是灰胸竹鸡、白眉山鹧鸪、黄腹角雉、华南斑胸钩嘴鹛和乌鸫。春季鸟类数量最多的主要是一些留鸟，如白头鹎（*Pycnonotus sinensis*）、红嘴蓝鹊（*Urocissa erythroryncha*）、领雀嘴鹎（*Spizixos semitorques*）和麻雀（*Passer cinnamomeus*）等常见鸟类，迁徙而来的家燕（*Hirundo rustica*）和金腰燕（*Cecropis daurica*）等夏候鸟也开始出现，此外还观察到旅鸟白眉鹀。

2．夏季调查

在夏季调查中，共观察记录到鸟类 93 种，共计 1 146 只。其中，国家二级重点保护鸟类 10 种，分别是白眉山鹧鸪、赤腹鹰、红隼、林雕、蓝喉蜂虎、画眉和红嘴相思鸟。《中国生物多样性红色名录——脊椎动物卷》中易危（VU）物种 2 种，即白眉山鹧鸪和林雕。中国特有种鸟类 5 种，分别是灰胸竹鸡、白眉山鹧鸪、黄腹山雀、华南斑胸钩嘴鹛和乌鸫。夏季鸟类除了常见留鸟外，夏候鸟数量开始增多，其中金腰燕和家燕数量较多，另外也记录到蓝喉蜂虎、三宝鸟（*Eurystomus orientalis*）、红尾伯劳（*Lanius cristatus*）等夏候鸟。

3．秋季调查

在秋季调查中，共观察记录到鸟类 90 种，共计 1 200 只。其中，国家二级重点保护鸟类 11 种，分别为白眉山鹧鸪、鸳鸯、勺鸡、白鹇、黑翅鸢、林雕、松雀鹰、凤头鹰、红隼、画眉和红嘴相思鸟。《中国生物多样性红色名录——脊椎动物卷》中易危（VU）物种 2 种，即林雕和白眉山鹧鸪。中国特有种鸟类 3 种，包括白眉山鹧鸪、华南斑胸钩嘴鹛和乌鸫。秋季鸟类数量以灰喉山椒鸟（*Pericrocotus solaris*）、白头鹎、北红尾鸲（*Phoenicurus auroreus*）、棕头鸦雀（*Sinosuthora webbiana*）、红头长尾山雀（*Aegithalos concinnus*）和麻雀居多，也记录到一些越冬迁徙的鸟类，如鸳鸯、树鹨（*Anthus hodgsoni*）、北红尾鸲等。

4．冬季调查

在冬季调查中，共观察记录到鸟类 100 种，共计 2 791 只。其中，国家二级重点保护鸟类 10 种，分别为普通鵟、斑头鸺鹠、领鸺鹠、林雕、红头咬鹃、白鹇、日本鹰鸮（*Ninox japonica*）、红隼、画眉和红嘴相思鸟。《中国生物多样性红色名录——脊椎动物卷》中易危（VU）物种 1 种，即林雕。中国特有种鸟类 3 种，包括灰胸竹鸡、华南斑胸钩嘴鹛和乌鸫。冬季鸟类数量以斑文鸟（*Lonchura punctulata*）、棕头鸦雀、领雀嘴鹎、白鹡鸰（*Motacilla alba*）、红头长尾山雀、大山雀（*Parus cinereus*）和灰眶雀鹛（*Alcippe morrisonia*）等常见留鸟居多，冬候鸟以北红尾鸲、燕雀（*Fringilla montifringilla*）、田鹀（*Emberiza rustica*）和灰头鹀（*Emberiza spodocephala*）数量最多。

总体来看，春季鸟类种数最多，其次是冬季，夏季和秋季基本一致（图 5-1）；冬季的鸟类数量明显高于其他季节，其次是春季和秋季，夏季最低（图 5-2）。

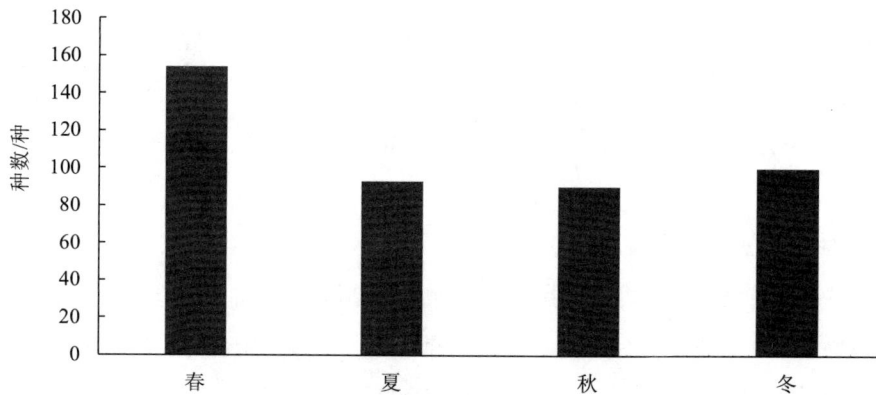

图 5-1　龙泉市各季节鸟类种数分析

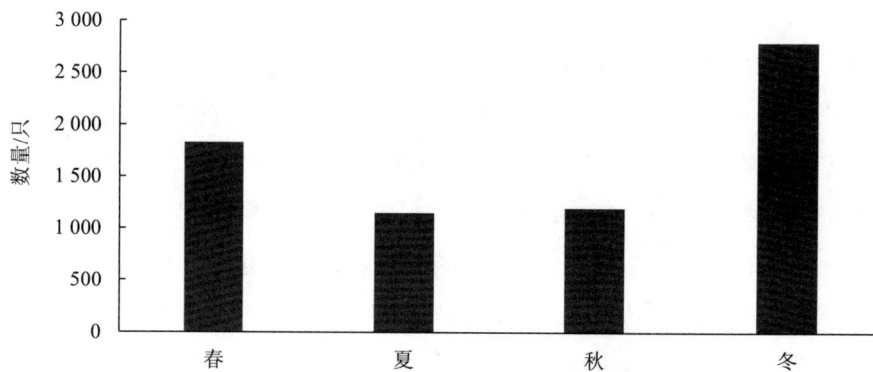

图 5-2　龙泉市各季节鸟类数量分析

5.2.3　典型物种介绍

1. 鸳鸯（*Aix galericulata*）　雁形目　鸭科

保护等级：国家二级重点保护野生动物，被列入《中国生物多样性红色名录——脊椎动物卷》近危（NT）等级。

形态特征：体长 40～51 cm 的中小型鸭类，雌雄异色。雄鸟具宽阔的白色眉纹，头具橙色羽冠，颈部具橙色丝状羽，胸部紫色，翼镜绿色，尾下覆羽白色。雌鸟不甚艳丽，亮灰色体羽，具白色眼圈及眼后线，翼镜同雄鸟，胸至两胁具暗褐色鳞状斑。幼鸟羽色似雌鸟。

生活习性：栖息于河流、溪流、湖泊、水库等水域生境中。冬季集群活动。生性机警，善隐蔽，营巢于树上洞穴或河岸。鸣叫为较高的"weee-weee"声。杂食性，主要以植物的叶、根茎等植物性食物为食，也吃其他无脊椎动物

2．蛇雕（*Spilornis cheela*）　鹰形目　鹰科

保护等级：国家二级重点保护野生动物，被列入《中国生物多样性红色名录——脊椎动物卷》近危（NT）等级。

形态特征：体长 55～73 cm 的大型猛禽，雌雄同色。虹膜黄色，眼周橘黄色，头部深褐色并具不明显羽冠，上体、两翅、胸部和腹部灰褐色且具白色斑点，翼下和尾羽有明显的黑色横斑。跗跖和趾黄色。

生活习性：栖息于山地森林地带。常单独或成对活动。天气晴好时会在高空盘旋，一般在林缘或林中开阔地带捕食。常发出似啸声的鸣叫。肉食性，主要以蛇类为食，也吃啮齿类和小型鸟类等其它动物。

3．鹰雕（*Nisaetus nipalensis*）　鹰形目　鹰科

保护等级：国家二级重点保护野生动物，被列入《中国生物多样性红色名录——脊椎动物卷》近危（NT）等级。

形态特征：体长 64～80 cm 的大型猛禽，雌雄同色。头部深褐色并具明显羽冠，背部及尾羽褐色且尾羽上有黑色横纹，前胸白色并具深色纵纹。跗跖和趾黄色。

生活习性：栖息于山地森林地带。多单独或成对活动。飞翔时两个翅膀平伸，扇动较慢，有时也在高空盘旋，常站立在密林中村死的乔木上。较少鸣叫，偶尔发出拖长而尖厉的"wi-wi-ya"啸声。肉食性，主要以小型哺乳类、啮齿类等动物为食。

4．林雕（*Ictinaetus malaiensis*）　鹰形目　鹰科

保护等级：国家二级重点保护野生动物，被列入《中国生物多样性红色名录——脊椎动物卷》易危（VU）等级。

形态特征：体长 65～75 cm 的大型猛禽，雌雄同色。通体黑褐色，虹膜黄褐色，飞行时尾长而宽，盘旋时指叉明显，尾羽有浅灰色横斑。跗跖和趾黄色。

生活习性：栖息于山地森林地带。常单独或成对活动。飞行平稳，较少振翅，领域性强，会主动驱逐进入其领地的其他猛禽。较少鸣叫，繁殖季节会发出"yi-you，yi-you，yi-you"的叫声。肉食性，主要以啮齿类、两栖爬行类和小型鸟类等动物为食。

5．赤腹鹰（*Accipiter soloensis*）　鹰形目　鹰科

保护等级：国家二级重点保护野生动物，被列入《中国生物多样性红色名录——脊椎动物卷》无危（LC）等级。

形态特征：体长 27～35 cm 的小型猛禽，雌雄异色。雄鸟虹膜黑褐色，头部、背部蓝灰色，两翅和尾灰褐色，飞行时可见翅尖黑色，胸部棕色。雌鸟虹膜黄色，体色比雄鸟较暗。亚成鸟通体黄褐色，胸前有黑色纵纹。跗跖和趾橘黄色。

生活习性：栖息于山地森林、农田和村落等地。常单独或成对活动。喜欢站在视野开阔的树枝或电线上，发现猎物时冲下捕食。繁殖季节会发出急促的"yier-yier"叫声。肉食性，主要以啮齿类、两栖爬行类和小型鸟类等动物为食。

6. 褐林鸮（*Strix leptogrammica*）　鸮形目　鸱鸮科

保护等级：国家二级重点保护野生动物，被列入《中国生物多样性红色名录——脊椎动物卷》近危（NT）等级。

形态特征：体长 46～53 cm 的中大型鸮类，雌雄同色。头部褐色，无耳羽簇，黄色面盘明显且有黑色边框，虹膜褐色，眼圈黑色并具白色眉纹，背部至尾羽黑褐色并具浅白色横斑，颈侧、下体白色并具密集细横纹，跗跖和趾被羽。

生活习性：栖息于山地丘陵地区的茂密森林中。一般单独活动。夜行性。会发出各种各样类似号啕大哭或尖锐的叫声。肉食性，主要以小型鸟类、啮齿类和大型昆虫等动物为食。

7. 领角鸮（*Otus lettia*）　鸮形目　鸱鸮科

保护等级：体长 23～25 cm 的小型鸮类，雌雄同色。上体灰褐色杂以黑白色斑，面盘明显，耳羽簇较长，虹膜红褐色，下体灰白色具黑色纵纹和暗色横纹。跗跖被羽，跗跖和趾浅灰色。

生活习性：栖息于山地丘陵以及平原地带的林地或村落附近。一般单独活动。夜行性，白天躲在浓密的树丛中。叫声为单音节的"buuo"声。肉食性，主要以小型鸟类、啮齿类和大型昆虫等动物为食。

8. 斑头鸺鹠（*Glaucidium cuculoides*）　鸮形目　鸱鸮科

保护等级：国家二级重点保护野生动物，被列入《中国生物多样性红色名录——脊椎动物卷》无危（LC）等级。

形态特征：体长 24～26 cm 的小型鸮类，雌雄同色。头圆无耳羽簇，头及上体棕褐色并具浅黄褐色横纹，尾羽暗褐色并具白色横纹，胸、腹中央白色并具褐色纵纹，两胁暗褐色带浅色横纹。跗跖和趾黄绿色。

生活习性：栖息于山地森林和林缘地带，也出现在村镇或农田等地附近的树上。常单独或成对活动。多在白天活动和觅食。叫声为快节奏而连续的"wo-wo-wo-wo-wo"颤音。肉食性，主要以小型鸟类、啮齿类和大型昆虫等动物为食。

9. 黑翅鸢（*Elanus caeruleus*）　鹰形目　鹰科

保护等级：国家二级重点保护野生动物，被列入《中国生物多样性红色名录——脊椎动物卷》近危（NT）等级。

形态特征：体长 31～34 cm 的猛禽，雌雄同色。成鸟虹膜红色，贯眼纹黑色，头部至背部蓝灰色，翼上覆羽黑色，腹部和尾羽白色，跗跖和趾黄色。幼鸟上体褐色并具浅黄色羽缘。

生活习性：栖息于开阔田野、草地等地。一般单独活动，晨昏较为活跃。常站立在树梢或电线杆上，觅食时会在空中悬停观察地面。较少鸣叫，繁殖季节会发出尖利的"bi-ou"叫声。肉食性，主要以小型鸟类、啮齿类、爬行类和大型昆虫等为食。

10．白鹇（*Lophura nycthemera*）　鸡形目　雉科

保护等级：国家二级重点保护野生动物，被列入《中国生物多样性红色名录——脊椎动物卷》无危（LC）等级。

形态特征：体长 70～120 cm 的大型雉类，雌雄异色。雄鸟具蓝黑色羽冠，赤红色的脸部裸露，上体和两翅白色且密布黑纹，白色的尾甚长，下体黑色，跗跖和趾红色。雌性通体橄榄褐色，羽冠近黑色，跗跖和趾亦为红色。

生活习性：栖息于山地森林中，尤其喜欢在山林下层的浓密竹丛间活动。常集群活动。生性机警，遇到危险时快速奔跑逃离，有时伴有尖厉的哨音。杂食性，主要以果实、种子等植物性食物为食。

5.3　两栖爬行动物

5.3.1　物种组成

龙泉市两栖动物有 2 目 8 科 29 种，其中国家二级重点保护野生动物 1 种，即虎纹蛙（*Hoplobatrachus chinensis*）。被列入《中国生物多样性红色名录——脊椎动物卷》受威胁等级的有 4 种，包括虎纹蛙、小棘蛙（*Quasipaa exilispinosa*）、九龙棘蛙（*Quasipaa jiulongensis*）、棘胸蛙（*Quasipaa spinosa*），其中虎纹蛙被列入濒危（EN）等级，小棘蛙、九龙棘蛙和棘胸蛙被列入易危（VU）等级。中国特有种有 14 种，包括秉志肥螈（*Pachytriton granulosus*）、崇安髭蟾（*Vibrissaphora liui*）、福建掌突蟾（*Leptolalax liui*）、淡肩角蟾（*Megophrys boettgeri*）、三港雨蛙（*Hyla sanchiangensis*）、镇海林蛙（*Rana zhenhaiensis*）、阔褶水蛙（*Hylarana latouchii*）、小竹叶蛙（*Odorrana exiliversabilis*）、天目臭蛙（*Odorrana tianmuii*）、武夷湍蛙（*Amolops wuyiensis*）、福建大头蛙（*Limnonectes fujianensis*）、小棘蛙、九龙棘蛙和北仑姬蛙（*Microhyla beilunensis*）。

龙泉市爬行动物有 1 目 10 科 39 种，其中被列入《中国生物多样性红色名录——脊椎动物卷》受威胁等级的有 11 种，其中王锦蛇（*Elaphe carinata*）、尖吻蝮（*Deinagkistrodon acutus*）、崇安草蜥（*Takydromus sylvaticus*）、银环蛇（*Bungarus multicinctus*）和眼镜王蛇（*Ophiophagus hannah*）被列入濒危（EN）等级，福建钝头蛇（*Pareas stanleyi*）、玉斑锦蛇（*Euprepiophis mandarinus*）、乌梢蛇（*Ptyas dhumnades*）、乌华游蛇（*Trimerodytes percarinatus*）、赤链华游蛇（*Sinonatrix annularis*）、舟山眼镜蛇（*Naja atra*）被列入易危（VU）等级。中国特有种有 11 种，包括宁波滑蜥（*Scincella modesta*）、崇安草蜥（*Takydromus sylvaticus*）、北草蜥（*Takydromus septentrionalis*）、福建钝头蛇、台湾钝头蛇（*Pareas formosensis*）、海南闪鳞蛇（*Xenopeltis hainanensis*）、锈链腹链蛇（*Amphiesma craspedogaster*）、赤链华游蛇（*Sinonatrix annularis*）、颈棱蛇（*Macropisthodon rudis*）、山溪后棱蛇（*Opisthotropis latouchii*）和挂墩后棱蛇（*Opisthotropis kuatunensis*）。

5.3.2 区系组成

龙泉市两栖动物的地理区系以东洋界物种为主，除中华蟾蜍（*Bufo gargarizans*）、黑斑侧褶蛙（*Pelophylax nigromaculatus*）和泽陆蛙（*Fejervarya multistriata*）为广布种外，其他 26 种均属于东洋界分布物种，占比 89.7%。龙泉市爬行动物的地理区系与两栖动物特征一致，以东洋界物种为主，除铜蜓蜥（*Sphenomorphus indicus*）、北草蜥、王锦蛇、赤链蛇（*Lycodon rufozonatum*）、玉斑锦蛇、颈棱蛇、乌梢蛇、虎斑颈槽蛇（*Rhabdophis tigrinus*）和福建竹叶青蛇（*Viridovipera stejnegeri*）9 种外，其他 30 种均属于东洋界，占比 76.9%。

总体来看，龙泉市全域隶属东洋界华中区东部丘陵平原亚区，为东洋界和古北界的过渡地带，两界动物区系混杂。从区系组成上看，龙泉市两栖爬行动物以东洋界物种为主，这与地理区划相一致，此外还有一定数量的广布种。

在东洋界物种中，华中区和华南区共有种占较大比重，其次为华中区物种，另有少量的华中区和西南区共有种及华南区种，说明该地区两栖爬行动物东洋界成分具有华中区、华南区过渡地带的特点及向西南区渗透的现象。

5.3.3 两栖动物典型物种介绍

1. 秉志肥螈（*Pachytriton granulosus*） 有尾目 蝾螈科 肥螈属

保护等级：中国特有种，被列入《中国生物多样性红色名录——脊椎动物卷》数据缺乏（DD）等级。

形态特征：体型肥壮，四肢粗短，躯干呈圆柱状，背腹略扁平。体背面呈褐色或黄褐色，多数个体无黑色斑点，背侧常有橘红色斑点；头体腹面橘红色，有少数褐色短纹或呈蠕虫状斑；四肢、肛孔和尾下缘橘红色，有的个体尾末段两例各有一个银色斑。皮肤光滑，体两侧和尾部有细横皱纹；咽喉部有纵肤褶，有的个体腹部有横皱沟。

生活习性：生活于海拔 50～700 m 较为平缓、水质清凉的山溪内。成体以水栖为主，白天长匐于水底石块或隐于石下，夜间多在水底爬行。以水生昆虫、螺类、虾类、蟹类为食。

2. 崇安髭蟾（*Vibrissaphora liui*） 无尾目 角蟾科 拟髭蟾属

保护等级：中国特有种，被列入《中国生物多样性红色名录——脊椎动物卷》近危（NT）等级。

形态特征：体型较大，前肢较长，后肢较短。体背部有痣粒组成的网状肤棱；四肢背面肤棱显著，呈纵行；腹面及体侧满布浅色痣粒；腋腺大呈椭圆形，有股后腺。体背面浅褐色略带紫色，有许多不规则的黑斑；眼上半浅绿色，下半深棕褐色；胯部有一白色月牙斑；体腹面满布白色小颗粒。雄体在繁殖季节上唇缘有黑色的角质刺 2 枚或 4 枚，雌体在相应部位有桔红色小点或小黑刺。

生活习性：生活于海拔 800～1 600 m 林木繁茂的山区。成蟾营陆栖生活，常栖息在流溪附近的草丛、土穴内或石块下，在农耕地内也可见到。蝌蚪以苔藓、藻类为食，成蟾以各种昆虫为食。

3．三港雨蛙（*Hyla sanchiangensis*） 无尾目 雨蛙科 雨蛙属

保护等级：中国特有种，被列入《中国生物多样性红色名录——脊椎动物卷》无危（LC）等级。

形态特征：体型较小；背面皮肤光滑，胸、腹及股腹面密布颗粒疣，咽喉部较少。背面黄绿色或绿色，眼前下方至口角有一明显的灰白色斑，眼后鼓膜上、下方有两条深棕色线纹在肩部不相会合；体侧前段棕色，体侧后段和股前后及体腹面浅黄色；体侧后段、股前后、胫腹面有黑棕色斑点，体侧前段无黑斑点；手和跗足部棕色。

生活习性：生活于海拔 500～1 560 m 的山区稻田及其附近。白天多在土洞、石穴内或竹筒内，傍晚外出捕食。在晴朗的夜晚鸣声较多，成蛙发出"咯啊、咯啊"的连续鸣声，音低慢。以叶甲虫、金龟子、蚁类及高秆作物上的多种害虫为食。

4．虎纹蛙（*Hoplobatrachus chinensis*） 无尾目 叉舌蛙科 虎纹蛙属

保护等级：国家二级重点野生保护动物，被列入《中国生物多样性红色名录——脊椎动物卷》濒危（EN）等级。

形态特征：体型硕大，四肢较短。体背面粗糙，背部有长短不一、多断续排列成纵行的肤棱，其间散有小疣粒，胫部纵行肤棱明显；头侧、手、足背面和体腹面光滑。背面多为黄绿色或灰棕色，散有不规则的深绿褐色斑纹；四肢横纹明显；体和四肢腹面肉色，咽、胸部有棕色斑，胸后和腹部略带浅蓝色，有斑或无斑。

生活习性：该蛙生活于海拔 20～1 120 m 的山区、平原、丘陵地带的稻田、鱼塘、水坑和沟渠内。白天隐匿于水域岸边的洞穴内；夜间外出活动，跳跃能力很强，稍有响动即迅速跳入深水中。以各种昆虫、蝌蚪、小蛙和小鱼等为食。

5．棘胸蛙（*Quasipaa spinosa*） 无尾目 叉舌蛙科 棘胸蛙属

保护等级：被列入《中国生物多样性红色名录——脊椎动物卷》易危（VU）等级。

形态特征：体型肥硕，前肢粗壮。皮肤较粗糙，长短疣断续排列成行，其间有小圆疣，疣上一般有黑刺，眼后方有横肤沟，雄蛙胸部满布大小肉质疣，向前可达咽喉部，向后止腹前部，每个疣上有一枚小黑刺；雌蛙腹面光滑。体背面颜色变异大，多为黄褐色、褐色或棕黑色，两眼间有深色横纹，上、下唇缘均有浅色纵纹，体和四肢有黑褐色横纹；腹面浅黄色，无斑或咽喉部和四肢腹面有褐色云斑。

生活习性：生活于海拔 600～1 500 m 林木茂密的山溪内。白天多隐藏在石穴或土洞中，夜间多蹲在岩石上，以多种昆虫、溪蟹、蜈蚣和小蛙等为食。

5.3.4　爬行动物典型物种介绍

1. 崇安草蜥（*Takydromus sylvaticus*）　有鳞目　蜥蜴科　草蜥属

保护等级：中国特有种，被列入《中国生物多样性红色名录——脊椎动物卷》濒危（EN）等级。

形态特征：背面绿色，刚蜕皮为翠绿色，腹面颜色较浅。体侧各有上、下两条白色纵纹，下纵纹粗，起自眼前下角，沿眼与上唇间，耳孔下缘，经肩上方向后止于后肢前方胯部；上纵纹细，起自上睫鳞前缘，经耳孔上方，沿背鳞与侧鳞交会处直达尾部；瞳孔圆形，虹膜褐色，巩膜深黄色。尾细长，易断。

生活习性：多栖息于中低海拔树林中，白天常在树上或灌木丛上活动，极少在地面上被发现，夜间则在树梢或枝叶末端休息。生性胆小，行动迅速。以昆虫类为食。

2. 海南闪鳞蛇（*Xenopeltis hainanensis*）　有鳞目　闪鳞蛇科　闪鳞蛇属

保护等级：中国特有种，被列入《中国生物多样性红色名录——脊椎动物卷》无危（LC）等级。

形态特征：中小型原始蛇类。穴居，无毒。体呈圆柱状，尾短。头较小而略扁，与颈部区分不明显。背面蓝褐色，有金属光泽，两侧最下三行背鳞间有1～2条断续白纵纹，最下一行背鳞灰白色；腹面灰白色，尾后段尾下鳞蓝褐色。头背蓝褐色，头腹浅蓝灰色或浅褐色。

生活习性：多栖息在海拔200～800 m的平原与丘陵与低山地区。具有夜行性，喜在晚间活动，白天经常隐藏在草丛、枯叶下方。以蚯蚓及小型蛙类为食。

3. 台湾烙铁头蛇（*Ovophis makazayazaya*）　有鳞目　蝰科　烙铁头蛇属

保护等级：被列入《中国生物多样性红色名录——脊椎动物卷》近危（NT）等级。

形态特征：小型毒蛇，头侧具颊窝，可以感知环境中热源的变化。头呈三角形，与颈部区分明显。体躯粗短，尾较短。头背橘红色。体、尾背面黑灰杂陈，具20余道橘红色横斑。尾背散布若干白色点斑。腹面污白色，散布深色点斑、色斑。

生活习性：栖息于海拔500～2 000 m的山区林中、溪边、草丛，也常出没于居民区及其附近。以小型哺乳动物为食，偶食蛙类。

4. 尖吻蝮（*Deinagkistrodon acutus*）　有鳞目　蝰科　尖吻蝮属

保护等级：被列入《中国生物多样性红色名录——脊椎动物卷》濒危（EN）等级。

形态特征：大型毒蛇。头大呈三角形，与颈部可明显区分，具长管牙。吻端由鼻间鳞与吻鳞尖出形成一上翘的突起；鼻孔与眼之间有一椭圆形颊窝，为热测位器。体粗壮，尾短较细。体背面灰褐色或棕褐色，身体两侧具纵列黑褐色的三角形大斑，底边与体轴平行，两腰线清晰，中间色浅。三角形顶角常在脊部相接。腹面乳白色，咽部有排列不规则的小黑点，腹部中央和两侧有大黑斑。

生活习性：生活在海拔 100～1 400 m 的山区或丘陵地带。常栖息在山谷溪涧附近，偶尔也进入山区村宅，出没于厨房与卧室之中。炎热天气会进入山谷溪流边的岩石、草丛、树根下的阴凉处度夏，冬天在向阳山坡的石缝及土洞中越冬。以蛙类或小型哺乳动物为食。

5．眼镜王蛇（*Ophiophagus hannah*）　有鳞目　眼镜蛇科　眼镜王蛇属

保护等级：国家二级重点野生保护动物，被列入《中国生物多样性红色名录——脊椎动物卷》濒危（EN）等级。

形态特征：大型毒蛇，全长一般 3 m 左右。生活时，体背面黑褐色，颈背具一"∧"形的黄白色斑纹，无眼镜状斑；躯干和尾部背面有窄的白色镶黑边的横纹。头腹乳白色无斑，在颈腹间渐变为黄白色或灰白色，并开始出现灰褐色斑点。幼蛇色斑鲜艳，头背及体、尾背面横纹鲜黄色。

生活习性：多栖息于沿海 1 800 m 以下的山区，多见于森林边缘近水处，林区村落附近也时有发现。以其他蛇类为食，偶食鸟类、鸟卵和鼠类。

第 6 章

陆生昆虫

6.1 物种组成

通过野外实地调查，并结合历史资料整理，龙泉市共有陆生昆虫物种数 18 目 236 科 2 116 种（见附表）。本次调查共记录到国家二级重点保护野生动物 3 种，分别是金裳凤蝶（*Troides aeacus*）、黑紫蛱蝶（*Sasakia funebris*）和阳彩臂金龟（*Cheirotonus jansoni*）。另有 5 种外来入侵昆虫，分别是美洲大蠊（*Periplaneta americana*）、德国小蠊（*Blattella germaniea*）、蚕豆象（*Bruchus rufimanus*）、赤颈郭公虫（*Necrobia ruficollis*）和咖啡豆象（*Araecerus fasciculatus*）。

龙泉市的昆虫中，被列入《中国物种红色名录（第三卷）：无脊椎动物》易危（VU）等级的昆虫有宽尾凤蝶（*Agehana elwesi*）、麝凤蝶（*Byasa alcinous*）、黑紫蛱蝶、珠翠蛱蝶（*Euthalia pratti*）、异型猫蛱蝶（*Timelaea aformis*）和阳彩臂金龟 6 种；被列入近危（NT）等级的有金裳凤蝶、八目黛眼蝶（*Lethe oculatissima*）、大紫蛱蝶（*Sasakia charonda*）、褐眉眼蝶（*Mycalesis unica*）、黑纱白眼蝶（*Melanargia lugens*）、捻带翠蛱蝶（*Euthalia strephon*）、珀翠蛱蝶（*Euthalia pratti*）、大伞弄蝶（*Burara miracula*）、安里黄粉蝶（*Eurema alitha*）、圆翅银灰蝶（*Curetis saronis*）、褐蓓翠蛱蝶（*Euthalia hebe*）和窄翅弄蝶（*Isoteinon lamprospilus*）12 种。

龙泉市实际调查中，目下科级阶元中，鳞翅目昆虫最多，有 25 科，占调查总科数的 25%；鞘翅目次之，有 24 科，占调查总科数的 24%；双翅目 11 科，直翅目 10 科，膜翅目和半翅目 9 科，蜻蜓目 5 科，螳螂目、缨翅目、蜉蝣目各 2 科，襀翅目 1 科。

科级阶元下物种中，蛱蝶科昆虫最多，有 33 种，占调查总种数的 9.71%；其次为尺蛾科，有 25 种，占调查总种数的 7.35%；凤蝶科有 14 种，灰蝶科和灯蛾科各有 13 种，共占调查总种数的 11.76%；叶蜂科有 12 种，占调查总种数的 3.53%；舟蛾科和弄蝶科各有 11 种，共占调查总种数的 6.47%；姬蜂科和金龟科各有 9 种，共占调查总种数的 5.29%；叶甲科、螟蛾科、毒蛾科各有 8 种，共占调查总种数的 7.06%；天牛科、天蛾科各有 7 种，共占调查总种数的 4.12%；蚁科、食蚜蝇科、粉蝶科各有 6 种，共占调查总种数的 5.29%；蜻科有 5 种，共占调查总种数的 1.47%；夜蛾科、蚊科、蜜蜂科、䗛科、蝗科、花萤科、胡蜂科、大蚊科、大蚕蛾科、步甲科和斑翅蝗科各有 4 种，共占调查总种数的 12.94%；芫菁科、叶蜂科、瓢虫科、卷蛾科和飞虱科均有 3 种，共占调查总种数的 4.41%；蟋蟀科、锹甲科、龙虱科、蓟马科、虎甲科、蚕蛾科、斑腿蝗科均有 2 种，共占调查总种数的 4.12%；仅有 1 种的有盾蝽科、锥头蝗科、祝蛾科、蛛蜂科、螽斯科、织蛾科、葬甲科、缘蝽科、蝇科、萤科、隐翅虫科、叶蝉科、摇蚊科、燕蛾科、眼蝇科、小蜉科、小蜂科、象蜡蝉科、象甲科、舞虻科、网蛾科、网翅蝗科、螳螂科、螳科、水虻科、水龟甲科、食虫虻科、色　科、三锥象科、鳃金龟科、鞘蛾科、拟步甲科、埋葬甲科、箩纹蛾科、露尾甲科、鹿蛾科、蝼蛄科、丽蝇科、癞蝗科、蜡蝉科、枯叶蛾科、叩甲科、距甲科、红蝽科、果蝇科、郭公甲科、广翅蜡蝉科、管蓟马科、负泥虫科、蜉蝣科、分盾细蜂科、蛾蜡蝉科、地蜂科、大蜓科、螽科、刺蛾科、春蜓科、草蛉科和波纹蛾科，共占调查总种数的 17.35%。

通过对各目下科、属、种的统计分析（图 6-1），鳞翅目昆虫科、属、种的多样性最为丰富，有 25 科 142 属 172 种；其次为鞘翅目，有 26 科 49 属 58 种；双翅目有 11 科 19 属 22 种，直翅目有 10 科 17 属 18 种，膜翅目有 9 科 24 属 39 种，半翅目有 9 科 11 属 11 种，蜻蜓目有 5 科 8 属 9 种，缨翅目有 2 科 3 属 3 种，螳螂目均有 2 科 2 属 2 种，蜉蝣目有 2 科 2 属 2 种，䗛翅目 1 科 2 属 4 种。

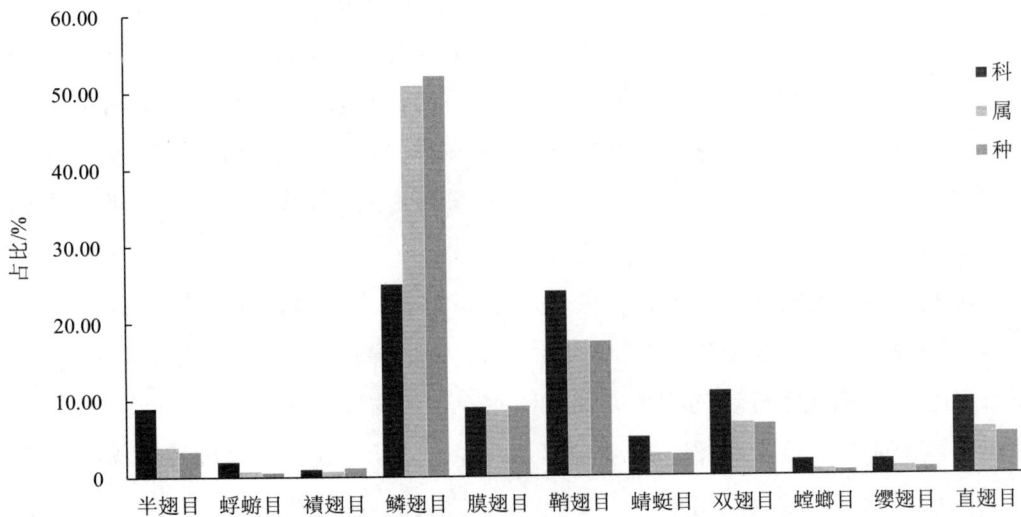

图 6-1　龙泉市陆生昆虫目下科、属、种统计分析

6.2　多样性分析

本节选取了龙泉市 12 条典型样线（包含 2 个灯诱集样点）的陆生昆虫调查数据，采用分类学多样性指数——平均分类学差异性指数（Δ+）和平均分类学差异性变异指数（Λ+）进行分析，其中 Δ+表示任何两个随机选择的物种之间的平均分类路径长度，Λ+表示生物类群在等级分类学树中分布的不均匀程度。Δ+值低意味着多数昆虫集中于少量较低等级的分类阶元（属或科），在较高分类阶元上的差别也不大，多数样线只有一个纲的昆虫物种，即 Δ+值相等时，生物间亲缘关系的远近也会影响生物组成的不均匀程度。采用的分类学多样性指数基于物种出现与否的二元数据，定义群落中随机选择的 2 个物种的平均路径长度，反映群落内物种组成的差异及其分类等级的关系，即当两个群落具有相同的物种丰富度时，种间亲缘关系较远的群落比亲缘关系较近的群落具有更大的分类学多样性，以及更高的群落稳定性和恢复力。分类学多样性指数的漏斗图可以直观分析调查区域的理论平均值，并判断不同位置或者不同时期生物群落的分类学差异，常常被用来判断环境是否退化。

采用门级别为 100 的权重系数系列，其他级别分类阶元对应的权重系数分别为目 100、科 75、属 50、种 25。上述分类学多样性指数及 95%置信曲线图由 PRIMER®软件包中的 TAXDTEST 模块计算和绘制。

Λ+的波动范围较大。Λ+值高的区域的昆虫物种均匀性不高，物种也常常属于不同的属，物种间的亲缘关系较远；Λ+值低的区域往往只发现一个目的昆虫物种，属阶元的数量也较少，生物亲缘关系较近。

分类多样性指数 Δ+和 Λ+的 95%置信漏斗曲线（图 6-2）是通过龙泉市昆虫物种种群的 Δ+和 Λ+的理论平均值来建立的，图中的虚线是 Δ+和 Λ+的理论平均值，图中置信漏斗的上下置信限分别是 Δ+和 Λ+的理论最大值和最小值。由图 6-2 可以看出，Δ+和 Λ+与种数相互独立。Δ+代表了样地内所有种间间距的理论平均值，因此样地的 Δ+值越小表明样地内物种的分类多样性越小，种间的亲缘关系越近。计算得到这 12 条样线的 Δ+理论平均值约为 80.67，Λ+理论平均值约为 468.04。

除了潘床村灯诱、建胜村、潘床村 2 和龙井村灯诱这 4 条样线，其余 8 条样线的 Δ+值均位于置信漏斗内，说明这些样线上的昆虫物种分类学差异在合理范围之内。头渡溪村样线的 Δ+值高于理论平均值，说明这条样线的物种分类多样性较大，物种间的亲缘关系较远；建胜村、龙井村、水塔村和潘床村 1 这 4 条样线的 Δ+值接近理论平均值，说明这些样线的物种分类多样性较小，物种间的亲缘关系较近。龙井村 1 样线的 Δ+值低于 Δ+的理论最小值且落于 95%置信区间之外，说明其生物分类学差异性明显不好，物种分类多样性较小，物种间的亲缘关系较近。根据经验，低于西井村 95%置信区间的 Δ+值预示着其环境受到干扰，环境质量明显低于其他样线。

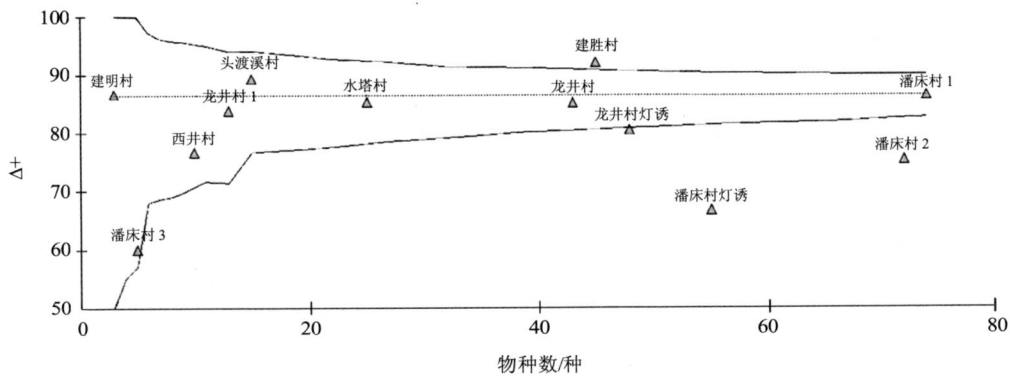

（a）Δ+ 的 95% 置信漏斗

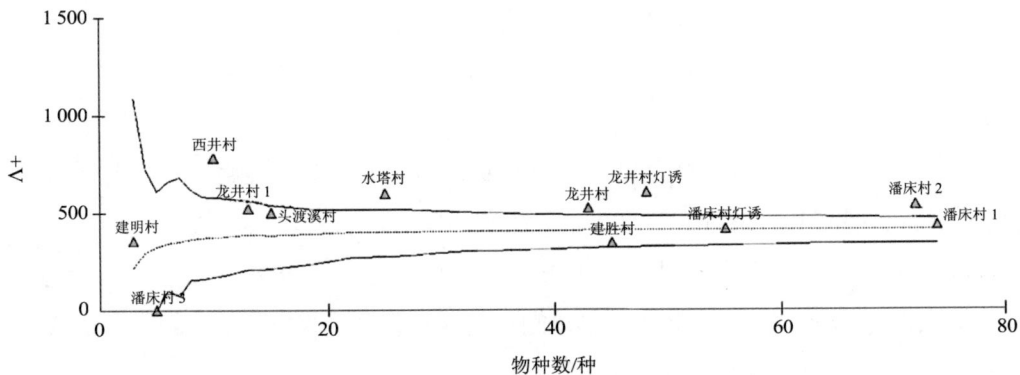

（b）Λ+ 的 95% 置信漏斗

图 6-2　龙泉市 12 条典型样线昆虫多样性曲线

Λ+ 值代表了样地内物种在分类等级间的均匀性。Λ+ 值越大，表示物种在分类等级间的均匀性越差，多样性相对较高。龙井村、水塔村、西井村、潘床村 2、龙井村灯诱这 5 条样线的 Λ+ 值位于理论平均值之上，表示昆虫物种类群在等级分类学树中分布的不均匀程度高，意味着多数昆虫物种集中于较高等级的分类阶元（科或目），在较低分类阶元上的差别也不大。潘床村 3 的 Λ+ 值位于置信漏斗理论最小值之外，表明昆虫物种分类等级的差异性不在合理的范围之内，物种间的亲缘关系较近。头渡溪村、龙井村 1、建胜村和潘床村 1 这 4 条样线的 Λ+ 值高于理论平均值，表明昆虫物种分类等级的差异较小，分类学多样性较高。建胜村样线的 Λ+ 值低于理论平均值，表明这些样线上昆虫物种分类等级的均匀度较差，分类学多样性较小。

龙井村 1、建胜村、头渡溪村样线的 Δ+ 和 Λ+ 值位于置信漏斗之外，说明这些样线的昆虫生境质量相对较低，受到的干扰较多，物种分类等级的分布显著不均匀。

6.3 典型物种介绍

1. 红蜻（*Crocothemis servilia*） 蜻蜓目 蜻科 红蜻属

形态特征：体长 20～150 mm。颜色多艳丽。触角短小，刚毛状，3～7 节。复眼发达，占头部的大部分，单眼 3 个。口器咀嚼式。上颚发达。前胸较细，如颈。中、后胸合并，称合胸。合胸构造特殊，侧板扩大，中胸上前侧片尤甚。左右两边的上前侧片在合胸背前方的背中线相遇。

生活习性：没有产卵器，在池塘上方盘旋，或沿小溪往返飞行，在飞行中将卵撒落水中；有的种类贴近水面飞行，用尾"点水"，将卵产到水里。幼虫多能以蚊虫的子孓为食，成虫在飞行中以捕捉到的大小适宜的昆虫为食，多在开阔地的上空飞翔，广泛分布于中国南方等地。

2. 拉步甲（*Carabus lafossei*） 鞘翅目 步甲科 大步甲属

保护等级：国家二级重点保护野生动物，中国特有种，被列入《中国物种红色名录（第三卷）：无脊椎动物》近危（NT）等级

形态特征：体长 30～40 mm，体色变异，有多种色型，通常全身金属绿色，前胸背板及鞘翅外缘泛金红色光泽。足细长，善疾走，雄虫前足跗节略膨大，从外观上可与雌虫区分。

生活习性：在中国分布的珍稀观赏性甲虫，野外种群数量十分稀少。喜欢生活在 1 500～2 400 m 海拔的山区。分布范围相对狭小。喜欢潮湿的环境，昼伏夜出，多捕食多汁的鼻涕虫、蝇类、蜗牛等为食，是一种天敌昆虫。

3. 阳彩臂金龟（*Cheirotonus jansoni*） 鞘翅目 臂金龟科 彩臂金龟甲属

保护等级：国家二级重点保护野生动物，中国特有种，被列入《中国物种红色名录（第三卷）：无脊椎动物》易危（VU）等级。

形态特征：体长约为 69 mm，体宽约为 40 mm，前肢长度约为 103 mm，体重 40 g，长椭圆形，背面强度弧拱，前胸背板甚隆拱，有明显中纵沟。雌雄异型，雄性前足特别长，显著长于雌性，体型也明显大于雌性，臂金龟名称也由此而来。背面整体黑褐色，前胸背板金属绿色尤其明显。

生活习性：其生境优势树种为栲林，常年生活于常绿阔叶林中，成虫产卵于腐朽木屑土中。

4. 黑尾叶蝉（*Nephotettix bipunctatus*） 半翅目 叶蝉科 黑尾叶蝉属

形态特征：成虫体长 4～6 mm，头至翅端 13～15 mm。头部与前胸背板等宽，向前呈钝圆角突出，头顶复眼间接近前缘处有 1 条黑色横凹沟，内有 1 条黑色亚缘横带。复眼黑褐色，单眼黄绿色。前翅淡蓝绿色，前缘区淡黄绿色。雄虫的翅端 1/3 处为黑色，而雌虫的翅端则是淡褐色。

生活习性：多半会危害植物生长，部分种类更是稻作的重要害虫。在绿肥田边、塘边、河边的杂草上越冬。若虫喜栖息在植株下部或叶片背面取食，有群集性。越冬若虫多在 4 月羽化为成虫，迁入稻田或茭白田为害。

5. 金环胡蜂（*Vespa mandarinia*）　膜翅目　胡蜂科　胡蜂属

形态特征：一种大型胡蜂，头部宽较胸部窄，但略宽于前胸背板前缘。额沟明显，整个头部橘黄色，额部及颊部较稀的布有浅刻点，仅沿后头边缘布有棕色毛，颊部宽，棕色单眼呈倒三角形排列于两复眼顶部之间，每个单眼周围略呈黑色。前胸背板前缘中央略隆起并呈黑色，中胸背板有两个黄棕色的斑块。中胸背板被中胸背板端部分开，肩角明显。腹部除最后一节为橙黄色外其余各节背板均为棕黄色与黑褐色相间。

生活习性：蜂巢通常选择屋檐、树枝下，呈球形。杂食性昆虫，主要以小型昆虫及鳞翅目昆虫的幼虫为食。多出现在晴天的早晚，适宜温度为 23～30℃，此外，金环胡蜂具有一定的药用价值，泡酒可治疗膝关节炎。

6. 东方巨齿蛉（*Acanthacorydalis orientalis*）　广翅目　齿蛉科　巨齿蛉属

形态特征：头部呈黑褐色，头顶具黄黑相间的网状纹，单眼前有一横向黄斑，单眼后有二卵形黄斑、头前侧角呈黄色，头顶明显呈方形，有一对齿状突，头顶侧缘各有一刺状突。口器呈浅褐色，雄性上颚极发达，基半部内缘有一大齿，端半部内缘有两小齿，胸部呈黑褐色，前胸长明显大于宽，具有不规则的黄斑。翅狭长，透明，翅脉呈黑褐色，横脉两侧有明显的淡褐斑，后翅近乎透明，无明显斑纹。腹部大致呈褐色。

生活习性：幼虫生活在水中，捕食水生小昆虫，小蝌蚪等。成虫则具有趋光性，生活在水边的沼泽和森林里，捕食毛虫、蠕虫及蝶、蛾等害虫。

7. 樗蚕蛾（*Philosamia cynthia*）　鳞翅目　大蚕蛾科　樗蚕蛾属

形态特征：体青褐色。头部四周、颈板前端、前胸后缘、腹部背面、侧线及末端都为白色。腹部背面各节有白色斑纹 6 对，其中间有断续的白纵线。前翅褐色，前翅顶角后缘呈钝钩状，顶角圆而突出，粉紫色，具有黑色眼状斑，斑的上边为白色弧形。前后翅中央各有一个较大的新月形斑，新月形斑上缘深褐色，中间半透明，下缘土黄色；外侧具一条纵贯全翅的宽带，宽带中间粉红色、外侧白色、内侧深褐色、基角褐色，其边缘有一条白色曲纹。

生活习性：一年发生 2～3 代，以蛹藏于厚茧中越冬。成虫有趋光性，并有远距离飞行能力，飞行可达 3 000 m 以上。羽化出的成虫当即进行交配。雌蛾性引诱力甚强，未交配过的雌蛾置于室内笼中可连续引诱雄蛾，雌蛾剪去双翅后能促进交配，而室内饲养出的蛾子不易交配。成虫寿命 5～10 天。

8. 灰绒麝凤蝶（*Byasa mencius*）　鳞翅目　凤蝶科　麝凤蝶属

形态特征：属中大型凤蝶，翅展 60～75 mm，雄蝶翅背面褐黑色，前翅具黑色翅脉，中室纹及脉间纹。后翅尾突长指状，亚外缘具暗红色新月形斑，香鳞白色。腹面斑纹如背面，亚外缘红色新月形斑鲜艳清晰，臀角红斑不规则。雌蝶翅灰褐色，斑纹同雄蝶，后翅背面亚外缘红斑清晰。

生活习性：在我国主要分布于长江以南地区，一年多代，成虫多见于 3—10 月。常分布于林区边缘，多飞翔于高山区的路旁、林缘，姿态优美。幼虫寄主为马兜铃科北马兜铃等植物。成虫吸食花蜜、盐分，常停栖于树冠。

9. 金裳凤蝶（*Troides aeacus*）　鳞翅目　凤蝶科　裳凤蝶属

保护等级：国家二级重点保护野生动物，被列入《中国物种红色名录（第三卷）：无脊椎动物》近危（NT）等级。

形态特征：属大型凤蝶，雄蝶前翅黑色翅脉两侧的灰白色鳞片明显，后翅金黄色，黑斑仅位于翅边缘，从侧后方观察其后翅有荧光，在逆光下看会呈现出类似珍珠在光照下反射出的变幻光彩。随着光线角度的变化，有青色、绿色、紫色在变幻。雌蝶翅膀上 5 个标志性的金色"A"字，这也是最明显的特征。

生活习性：成虫常见于低海拔平地及丘陵地，在热带森林高空或丘陵上空周旋，受惊后便飞逃；飞行缓慢，飞行力强，在季风来临的晴天时飞行数小时才休息；有时主动攻击其他蝴蝶，然后逃之。幼虫寄生于多种马兜铃属的植物，成虫偏好在早晨和黄昏时飞至野花丛中吸食花蜜。属完全变态昆虫，飞行姿态优美，常在低海拔平地及丘陵地带出现。卵产在寄主植物新芽、嫩叶的背腹两面或叶柄与嫩枝上。

10. 筛豆龟蝽（*Megacopta cribraria*）　半翅目　龟蝽科　豆龟蝽属

形态特征：近卵圆形，淡黄褐或黄绿色，具微绿光泽，密布黑褐色小刻点，复眼红褐，前胸背板有一列刻点组成的横线，小盾片基胝两端色淡，侧胝无刻点；各足胫节整个背面具纵沟，腹部腹面两侧具辐射状黄色宽带纹，雄虫小盾片后缘向内凹陷，露出生殖节。

生活习性：成虫在寄主植物附近的枯枝落叶下越冬。翌年 4 月上旬开始活动，11 月下旬起陆续越冬。成虫产卵于菜豆等作物的叶片、叶柄、托叶、荚果和茎秆上，平铺斜置呈两纵行，共 10～32 枚，成羽毛状排列。成、若虫均有群集性，均在茎秆、叶柄和荚果上吸食汁液，因此会影响植株生长发育。

第 7 章

水生生物

7.1 淡水鱼类

7.1.1 物种组成

通过实地调查，龙泉市共计发现淡水鱼类 62 种，隶属于 6 目 16 科。从目的角度分析，其中鲤形目的种类数占绝对优势，共 2 科 33 种，其次是鲈形目，共 7 科 19 种，分别占总种数的 53.2% 和 30.6%；鲇形目 4 科 6 种，占总种数的 9.7%；鳗鲡目 1 科 2 种，占总种数的 3.2%；合鳃鱼目和鳉形目均 1 科 1 种，各占总种数的 1.6%（图 7-1）。

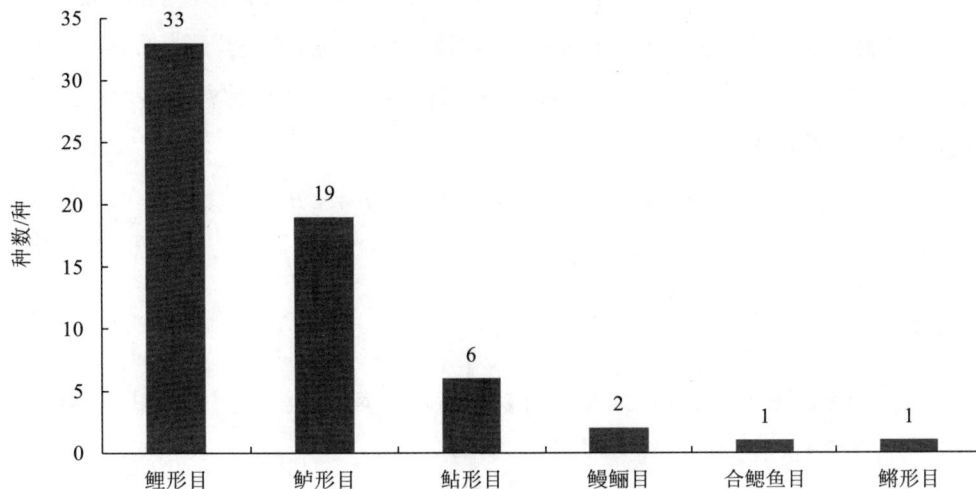

图 7-1　龙泉市淡水鱼类目级物种多样性数量比较

从科的角度分析,鲤科和虾虎鱼科的种类较多,分别为 29 种和 10 种,占总种数的 46.8% 和 16.1%;其次为平鳍鳅科和鮨鲈科,各 4 种,各占总种数的 6.5%;其余科中的种数均较少 (图 7-2)。

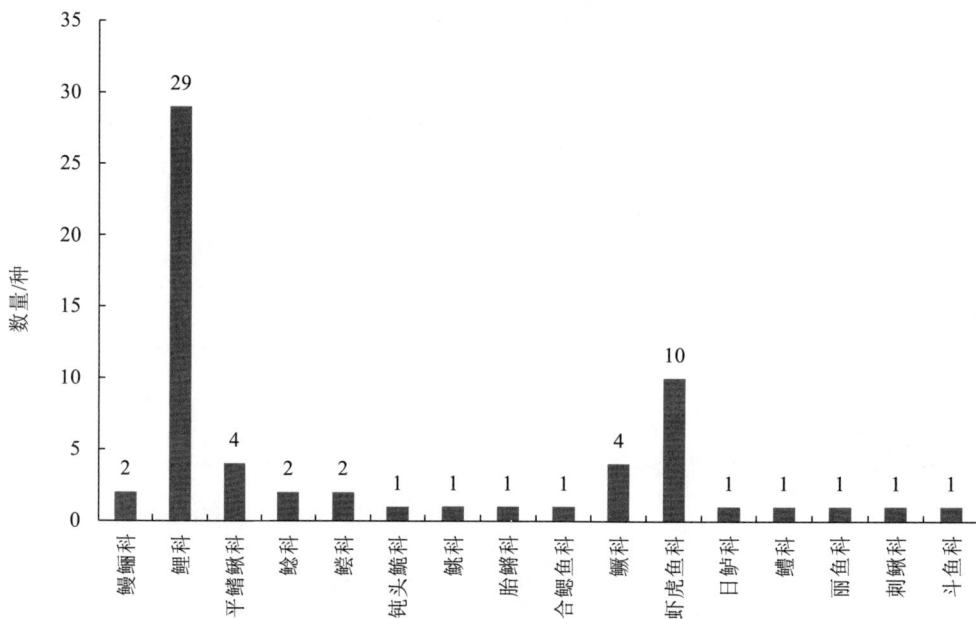

图 7-2 龙泉市淡水鱼类科级物种多样性数量比较

龙泉市的淡水鱼类中,仅花鳗鲡(*Anguilla marmorata*)1 种被列为国家二级重点保护野生动物,与日本鳗鲡(*Anguilla japonica*)一并被列入《中国生物多样性红色名录——脊椎动物卷》濒危(EN)等级,即龙泉市淡水鱼类的濒危(EN)物种共有 2 种,占总种数的 3.2%;被列入近危(NT)等级的有 4 种,包括台湾白甲鱼(*Onychostoma barbatulum*)、波纹鳜(*Siniperca undulata*)、暗鳜(*Siniperca obscura*)和圆尾斗鱼(*Macropodus ocellatus*),占总种数的 6.45%;其余均为无危(LC)或数据缺乏(DD)。

龙泉市外来入侵淡水鱼类有 3 种,包括齐氏罗非鱼(*Tilapia zillii*)、食蚊鱼(*Gambusia affinis*)和绿太阳鱼(*Lepomis macrochirus*)。

7.1.2 区系分析

调查到的 62 种淡水鱼类中,除花鳗鲡和日本鳗鲡属于河口洄游种类外,其余 60 种均为纯淡水鱼类,占浙江省 139 种纯淡水鱼类的 43.2%。

62 种淡水鱼类分别属于 5 个鱼类区系复合体,其中以江南平原鱼类区系复合体和热带平原鱼类区系复合体为主,两者占总种数的 83.8%。属于江南平原鱼类区系复合体的鱼类有马口鱼(*Opsariichthys bidens*)、长鳍马口鱼(*Opsariichthys evolans*)、小鳈(*Sarcocheilichthys parvus*)、点纹银鮈（*Squalidus wolterstorff*）、鲤（*Cyprinus carpio*）、鲫（*Carassius auratus*）、白边拟鲿（*Tachysurus albomarginatus*）和黄颡鱼（*Tachyurus fulvidraco*）等共 27 种，占 43.5%；属于热带平原鱼类区系复合体的有温州光唇鱼（*Acrossocheilus wenchowensis*）、台湾白甲鱼、黑吻虾虎鱼（*Rhinogobius niger*）、子陵吻虾虎鱼（*Rhinogobius similis*）、黄鳝（*Monopterus albus*）、食蚊鱼等 25 种，占 40.3%；属于北方平原鱼类区系复合体的有浙江花鳅（*Cobitis zhejiangensis*）1 种，占 1.6%；属于上第三纪鱼类区系复合体的有麦穗鱼（*Pseudorasbora parva*）、大鳞副泥鳅（*Paramisgurnus dabryanus*）、鲶（*Silurus asotus*）和南方大口鲶（*Silurus meridionalis*）4 种，占 6.5%；属于中印山区鱼类区系复合体的有原缨口鳅（*Vanmanenia stenosoma*）、鳗尾鮡（*Liobagrus anguillicauda*）等 5 种，占 8.1%。

7.1.3　典型物种介绍

1. 花鳗鲡（*Anguilla marmorata*）　鳗鲡科　鳗鲡属

保护等级：国家二级重点保护野生动物，被列入《中国生物多样性红色名录——脊椎动物卷》濒危（EN）等级。

形态特征：体长，前部粗圆筒状，尾部侧扁。头圆锥形，较背、臀鳍始点间距短。吻平扁。口角超过眼后缘。下颌稍突出，中央无齿；两颌前端细齿丛状，侧齿成行。唇褶宽厚。鳃孔小。鳞细小，排列呈席纹形鳞群，鳞群互相垂直交叉，隐埋于皮下。体背侧及鳍满布棕褐色的斑，体斑间隙及胸鳍边缘黄色。腹侧白或蓝灰色，背鳍和臀鳍后部边缘黑色。

生活习性：典型江河洄游鱼类，生长于河口、沼泽、河溪、湖塘、水库等。性情凶猛，昼伏夜出，捕食鱼、虾等小动物。一种典型的江河性洄游鱼类，性成熟后便由江河的上、中游移向下游，群集于河口处入海，到海中去产卵繁殖。

2. 建德小鳔鮈（*Microphysogobio tafangensis*）　鲤科　小鳔鮈属

保护等级：中国特有种。

形态特征：体长略粗壮，头后背部稍隆起，头短钝，其长小于体高，胸腹部平坦，尾柄侧扁，稍高。鼻孔前方稍凹陷。体侧中轴有 7～9 个黑斑块，横跨背部具 5～6 个大黑斑块。背鳍高，鳍条其长，外缘凸出呈深弧形，起点至吻端的距离远小于至尾鳍基部，大于或等于自背鳍基部后端至尾鳍基的距离。生殖季节雄性个体背鳍条特别延长，最后一根分枝鳍条的末端向后伸超过臀鳍起点。各鳍基部呈黑色，胸、腹鳍带橘红色。

生活习性：小型鱼类，生活在水的中下层，喜流水生活。杂食性，以无脊椎动物及藻类为食。

3. 齐氏副田中鳑（*Paratanakia chii*）　鲤科　副田中鳑属

保护等级：中国特有种，被列入《中国生物多样性红色名录——脊椎动物卷》无危（LC）等级。

形态特征：体延长而侧扁，略呈长圆形。头短小。吻短而钝圆。口小，下位。有须 1 对。体被中大型的圆鳞；侧线完全而略呈弧形。各鳍均无硬棘。雄鱼体色较亮丽，眼睛的上半部为红色，体侧鳞片后缘均有黑边，体侧中央由臀鳍末端至尾鳍中央具一黑色纵带；背鳍色带呈白色或黄色，且色带上缘具 2 列小黑点，臀鳍末缘则为外缘黑色、内缘红色并排；繁殖季时，具追星。雌鱼除尾部具黑色带外，全身为浅黄褐色。

生活习性：生活在溪流中，喜欢水草丰富的水域。

4. 台湾白甲鱼（*Onychostoma barbatulum*）　鲤科　白甲鱼属

保护等级：中国特有种，被列入《中国生物多样性红色名录——脊椎动物卷》近危（NT）等级。

形态特征：体延长而近于纺锤形，尾部侧扁。头宽广而稍尖。吻短、圆钝而突出；成鱼吻端具多个坚硬的追星。口下位，口横裂而宽广，上颌前方吻褶发达，下颌有发达的角质边缘，前缘平直而成铲状。具两对短小口须，不易察觉。体呈银白色，体背部为灰黄绿色，腹部浅黄至淡白色。体侧及背部鳞片具新月形的黑点，背鳍鳍膜的末端有黑色的斑纹。

生活习性：生活在溪流中，喜欢水草丰富的水域。

5. 温州光唇鱼（*Acrossocheilus wenchowensis*）　鲤科　光唇鱼属

保护等级：中国特有种，被列入《中国生物多样性红色名录——脊椎动物卷》无危（LC）等级。

形态特征：体较侧扁，头后背部隆起。头尖。吻较长，一般大于眼后头长。口下位。唇厚，下唇侧瓣肥厚，在中央互相接触。下颌前端为侧瓣遮盖，不外露。须 2 对，较长，颌须长略大于眼径。背鳍刺稍粗壮，后缘具细锯齿。体侧有 6 条垂直黑斑条。雄鱼纵带明显，横带不显著；雌鱼纵带仅后部稍明显，横带显著。

生活习性：喜栖息于石砾底质、水清流急之河溪中，常以下颌发达之角质层铲食石块上的苔藓及藻类。每年 6—8 月在浅水急流中产卵。个体中等大，一般体长 150～200 mm。卵巢有毒。

6. 马口鱼（*Opsariichthys bidens*）　鲤科　马口鱼属

保护等级：被列入《中国生物多样性红色名录——脊椎动物卷》无危（LC）等级。

形态特征：小型鱼类，体重一般约 50 g，成鱼体长仅 100～200 mm。体延长，侧扁，口大，下颌前端有一凸起，两侧凹陷，恰与上颌相吻合；性成熟的雄性个体臀鳍条显著延长，吻部、胸鳍和臀鳍上具有发达的追星，多生活在山溪流水之中。繁殖季雄鱼的头部、胸鳍及臀鳍上出现白色珠星，体色也更加鲜艳。

生活习性：多生活于山涧溪流中，尤其是在水流较急的浅滩、底质为砂石的小溪或江河支流中，在静水湖泊及江河深水处皆少见。它们通常集群活动，常同鱲鱼一起游泳、生活。性凶猛，以昆虫、小鱼等为食，幼鱼嗜食浮游生物。

7. 长鳍马口鱼（*Opsariichthys evolans*）　鲤科　马口鱼属

保护等级：被列入《中国生物多样性红色名录——脊椎动物卷》无危（LC）等级。

形态特征：体延长，侧扁，具蓝绿色横纹。口大，上下颌边缘略微凹凸。雄鱼臀鳍鳍条延长，生殖季节色泽鲜艳。口裂宽大，端位，向下倾斜，上颌骨向后延伸超过眼中部垂直线下方，眼较小。鳞细密，侧线在胸鳍上方显著下弯，沿体侧下部向后延伸，于臀鳍之后逐渐回升到尾柄中部。背鳍短小，起点位于体中央稍后，且后于腹鳍起点；胸鳍长；腹鳍短小；臀鳍发达，可伸达尾鳍基；生殖期雄鱼头下侧、胸腹鳍及腹部均呈橙红色。雄鱼的头部、胸鳍及臀鳍上均具有珠星，臀鳍第 1～4 根分枝鳍条特别延长；体色较为鲜艳。

生活习性：分布于山溪或者清澈的小河间，群居。杂食性，吃各种水生小生物、青苔、水草及食物碎屑。

8. 唇䱻（*Hemibarbus labeo*）　鲤科　䱻属

保护等级：被列入《中国生物多样性红色名录——脊椎动物卷》无危（LC）等级。

形态特征：体长，略侧扁，腹部圆。吻长，略尖。眼大，侧上位，眼间宽阔，微隆起。口下位，呈马蹄形。唇厚，肉质，下唇特别发达，两侧叶宽厚，一般具皱褶。唇后沟中断，间距甚窄，颐部正中有一个三角形的小凸起，经常被宽阔的侧叶所遮盖。口角具须 1 对，其长略小于眼径，后伸一般达到眼前缘的下方。鳞片小，侧线略平直。背鳍具硬刺。背部青灰色，腹部白色。成鱼体侧一般无斑点，幼鱼体侧具不明显的黑斑，背、尾鳍灰黑，个别个体有时带有黑色小斑点，其他各鳍呈灰白色。

生活习性：中、下层鱼类，多栖于水流湍急的河流中。幼鱼主要以浮游动物为食，其次为昆虫；成鱼以水生昆虫的幼虫、软体动物等为食。冬季继续摄食，繁殖季节食量减少。

9. 刺䰾（*Spinibarbus caldwelli*）　鲤科　倒刺䰾属

保护等级：中国特有种，被列入《中国生物多样性红色名录——脊椎动物卷》数据缺乏（DD）等级。

形态特征：背鳍及臀鳍基具鳞鞘，腹鳍基外侧具狭长的腋鳞。背鳍外缘平截，起点之前有一平卧的棘刺，末根不分枝，鳍条为软条；其起点至吻端较至尾鳍基的距离较小或相等。胸鳍末端远不达腹鳍起点。腹鳍位于背鳍起点之后下方，其起点至臀鳍起点较胸鳍起点略近。臀鳍末端不达尾鳍基，起点至尾鳍基较腹鳍起点为近，尾鳍叉形。鳃耙短小而尖，内线有锯齿状凸起，排列稀疏。下咽齿稍侧扁，末端尖而稍弯曲。

生活习性：一般栖息于底质多乱石而水流较湍急的江河中下层，尤喜在水色清澈的水域中生活；属于杂食性鱼类，以水生植物为主，兼食水生昆虫及其幼虫，也取食一些坠入水中的陆生昆虫和虾等。4—5 月在水流缓慢、水草较多处产黏性卵。

10. 黑吻虾虎鱼（*Rhinogobius niger*）　虾虎鱼科　虾虎鱼属

保护等级：中国特有种，被列入《中国生物多样性红色名录——脊椎动物卷》数据缺乏（DD）等级。

形态特征：体较粗壮，头部宽且低，第二背鳍后端稍侧扁。口端位较宽，口裂不达前缘的下发。上唇比下唇厚，舌明显。眼上位，雄鱼的眼较雌鱼的小。鼻孔位于近眼前缘，前鼻孔呈短管状凸起。鳃孔大，其宽度与胸鳍基部相等。鲜活时呈翠绿色，体侧有 6 条黑色斑条横跨背部，雄鱼的第一背鳍前部有一个明显的荧光蓝色斑点；雌鱼无此色斑。各鳍上均有黑色斑点组成的条纹。雌鱼胸鳍和圆盘状的腹鳍呈灰黑色，雌鱼为灰白色。

生活习性：喜生活于急流浅滩，以特有的圆形腹鳍吸附于砾石上，平时常藏身于砾石缝隙间。

7.2 大型底栖无脊椎动物

7.2.1 物种组成

大型底栖无脊椎动物经鉴定共有 165 种，隶属 5 门 8 纲 19 目 68 科 124 属，溪流中的底栖无脊椎动物以水生昆虫为主（占总物种数的 84.8%），多样性较高。其中，扁形动物门和线形动物门各 1 种，各占总种数的 0.61%；环节动物门 5 种，占总种数的 3.03%（其中蛭纲 2 种，占总种数的 1.21%；寡毛纲 3 种，占总种数的 1.82%）；软体动物门 3 种，占总种数的 7.88%（其中双壳纲 2 种，占总种数的 1.21%；腹足纲 11 种，占总种数的 6.67%）；节肢动物门 145 种，隶属于 2 纲 10 目 51 科 105 属，占总种数的 87.88%（图 7-3）。

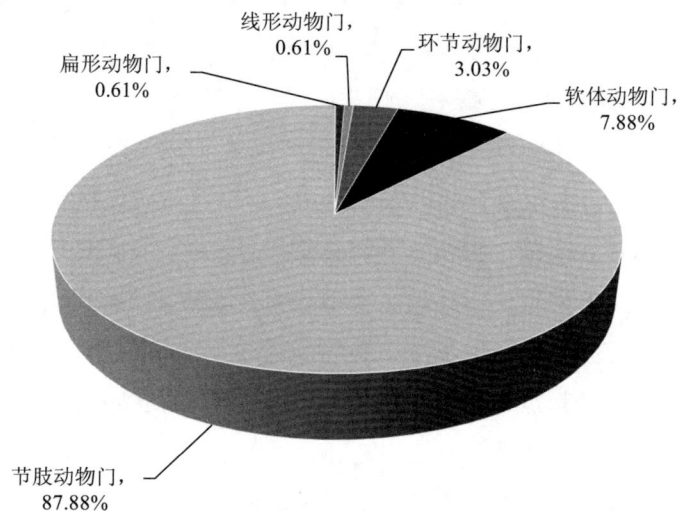

图 7-3 龙泉市大型底栖无脊椎动物种级组成分析

龙泉市大型底栖无脊椎动物种类组成在丰水期和平水期存在差异，丰水期的物种多样性（或属种数量）更为丰富，采集到的底栖大型无脊椎动物共计 123 种，隶属 4 门 7 纲 17 目 60 科 102 属。根据调查的时期与水期划分，龙泉市大型底栖无脊椎动物在丰水期以水生昆虫为主，占采集总种数的 85.37%（105 种），为绝对优势类群；其次为软体动物，占总种数的 6.50%（8 种）。水生昆虫中，蜉蝣目、双翅目和毛翅目所占的比例较高，其种数合计占采集总种数的 67.48%。在采集到的大型底栖无脊椎动物个体数量上，水生昆虫的个体数占比最高，达 88.59%（共计 1 942 个/只），其中蜉蝣目、鞘翅目、毛翅目和双翅目昆虫的占比较高，分别为 29.24%、23.49%、22.72% 和 9.44%。平水期采集到的底栖大型无脊椎动物共计 104 种，隶属 5 门 8 纲 17 目 52 科 84 属。平水期物种组成与丰水期相似，水生昆虫占采集总种数的 81.73%（85 种），软体动物占 9.62%（10 种）。在采集到的动物个体数量上，水生昆虫个体数占比达 88.43%。在丰水期和平水期，不同样点的大型底栖无脊椎动物组成存在一定差异。

7.2.2 优势度分析

优势度指数分析结果（表 7-1）显示，龙泉市大型底栖无脊椎动物的优势种以水生昆虫为主，包括鞘翅目的狭溪泥甲属一种（*Stenelmis* sp.）、毛翅目的纹石蛾属一种（*Hydorpsyche* sp.1）和短脉纹石蛾属一种（*Cheumatopsyche* sp.）。除此之外，在丰水期，其优势种还包括 1 种扁形动物——三角涡虫科一种（*Dugesiidae* sp.）；在平水期，其优势种还包括 1 种软体动物——放逸短沟蜷（*Semisulcospira libertina*），以及 3 种蜉蝣目昆虫——宜兴宽基蜉（*Choroterpes yixingensis*）、黑扁蜉（*Heptagenia ngi*）和宜兴亚非蜉（*Afronurus yixingensis*）。

表 7-1 龙泉市大型底栖无脊椎动物优势种及其优势度（Y）

物种	丰水期		平水期	
	个体数	优势度	个体数	优势度
三角涡虫科一种（*Dugesiidae* sp.）	107	0.032 8	12	0.002 6
纹石蛾属一种（*Hydorpsyche* sp.1）	191	0.053 6	183	0.073 6
放逸短沟蜷（*Semisulcospira libertina*）	20	0.003 6	96	0.045 6
狭溪泥甲属一种（*Stenelmis* sp.）	454	0.139	102	0.029 8
宜兴宽基蜉（*Choroterpes yixingensis*）	0	0	113	0.028 9
黑扁蜉（*Heptagenia ngi*）	23	0.000 6	75	0.027 4
宜兴亚非蜉（*Afronurus yixingensis*）	0	0	87	0.025 4
短脉纹石蛾属一种（*Cheumatopsyche* sp.）	165	0.037 9	81	0.020 7

注：优势度指数（Y）为某一物种个体数在所有物种个体数中的占比与该物种在各样点中出现频率的乘积，Y>0.02 的种为优势种，用加粗字体表示。

7.2.3 典型物种介绍

1. 福建博特溪蟹（*Bottapotamon fukienense*） 软甲纲 十足目 溪蟹科 博特溪蟹属

形态特征：头胸甲前半部稍隆，后半部平坦。表面光滑具微细凹点，前鳃区具微细皱襞。颈沟浅，不明显，胃、心区之间的 H 形沟前半部清晰。额后叶稍突，眼后隆脊平钝。额向下弯，前缘中部内凹。外眼窝角平钝。前鳃齿颗粒状，前侧缘隆脊形，具颗粒，末部弯向背方。第三颚足长节的宽度约相当于长度的 1.3 倍，坐节的长度约相当于宽度的 1.5 倍，外肢末端抵达长节基部的1/3，具中等长度的细鞭。

生活习性：生活于半山处沟形山溪两岸的泥沙间，杂食性。

2. 浙江华溪蟹（*Sinopotamon chekiangense*）　软甲纲　十足目　溪蟹科　华溪蟹属

形态特征：头胸甲稍隆，表面具微细凹点，分区较为明显。颈沟宽而明显，胃、心区之间的H 形沟细而深。额后叶隆起，眼后隆脊稍突，眼后区凹陷。额弯向下方，前缘中部稍凹。背眼缘埂起，外眼窝角三角形，其外侧缘具圆钝的颗粒齿 4～6 枚。前鳃齿稍大，前侧缘具锯齿 10～14 个。第三颚足长节的宽度约为长度的 1.2 倍，坐节中部具一纵沟，长度约为宽度的 1.5 倍，外肢具鞭，末端约抵长节基部的 1/3。

生活习性：生活于半山处沟型山溪中，杂食性。

3. 河蚬（*Asian Clam*）　瓣鳃纲　真瓣鳃目　蚬科　蚬属

形态特征：贝壳中等大小，呈圆底三角形，壳高与壳长近似，两壳膨胀，壳顶高，稍偏向前方。壳面有光泽，颜色因环境而异，常呈棕黄色、黄绿色或黑褐色。壳面有粗糙的环肋。韧带短，突出于壳外。绞合部发达，闭壳肌痕明显，外套膜痕深而显著。

生活习性：栖息于淡水的湖泊、沟渠、池塘及咸淡水交汇的江河中，广泛分布于我国内陆水域。

4. 湖沼股蛤（*Limnoperna lacustris*）　双壳纲　贻贝目　贻贝科　股蛤属

形态特征：壳质薄，外形侧面观似三角形或弯月形。壳顶位于壳的前端，背缘弯曲，与后缘连成大弧形，腹缘平直，在足丝处内陷，由壳顶向后的部分壳面极凸出，形成一条龙骨。壳面棕褐色、黄绿色或深棕色，壳顶至两侧龙骨凸起间呈黄褐色，壳顶后部呈棕褐色。贝壳内面自壳顶斜向腹缘末端呈紫罗兰色，其他部分淡蓝色，有光泽。无铰合齿。无隔板。前闭壳肌退化，后闭壳肌和足丝收缩肌发达。足小，棒状。足丝发达。

生活习性：附着于水体中的石块上生活。

5. 尖口圆扁螺（*Hippeutis cantori*）　腹足纲　基眼目　扁蜷螺科　圆扁螺属

形态特征：贝壳较大，极端右旋，贝壳直径约 8～10 mm，壳高 1.5～2 mm。壳质薄，略透明。外形呈扁圆盘伏。有 4.5～5 个螺层，各层在宽度上增长迅速。贝壳上部和下部平坦，中央略凹入，并有一个宽而浅的大脐孔；体螺层膨大。底部周缘具有尖锐的龙骨，影响壳口形状，使壳口呈心脏形。缝合线深。壳面呈灰色和黄褐色，具有明显细致的生长线。贝壳内无隔板。

生活习性：生活在淡水水体中。

6. 中国圆田螺（*Cipangopaludina chinensis*）　腹足纲　中腹足目　田螺科　圆田螺属

形态特征：常见个体壳高 5～6 cm、壳宽 3.5～4.0 cm。贝壳薄而坚固，圆锥形，壳顶略尖，壳底膨大，壳口卵圆形，边缘完整。由壳顶向壳口旋转，螺层 6～7 级，缝合线深。雄螺右触角变粗并卷曲，形成交接器，其末端为生殖孔；雌螺左右触角对称。壳钙质，厣角质。壳表面光滑，黄褐色。

生活习性：栖息于冬暖夏凉、水质清新、底质松软、腐殖质丰富的湖泊、池塘、水田、河沟和缓流的小溪中，尤喜栖息于有微流水之处。多在夜间活动，以宽大的肉质足在水底爬行。

第 8 章

大型真菌

8.1 物种组成

本次调查共采集到大型真菌物标本 290 份,隶属 18 目 49 科 186 种。其中,近杯伞状粉褶蕈(*Entoloma subclitocyboides*)被列入《中国生物多样性红色名录——大型真菌卷》易危(VU)等级,四川灵芝(*Ganoderma sichuanense*)被列入近危(NT)等级;被列入无危(LC)等级的有 94 种,占总种数的 50.5%,其余均在数据缺乏(DD)的名录中。

目下科级阶元中,担子菌亚门蘑菇目的大型真菌最多,有 22 科,占总科数的 44.9%;牛肝菌目次之,有 5 科,占总科数的 10.2%;多孔菌目、刺革菌目和肉座菌目各有 3 科;花耳目、炭角菌目、锤舌菌目、地舌菌目、鸡油菌目、莲叶衣目、盘菌目、地星目、钉菇目、鬼笔目、木耳目、柔膜菌目、银耳目均有 1 科。

科级阶元下物种中,丝盖伞科的大型真菌最多,有 15 种,占总种数的 8.1%;其次为粉褶蕈科和红菇科,各有 14 种,各占总种数的 7.5%;再次为牛肝菌科,有 12 种,占总种数的 6.5%;鹅膏科和蘑菇科各有 11 种;蜡伞科和小皮伞科各有 10 种;多孔菌科有 9 种;小菇科有 7 种;刺革菌科和珊瑚菌科各有 6 种;口蘑科有 5 种;花耳科有 4 种;线虫草科、层腹菌科、小脆柄菇科、乳牛肝菌科和炭角菌科均有 3 种;侧耳科、齿菌科、锤舌菌科、地舌菌科、莲叶衣科、马鞍菌科和膨瑚菌科各有 2 种;虫草科、地星科、钉菇科、革耳科、光柄菇科、鬼笔科、灰包科、胶瑚菌科、类脐菇科、离褶伞科、裂褶菌科、球盖菇科、柔膜菌科、肉座菌科、丝膜菌科、网褶菌科、藓菇科、锈革孔菌科、硬皮马勃科、原毛平革菌科、圆孢牛肝菌科等各有 1 种。

8.2　多样性分析

通过各目下科、种的统计分析，蘑菇目大型真菌的物种多样性最为丰富，有 22 科 121 种；其次为牛肝菌目，有 5 科 18 种；刺革菌目有 3 科 11 种；多孔菌目有 3 科 8 种；肉座菌目有 3 科 5 种；锤舌菌目有 1 科 4 种；地舌菌目有 1 科 3 种；地星目、钉菇目、鬼笔目、花耳目和鸡油菌目均有 1 科 2 种；莲叶衣目、木耳目、盘菌目、柔膜菌目、炭角菌目和银耳目均有 1 科 1 种（表 8-1）。

表 8-1　龙泉市大型真菌群落组成

序号	目	科数	占总科数百分比/%	种数	占总物种数百分比/%
1	蘑菇目	22	44.9	121	65.1
2	牛肝菌目	5	10.2	18	9.7
3	刺革菌目	3	6.1	11	5.9
4	多孔菌目	3	6.1	8	4.3
5	肉座菌目	3	6.1	5	2.7
6	锤舌菌目	1	2.0	4	2.2
7	地舌菌目	1	2.0	3	1.6
8	地星目	1	2.0	2	1.1
9	钉菇目	1	2.0	2	1.1
10	鬼笔目	1	2.0	2	1.1
11	花耳目	1	2.0	2	1.1
12	鸡油菌目	1	2.0	2	1.1
13	莲叶衣目	1	2.0	1	0.5
14	木耳目	1	2.0	1	0.5
15	盘菌目	1	2.0	1	0.5
16	柔膜菌目	1	2.0	1	0.5
17	炭角菌目	1	2.0	1	0.5
18	银耳目	1	2.0	1	0.5
	总计	49		186	

8.3　典型物种介绍

1. 星孢丝盖伞（*Inocybe asterospora*）　蘑菇目　丝盖伞科

形态特征：菌盖 20～35 mm，土黄褐色，表面有较明显的细缝裂，呈放射状条纹，边缘开裂，盖中央突起，凸起处有不明显的平伏鳞片，盖缘无丝膜状残留。菌肉有很浓的土腥味，肉质，白色。菌褶初期白色，后变灰色，中等密，弯生或稍离生，褶宽可达 3.5 mm，褶片较薄，褶缘带白色。菌柄（60～80）mm×（3～5）mm，中实，与盖同色，向下渐粗，被细密白霜直至柄基部；基部绒白、球形膨大且边缘完整，膨大处直径可达 6 mm。孢子（10.0～11.0）μm×（8.0～9.5）μm，星形，淡褐色。

生境特征：初夏至秋季单生于阔叶林内地上。

2. 绵毛丝盖伞（*Inocybe curvipes*） 蘑菇目 丝盖伞科

形态特征：菌盖 22～36 mm，幼时锥形，成熟后渐平展，盖中央具明显的突起，凸起处烟褐色，向边缘渐淡，表面被平伏的辐射状鳞片，老后边缘开裂。菌肉白色，凸起处菌肉厚 3 mm，淡土腥味。菌褶直生、较密、不等长，宽达 3.5 mm，幼时灰白色带橄榄色，成熟后褐色，褶缘非平滑，色稍淡。菌柄（35～45）mm×（3～5）mm，等粗，烟褐色，顶部和基部色淡，表面被绒毛状小纤维鳞片，基部有白色菌丝，中实。孢子（9.0～11.5）μm×（5.0～6.0）μm，炮弹型，具明显至不明显的凸起，淡褐色，小尖明显。

生境特征：夏季单生或散生于林内地上或林缘路边，与杨、柳或落叶松关系密切。

3. 匙盖假花耳（*Dacryopinax spathularia*） 花耳目 花耳科

形态特征：子实体高 0.8～2.5 cm，柄下部粗 0.4～0.6 cm，具细绒毛，基部栗褐色至黑褐色，延伸入腐木裂缝中。担子 2 分叉，2 孢子。孢子（7.9～11.8）μm×（3.5～4.7）μm，椭圆形至肾形，无色，光滑，初期无横隔，后期形成 1～2 个横隔，即成为 2～3 个细胞。

生境特征：春至晚秋群生或丛生于杉木等针叶树倒腐木或木桩上。

4. 脆珊瑚菌（*Clavaria fragilis*） 蘑菇目 珊瑚菌科

形态特征：又称虫形珊瑚菌，俗称豆芽菌。子实体丛生。不分枝，高 2.5～12 cm，粗 2～3 mm，稍弯曲，内实，很脆，白色，老后变浅黄白色，圆柱形至长梭形，变稍扁平且具沟槽，顶端钝，柄不明显。

生境特征：夏秋生于阔叶林中地上。

5. 紫茸小菇（*Mycena alphitophora*） 蘑菇目 小菇科

形态特征：菌盖直径 0.3～0.6 cm，初期凸镜形，后期渐变为钟状，表面覆盖白色粉末状物，具条纹，初期浅灰色，后期渐褪色为污白色。菌肉薄，气味和味道不明显。菌褶离生或稍延生，稀疏，窄，白色，边缘平整。菌柄（2～3.5）cm×（0.1～0.2）cm，向基部渐膨大，表面密布白色绒毛，后期渐变为白色粉末。孢子椭圆形，（7.5～9.5）μm×（4～5）μm。

生境特征：夏、秋季单生至散生于枯枝落叶上。

6. 赭白多年卧孔菌（*Perenniporia ochroleuca*） 多孔菌目 多孔菌科

形态特征：担子果多年生，无柄盖形，覆瓦状叠生，革质至木栓质。菌盖近圆形或马蹄形，外伸可达 1.5 cm，宽可达 2 cm，厚可达 10 mm。菌盖表面奶油色至黄褐色，具明显的同心环带。边缘钝，颜色浅。孔口表面乳白色至土黄色，无折光反应。孔口近圆形，每毫米 5～6 个。孔口边缘厚，全缘。不育边缘较窄，宽可达 0.5 mm。菌肉土黄褐色，厚可达 4 mm。菌管与孔口表面同色，长可达 6 mm。担孢子椭圆形，顶部平截，无色，厚壁，光滑，拟糊精质，嗜蓝，（9～12）μm×（5.5～7.9）μm。

生境特征：春季至秋季生长于阔叶树倒木上，造成木材白色腐朽。

7. 深红鬼笔（*Phallus rubicundus*）　鬼笔目　鬼笔科

形态特征：子实体幼时椭圆形或蛋形，外包被白色至灰白色，基部有白色至灰白色假根状菌索。成熟后菌盖和菌柄逐渐伸出外包被，（10～20）cm×（2～3）cm。菌盖高达 2～4 cm，圆锥状，顶部成熟时有一穿孔，表面被橄榄色孢液，常有苍蝇等昆虫停留，老后橄榄色黏性物质逐渐消失，菌柄白色至灰白色，10～15 cm，海绵质，表面有蜂窝状脉纹。孢子（3.5～4.5）μm×（1.5～2）μm，椭圆形，近无色。

生境特征：初夏至夏季生于林缘、路边、庭院草地上，雨后成群出现。

8. 漏斗多孔菌（*Polyporus arcularius*）　多孔菌目　多孔菌科

形态特征：担子果一年生，具柄，单生或数个簇生，肉质至革质。菌盖圆形，直径可达 2 cm，厚可达 3 mm。菌盖表面新鲜时乳黄色，干后黄褐色，被暗褐色或红褐色鳞片。边缘锐，干后略内卷。孔口表面干后浅黄色或橘黄色。孔口多角形，每毫米 1～4 个。孔口边缘薄，撕裂状。菌肉淡黄色至黄褐色，厚可达 1 mm。菌管与孔口表面同色，长可达 2 mm。菌柄与菌盖表面同色，干后皱缩，长可达 3 cm，直径可达 2 mm。担孢子圆柱形，略弯曲，无色，薄壁，光滑，非淀粉质，不嗜蓝，（8.2～9.8）μm×（2.8～3.2）μm。

生境特征：夏季生长于多种阔叶树的死树或倒木上，造成木材白色腐朽。

9. 薄皮干酪菌（*Tyromyces chioneus*）　多孔菌目　多孔菌科

形态特征：担子果一年生，盖形，单生，肉质至革质。菌盖扇形，外伸可达 4 cm，宽可达 6 cm，基部厚可达 18 mm。菌盖表面新鲜时淡灰褐色，边缘锐，白色。孔口表面奶油色至淡褐色。孔口圆形，每毫米 4～5 个。孔口边缘薄，全缘。不育边缘几乎无。菌肉新鲜时乳白色，厚可达 15 mm。菌管乳黄色至淡黄褐色，长可达 2 mm。担孢子圆柱形至腊肠形，无色，薄壁，光滑，非淀粉质，不嗜蓝，（3.6～4.4）μm×（1.3～1.8）μm。

生境特征：夏季和秋季生长于阔叶树落枝上，造成木材白色腐朽。

10. 点柄乳牛肝菌（*Suillus granulatus*）　牛肝菌目　乳牛肝菌科

形态特征：菌盖直径 4～10 cm，扁半球形或近扁平，有时也呈圆柱形，后变为凸镜形，淡黄色或黄褐色，黏，新鲜时橘黄色至褐红色，干后有光泽，变为黄褐色至红褐色，边缘钝或锐，内卷。菌肉新鲜时奶油色，后淡黄色。菌孔表面新鲜时浅黄色至黄色，干后变为黄褐色，菌孔大，直生或稍延生，脆质。菌柄（3～10）cm×（0.8～1.6）cm，近圆柱形，等粗，幼时菌柄上部浅黄色至黄色，有腺点，中部褐橘黄色，基部浅黄色至黄色。孢子（6.5～9.5）μm×（3.6～4）μm，椭圆形，黄褐色，表面平滑。

生境特征：夏秋季于松林及混交林地上散生、群生或丛生。

附 表
物种名录

1. 陆生维管植物名录

序号	中文名	学名	科名	属名	濒危等级	保护等级	中国特有种	外来入侵种
1	凤丫蕨	*Coniogramme japonica*	凤尾蕨科	凤丫蕨属	无危（LC）			
2	刺齿半边旗	*Pteris dispar*	凤尾蕨科	凤尾蕨属	无危（LC）			
3	凤尾蕨	*Pteris cretica* var. *nervosa*	凤尾蕨科	凤尾蕨属	无危（LC）			
4	井栏边草	*Pteris multifida*	凤尾蕨科	凤尾蕨属	无危（LC）			
5	蜈蚣凤尾蕨	*Pteris vittata*	凤尾蕨科	凤尾蕨属	无危（LC）			
6	银粉背蕨	*Aleuritopteris argentea*	凤尾蕨科	粉背蕨属	无危（LC）		是	
7	野雉尾金粉蕨	*Onychium japonicum*	凤尾蕨科	金粉蕨属	无危（LC）		是	
8	书带蕨	*Haplopteris flexuosa*	凤尾蕨科	书带蕨属	无危（LC）			
9	圆盖阴石蕨	*Humata tyermanni*	骨碎补科	阴石蕨属	无危（LC）			
10	福建观音座莲	*Angiopteris fokiensis*	合囊蕨科	观音座莲属	无危（LC）	二级		
11	海金沙	*Lygodium japonicum*	海金沙科	海金沙属	无危（LC）			
12	小叶茯蕨	*Leptogramma tottoides*	金星蕨科	茯蕨属	无危（LC）		是	
13	普通假毛蕨	*Pseudocyclosorus subochthodes*	金星蕨科	假毛蕨属	无危（LC）			
14	金星蕨	*Parathelypteris glanduligera*	金星蕨科	金星蕨属	无危（LC）			
15	渐尖毛蕨	*Cyclosorus acuminatus*	金星蕨科	毛蕨属	无危（LC）			
16	延羽卵果蕨	*Phegopteris decursive-pinnata*	金星蕨科	卵果蕨属	无危（LC）			
17	林下凸轴蕨	*Metathelypteris hattorii*	金星蕨科	凸轴蕨属	无危（LC）			
18	雅致针毛蕨	*Macrothelypteris oligophlebia* var. *elegans*	金星蕨科	针毛蕨属	无危（LC）			
19	翠云草	*Selaginella uncinata*	卷柏科	卷柏属	无危（LC）		是	
20	伏地卷柏	*Selaginella nipponica*	卷柏科	卷柏属	无危（LC）			
21	江南卷柏	*Selaginella moellendorffii*	卷柏科	卷柏属	无危（LC）			

序号	中文名	学名	科名	属名	濒危等级	保护等级	中国特有种	外来入侵种
22	卷柏	*Selaginella tamariscina*	卷柏科	卷柏属	无危（LC）			
23	毛枝卷柏	*Selaginella trichoclada*	卷柏科	卷柏属	无危（LC）		是	
24	深绿卷柏	*Selaginella doederleinii*	卷柏科	卷柏属	无危（LC）		是	
25	细叶卷柏	*Selaginella labordei*	卷柏科	卷柏属	无危（LC）			
26	异穗卷柏	*Selaginella heterostachys*	卷柏科	卷柏属	无危（LC）		是	
27	光里白	*Diplopterygium laevissimum*	里白科	里白属	无危（LC）			
28	里白	*Diplopterygium glaucum*	里白科	里白属	无危（LC）			
29	芒萁	*Dicranopteris linearis*	里白科	芒萁属	无危（LC）			
30	巴郎耳蕨	*Polystichum balansae*	鳞毛蕨科	耳蕨属				
31	对马耳蕨	*Polystichum tsus-simense*	鳞毛蕨科	耳蕨属	无危（LC）		是	
32	黑鳞耳蕨	*Polystichum makinoi*	鳞毛蕨科	耳蕨属	无危（LC）			
33	美丽复叶耳蕨	*Arachniodes speciosa*	鳞毛蕨科	复叶耳蕨属	无危（LC）			
34	刺头复叶耳蕨	*Arachniodes aristata*	鳞毛蕨科	复叶耳蕨属	无危（LC）		是	
35	贯众	*Cyrtomium fortunei*	鳞毛蕨科	贯众属	无危（LC）			
36	黑足鳞毛蕨	*Dryopteris fuscipes*	鳞毛蕨科	鳞毛蕨属	无危（LC）			
37	阔鳞鳞毛蕨	*Dryopteris championii*	鳞毛蕨科	鳞毛蕨属	无危（LC）			
38	变异鳞毛蕨	*Dryopteris varia*	鳞毛蕨科	鳞毛蕨属	无危（LC）			
39	稀羽鳞毛蕨	*Dryopteris sparsa*	鳞毛蕨科	鳞毛蕨属	无危（LC）			
40	迷人鳞毛蕨	*Dryopteris decipiens*	鳞毛蕨科	鳞毛蕨属	无危（LC）		是	
41	团叶陵齿蕨	*Lindsaea orbiculata*	鳞始蕨科	鳞始蕨属	无危（LC）			
42	乌蕨	*Stenoloma chusanum*	鳞始蕨科	乌蕨属	无危（LC）			
43	华中瘤足蕨	*Plagiogyria euphlebia*	瘤足蕨科	瘤足蕨属	无危（LC）			
44	瘤足蕨	*Plagiogyria adnata*	瘤足蕨科	瘤足蕨属	无危（LC）			
45	满江红	*Azolla imbricata*	槐叶蘋科	满江红属	无危（LC）			
46	华东膜蕨	*Hymenophyllum barbatum*	膜蕨科	膜蕨属	无危（LC）			
47	华东瓶蕨	*Vandenboschia orientalis*	膜蕨科	瓶蕨属				
48	长柄石杉	*Huperzia javanica*	石松科	石杉属		二级		
49	四川石杉	*Huperzia sutchueniana*	石松科	石杉属	近危（NT）	二级	是	
50	扁枝石松	*Lycopodium complanatum*	石松科	石松属	无危（LC）		是	
51	垂穗石松	*Lycopodium cernuum*	石松科	石松属	无危（LC）			
52	石松	*Lycopodium japonicum*	石松科	石松属	无危（LC）			
53	藤石松	*Lycopodiastrum casuarinoides*	石松科	藤石松属	无危（LC）			
54	线蕨	*Leptochilus ellipticus*	水龙骨科	薄唇蕨属	无危（LC）		是	
55	抱石莲	*Lepidogrammitis drymoglossoides*	水龙骨科	伏石蕨属	无危（LC）		是	
56	中间骨牌蕨	*Lepidogrammitis intermedia*	水龙骨科	骨牌蕨属	无危（LC）		是	
57	槲蕨	*Drynaria roosii*	水龙骨科	槲蕨属	无危（LC）			
58	庐山石韦	*Pyrrosia sheareri*	水龙骨科	石韦属	无危（LC）		是	

序号	中文名	学名	科名	属名	濒危等级	保护等级	中国特有种	外来入侵种
59	石韦	*Pyrrosia lingua*	水龙骨科	石韦属	无危（LC）			
60	有柄石韦	*Pyrrosia petiolosa*	水龙骨科	石韦属	无危（LC）			
61	日本水龙骨	*Polypodiodes niponica*	水龙骨科	水龙骨属	无危（LC）			
62	瓦韦	*Lepisorus thunbergianus*	水龙骨科	瓦韦属	无危（LC）			
63	江南星蕨	*Microsorum fortunei*	水龙骨科	星蕨属	无危（LC）			
64	华东安蕨	*Anisocampium sheareri*	蹄盖蕨科	安蕨属	无危（LC）			
65	单叶对囊蕨	*Deparia lancea*	蹄盖蕨科	对囊蕨属	无危（LC）			
66	食用双盖蕨	*Diplazium esculentum*	蹄盖蕨科	双盖蕨属	无危（LC）		是	
67	北京铁角蕨	*Asplenium pekinense*	铁角蕨科	铁角蕨属	无危（LC）			
68	姬蕨	*Hypolepis punctata*	碗蕨科	姬蕨属	无危（LC）			
69	蕨	*Pteridium aquilinum* var. *latiusculum*	碗蕨科	蕨属	无危（LC）			
70	边缘鳞盖蕨	*Microlepia marginata*	碗蕨科	鳞盖蕨属	无危（LC）		是	
71	细毛碗蕨	*Dennstaedtia hirsuta*	碗蕨科	碗蕨属	无危（LC）			
72	狗脊	*Woodwardia japonica*	乌毛蕨科	狗脊属	无危（LC）			
73	珠芽狗脊	*Woodwardia prolifera*	乌毛蕨科	狗脊属				
74	阴地蕨	*Botrychium ternatum*	瓶尔小草科	阴地蕨属	无危（LC）			
75	华南紫萁	*Osmunda vachellii*	紫萁科	紫萁属	无危（LC）			
76	紫萁	*Osmunda japonica*	紫萁科	紫萁属	无危（LC）			
77	日本花柏*	*Chamaecyparis pisifera*	柏科	扁柏属	无危（LC）			
78	侧柏*	*Platycladus orientalis*	柏科	侧伯属	无危（LC）			
79	刺柏	*Juniperus formosana*	柏科	刺柏属	无危（LC）		是	
80	圆柏*	*Juniperus chinensis*	柏科	刺柏属	无危（LC）			
81	福建柏	*Fokienia hodginsii*	柏科	福建柏属	易危（VU）	二级		
82	池杉*	*Taxodium distichum* var. *imbricatum*	柏科	落羽杉属				
83	落羽杉	*Taxodium distichum*	柏科	落羽杉属				
84	杉木	*Cunninghamia lanceolata*	柏科	杉木属				
85	柳杉	*Cryptomeria japonica* var. *sinensis*	柏科	柳杉属				
86	水杉*	*Metasequoia glyptostroboides*	柏科	水杉属	濒危（EN）		是	
87	日本香柏*	*Thuja standishii*	柏科	崖柏属				
88	白豆杉	*Pseudotaxus chienii*	红豆杉科	白豆杉属	易危（VU）	二级	是	
89	香榧*	*Torreya grandis* cv. *merrillii*	红豆杉科	榧属				
90	南方红豆杉	*Taxus wallichiana* var. *mairei*	红豆杉科	红豆杉属	易危（VU）	一级		
91	三尖杉	*Cephalotaxus fortunei*	红豆杉科	三尖杉属	无危（LC）			
92	粗榧	*Cephalotaxus sinensis*	红豆杉科	三尖杉属	近危（NT）		是	
93	罗汉松	*Podocarpus macrophyllus*	罗汉松科	罗汉松属	易危（VU）	二级		
94	竹柏	*Nageia nagi*	罗汉松科	竹柏属	濒危（EN）			
95	异叶南洋杉*	*Araucaria heterophylla*	南洋杉科	南洋杉属				

序号	中文名	学名	科名	属名	濒危等级	保护等级	中国特有种	外来入侵种
96	金钱松	*Pseudolarix amabilis*	松科	金钱松属	易危（VU）	二级	是	
97	日本冷杉*	*Abies firma*	松科	冷杉属				
98	华山松	*Pinus armandii*	松科	松属	无危（LC）			
99	黄山松	*Pinus taiwanensis*	松科	松属	无危（LC）		是	
100	马尾松	*Pinus massoniana*	松科	松属	无危（LC）		是	
101	日本五针松	*Pinus parviflora*	松科	松属				
102	铁杉	*Tsuga chinensis*	松科	铁杉属	无危（LC）		是	
103	苏铁*	*Cycas revoluta*	苏铁科	苏铁属	极危（CR）			
104	银杏*	*Ginkgo biloba*	银杏科	银杏属	极危（CR）		是	
105	芦荟*	*Aloe vera*	阿福花科	芦荟属				
106	黄花菜*	*Hemerocallis citrina*	阿福花科	萱草属				
107	萱草	*Hemerocallis fulva*	阿福花科	萱草属	无危（LC）			
108	芭蕉*	*Musa basjoo*	芭蕉科	芭蕉属				
109	暗色菝葜	*Smilax lanceifolia* var. *opaca*	菝葜科	菝葜属	无危（LC）			
110	白背牛尾菜	*Smilax nipponica*	菝葜科	菝葜属	无危（LC）			
111	菝葜	*Smilax china*	菝葜科	菝葜属				
112	黑果菝葜	*Smilax glaucochina*	菝葜科	菝葜属	无危（LC）		是	
113	尖叶菝葜	*Smilax arisanensis*	菝葜科	菝葜属	无危（LC）			
114	马甲菝葜	*Smilax lanceifolia*	菝葜科	菝葜属	无危（LC）			
115	土茯苓	*Smilax glabra*	菝葜科	菝葜属	无危（LC）			
116	托柄菝葜	*Smilax discotis*	菝葜科	菝葜属	无危（LC）		是	
117	小果菝葜	*Smilax davidiana*	菝葜科	菝葜属	无危（LC）			
118	缘脉菝葜	*Smilax nervomarginata*	菝葜科	菝葜属	无危（LC）			
119	折枝菝葜	*Smilax lanceifolia* var. *elongata*	菝葜科	菝葜属	无危（LC）		是	
120	药百合	*Lilium speciosum* var. *gloriosoides*	百合科	百合属	无危（LC）		是	
121	野百合	*Lilium brownii*	百合科	百合属	无危（LC）		是	
122	葱*	*Allium fistulosum*	百合科	葱属				
123	薤头*	*Allium chinense*	百合科	葱属	无危（LC）		是	
124	韭*	*Allium tuberosum*	百合科	葱属				
125	宽叶韭*	*Allium hookeri*	百合科	葱属	无危（LC）			
126	蒜*	*Allium sativum*	百合科	葱属				
127	薤白	*Allium macrostemon*	百合科	葱属	无危（LC）			
128	绿花油点草	*Tricyrtis viridula*	百合科	油点草属	易危（VU）		是	
129	菖蒲	*Acorus calamus*	菖蒲科	菖蒲属				
130	金钱蒲	*Acorus gramineus*	菖蒲科	菖蒲属	无危（LC）			
131	翅茎灯心草	*Juncus alatus*	灯心草科	灯心草属				
132	灯心草	*Juncus effusus*	灯心草科	灯心草属				

序号	中文名	学名	科名	属名	濒危等级	保护等级	中国特有种	外来入侵种
133	笄石菖	*Juncus prismatocarpus*	灯心草科	灯心草属				
134	野灯心草	*Juncus setchuensis*	灯心草科	灯心草属				
135	水塔花*	*Billbergia pyramidalis*	凤梨科	水塔花属				
136	浮萍	*Lemna minor*	浮萍科	浮萍属				
137	江南谷精草	*Eriocaulon faberi*	谷精草科	谷精草属	无危（LC）		是	
138	大白茅	*Imperata cylindrica* var. *major*	禾本科	白茅属				
139	稗	*Echinochloa crus-galli*	禾本科	稗属	无危（LC）			
140	长芒稗	*Echinochloa caudata*	禾本科	稗属	无危（LC）			
141	稗荩	*Sphaerocaryum malaccense*	禾本科	稗荩属	无危（LC）			
142	棒头草	*Polypogon fugax*	禾本科	棒头草属	无危（LC）			
143	淡竹叶	*Lophatherum gracile*	禾本科	淡竹叶属	无危（LC）			
144	稻*	*Oryza sativa*	禾本科	稻属		二级		
145	斑茅	*Saccharum arundinaceum*	禾本科	甘蔗属	无危（LC）			
146	甘蔗*	*Saccharum officinarum*	禾本科	甘蔗属				
147	花哺鸡竹*	*Phyllostachys glabrata*	禾本科	刚竹属				
148	金镶玉竹*	*Phyllostachys aureosulcata* var. *spectabilis*	禾本科	刚竹属				
149	毛竹	*Phyllostachys edulis*	禾本科	刚竹属				
150	高粱*	*Sorghum bicolor*	禾本科	高粱属				
151	大狗尾草	*Setaria faberii*	禾本科	狗尾草属	无危（LC）			
152	狗尾草	*Setaria viridis*	禾本科	狗尾草属	无危（LC）			
153	金色狗尾草	*Setaria glauca*	禾本科	狗尾草属				
154	皱叶狗尾草	*Setaria plicata*	禾本科	狗尾草属	无危（LC）			
155	棕叶狗尾草	*Setaria palmifolia*	禾本科	狗尾草属	无危（LC）			是
156	菰*	*Zizania latifolia*	禾本科	菰属	无危（LC）			
157	方竹	*Chimonobambusa quadrangularis*	禾本科	寒竹属	无危（LC）			
158	假稻	*Leersia japonica*	禾本科	假稻属	无危（LC）			
159	金丝草	*Pogonatherum crinitum*	禾本科	金发草属	无危（LC）			
160	荩草	*Arthraxon hispidus*	禾本科	荩草属	无危（LC）			
161	看麦娘	*Alopecurus aequalis*	禾本科	看麦娘属	无危（LC）			
162	苦竹	*Pleioblastus amarus*	禾本科	苦竹属	无危（LC）		是	
163	狼尾草	*Pennisetum alopecuroides*	禾本科	狼尾草属	无危（LC）			
164	牧地狼尾草*	*Pennisetum polystachion*	禾本科	狼尾草属				是
165	大眼竹	*Bambusa eutuldoides*	禾本科	簕竹属				
166	类芦	*Neyraudia reynaudiana*	禾本科	类芦属	无危（LC）			
167	山类芦	*Neyraudia montana*	禾本科	类芦属	无危（LC）		是	
168	柳叶箬	*Isachne globosa*	禾本科	柳叶箬属	无危（LC）			

序号	中文名	学名	科名	属名	濒危等级	保护等级	中国特有种	外来入侵种
169	芦苇	*Phragmites australis*	禾本科	芦苇属	无危（LC）			
170	日本乱子草	*Muhlenbergia japonica*	禾本科	乱子草属	无危（LC）			
171	荻	*Miscanthus sacchariflorus*	禾本科	芒属	无危（LC）			
172	芒	*Miscanthus sinensis*	禾本科	芒属	无危（LC）			
173	五节芒	*Miscanthus floridulus*	禾本科	芒属	无危（LC）			
174	菵草	*Beckmannia syzigachne*	禾本科	菵草属	无危（LC）			
175	柯孟披碱草	*Elymus kamoji*	禾本科	披碱草属	无危（LC）			
176	千金子	*Leptochloa chinensis*	禾本科	千金子属	无危（LC）			
177	求米草	*Oplismenus undulatifolius*	禾本科	求米草属	无危（LC）			
178	竹叶草	*Oplismenus compositus*	禾本科	求米草属	无危（LC）			
179	日本求米草	*Oplismenus undulatifolius* var. *japonicus*	禾本科	求米草属	无危（LC）			
180	双穗雀稗	*Paspalum distichum*	禾本科	雀稗属	无危（LC）			
181	柔枝莠竹	*Microstegium vimineum*	禾本科	莠竹属	无危（LC）			
182	阔叶箬竹	*Indocalamus latifolius*	禾本科	箬竹属	无危（LC）		是	
183	糠稷	*Panicum bisulcatum*	禾本科	黍属	无危（LC）			
184	筒轴茅*	*Rottboellia cochinchinensis*	禾本科	筒轴茅	无危（LC）			
185	有芒鸭嘴草	*Ischaemum aristatum*	禾本科	鸭嘴草属	无危（LC）			
186	野青茅	*Deyeuxia arundinacea*	禾本科	野青茅属	无危（LC）			
187	野黍	*Eriochloa villosa*	禾本科	野黍属	无危（LC）			
188	百山祖玉山竹	*Yushania baishanzuensis*	禾本科	玉山竹属	无危（LC）		是	
189	玉蜀黍*	*Zea mays*	禾本科	玉蜀黍属				
190	早熟禾	*Poa annua*	禾本科	早熟禾属	无危（LC）			
191	姜*	*Zingiber officinale*	姜科	姜属				
192	蘘荷	*Zingiber mioga*	姜科	姜属				
193	温郁金*	*Curcuma wenyujin*	姜科	姜黄属				
194	山姜	*Alpinia japonica*	姜科	山姜属	无危（LC）			
195	金脉美人蕉*	*Canna × generalis* cv. *striata*	美人蕉科	美人蕉属				
196	美人蕉*	*Canna edulis*	美人蕉科	美人蕉属				
197	白及	*Bletilla striata*	兰科	白及属	濒危（EN）	二级		
198	斑叶兰	*Goodyera schlechtendaliana*	兰科	斑叶兰属	近危（NT）			
199	绿花斑叶兰	*Goodyera viridiflora*	兰科	斑叶兰属	无危（LC）			
200	小斑叶兰	*Goodyera repens*	兰科	斑叶兰属	无危（LC）			
201	二叶兜被兰	*Neottianthe cucullata*	兰科	兜被兰属	易危（VU）			
202	带唇兰	*Tainia dunnii*	兰科	带唇兰属	近危（NT）		是	
203	台湾独蒜兰	*Pleione formosana*	兰科	独蒜兰属	易危（VU）	二级	是	
204	黄花鹤顶兰	*Phaius flavus*	兰科	鹤顶兰属	无危（LC）			

序号	中文名	学名	科名	属名	濒危等级	保护等级	中国特有种	外来入侵种
205	金线兰	*Anoectochilus roxburghii*	兰科	开唇兰属	濒危（EN）	二级		
206	春兰	*Cymbidium goeringii*	兰科	兰属	易危（VU）	二级		
207	多花兰	*Cymbidium floribundum*	兰科	兰属	易危（VU）	二级		
208	寒兰	*Cymbidium kanran*	兰科	兰属	易危（VU）	二级		
209	虎头兰*	*Cymbidium hookerianum*	兰科	兰属	濒危（EN）	二级		
210	蕙兰	*Cymbidium faberi*	兰科	兰属	无危（LC）	二级		
211	建兰	*Cymbidium ensifolium*	兰科	兰属	易危（VU）	二级		
212	东亚舌唇兰	*Platanthera ussuriensis*	兰科	舌唇兰属	近危（NT）			
213	小舌唇兰	*Platanthera minor*	兰科	舌唇兰属	无危（LC）			
214	铁皮石斛	*Dendrobium officinale*	兰科	石斛属		二级		
215	广东石豆兰	*Bulbophyllum kwangtungense*	兰科	石豆兰属	无危（LC）		是	
216	香港绶草	*Spiranthes hongkongensis*	兰科	绶草属				
217	金兰	*Cephalanthera falcata*	兰科	头蕊兰属	无危（LC）			
218	银兰	*Cephalanthera erecta*	兰科	头蕊兰属	无危（LC）			
219	钩距虾脊兰	*Calanthe graciliflora*	兰科	虾脊兰属	近危（NT）		是	
220	见血青	*Liparis nervosa*	兰科	羊耳蒜属	无危（LC）			
221	华重楼	*Paris polyphylla* var. *chinensis*	藜芦科	重楼属	易危（VU）	二级		
222	牯岭藜芦	*Veratrum schindleri*	藜芦科	藜芦属	无危（LC）		是	
223	多枝霉草	*Sciaphila ramosa*	霉草科	霉草属	濒危（EN）			
224	韭莲*	*Zephyranthes carinata*	石蒜科	葱莲属				是
225	君子兰*	*Clivia miniata*	石蒜科	君子兰属				
226	石蒜	*Lycoris radiata*	石蒜科	石蒜属				
227	文殊兰*	*Crinum asiaticum* var. *sinicum*	石蒜科	文殊兰属				
228	白肋朱顶红*	*Hippeastrum rutilum* var. *striatifolium*	石蒜科	朱顶红属				
229	朱顶红*	*Hippeastrum rutilum*	石蒜科	朱顶红属				
230	穿龙薯蓣	*Dioscorea nipponica*	薯蓣科	薯蓣属	无危（LC）			
231	黄独	*Dioscorea bulbifera*	薯蓣科	薯蓣属	无危（LC）			
232	日本薯蓣	*Dioscorea japonica*	薯蓣科	薯蓣属	无危（LC）			
233	参薯*	*Dioscorea alata*	薯蓣科	薯蓣属				
234	薯蓣	*Dioscorea opposita*	薯蓣科	薯蓣属	无危（LC）			
235	五叶薯蓣	*Dioscorea pentaphylla*	薯蓣科	薯蓣属	无危（LC）			
236	纤细薯蓣	*Dioscorea gracillima*	薯蓣科	薯蓣属	近危（NT）			
237	荸荠*	*Eleocharis dulcis*	莎草科	荸荠属				
238	牛毛毡	*Eleocharis yokoscensis*	莎草科	荸荠属	无危（LC）			
239	百球藨草	*Scirpus rosthorni*	莎草科	藨草属	无危（LC）			
240	刺子莞	*Rhynchospora rubra*	莎草科	刺子莞属				
241	湖瓜草	*Lipocarpha microcephala*	莎草科	湖瓜草属	无危（LC）			

序号	中文名	学名	科名	属名	濒危等级	保护等级	中国特有种	外来入侵种
242	玉山针蔺	*Trichophorum subcapitatum*	莎草科	蔺藨草属	无危（LC）			
243	两歧飘拂草	*Fimbristylis dichotoma*	莎草科	飘拂草属	无危（LC）			
244	水虱草	*Fimbristylis littoralis*	莎草科	飘拂草属	无危（LC）			
245	水葱	*Schoenoplectus tabernaemontani*	莎草科	水葱属	无危（LC）			
246	扁穗莎草	*Cyperus compressus*	莎草科	莎草属	无危（LC）			
247	具芒碎米莎草	*Cyperus microiria*	莎草科	莎草属	无危（LC）			
248	碎米莎草	*Cyperus iria*	莎草科	莎草属	无危（LC）			
249	异型莎草	*Cyperus difformis*	莎草科	莎草属	无危（LC）			
250	砖子苗	*Cyperus cyperoides*	莎草科	莎草属	无危（LC）			
251	粉被薹草	*Carex pruinosa*	莎草科	薹草属	无危（LC）			
252	福建薹草	*Carex fokiensis*	莎草科	薹草属				
253	褐果薹草	*Carex brunnea*	莎草科	薹草属	无危（LC）			
254	花莛薹草	*Carex scaposa*	莎草科	薹草属				
255	浆果薹草	*Carex baccans*	莎草科	薹草属	无危（LC）			
256	青绿薹草	*Carex breviculmis*	莎草科	薹草属	无危（LC）			
257	舌叶薹草	*Carex ligulata*	莎草科	薹草属	无危（LC）			
258	十字薹草	*Carex cruciata*	莎草科	薹草属	无危（LC）			
259	似柔果薹草	*Carex submollicula*	莎草科	薹草属	无危（LC）		是	
260	套鞘薹草	*Carex maubertiana*	莎草科	薹草属	无危（LC）			
261	中华薹草	*Carex chinensis*	莎草科	薹草属	无危（LC）		是	
262	吊兰*	*Chlorophytum comosum*	天门冬科	吊兰属				
263	虎尾兰*	*Sansevieria trifasciata*	天门冬科	虎尾兰属				
264	多花黄精	*Polygonatum cyrtonema*	天门冬科	黄精属	近危（NT）		是	
265	长梗黄精	*Polygonatum filipes*	天门冬科	黄精属	无危（LC）		是	
266	吉祥草	*Reineckea carnea*	天门冬科	吉祥草属	无危（LC）			
267	龙舌兰*	*Agave americana*	天门冬科	龙舌兰属				
268	龙血树*	*Dracaena draco*	天门冬科	龙血树属				
269	阔叶山麦冬	*Liriope muscari*	天门冬科	山麦冬属	无危（LC）			
270	山麦冬	*Liriope spicata*	天门冬科	山麦冬属	无危（LC）			
271	天门冬	*Asparagus cochinchinensis*	天门冬科	天门冬属	无危（LC）			
272	万年青*	*Rohdea japonica*	天门冬科	万年青属	无危（LC）			
273	麦冬	*Ophiopogon japonicus*	天门冬科	沿阶草属				
274	玉簪*	*Hosta plantaginea*	天门冬科	玉簪属				
275	紫萼	*Hosta ventricosa*	天门冬科	玉簪属				
276	九龙盘	*Aspidistra lurida*	天门冬科	蜘蛛抱蛋属	无危（LC）		是	
277	蜘蛛抱蛋*	*Aspidistra elatior*	天门冬科	蜘蛛抱蛋属				
278	朱蕉*	*Cordyline fruticosa*	天门冬科	朱蕉属				

序号	中文名	学名	科名	属名	濒危等级	保护等级	中国特有种	外来入侵种
279	半夏	*Pinellia ternata*	天南星科	半夏属	无危（LC）			
280	滴水珠	*Pinellia cordata*	天南星科	半夏属	无危（LC）		是	
281	虎掌	*Pinellia pedatisecta*	天南星科	半夏属				
282	大薸	*Pistia stratiotes*	天南星科	大薸属				是
283	灯台莲	*Arisaema bockii*	天南星科	天南星属	无危（LC）			
284	天南星	*Arisaema heterophyllum*	天南星科	天南星属	无危（LC）			
285	一把伞南星	*Arisaema erubescens*	天南星科	天南星属	无危（LC）			
286	花魔芋*	*Amorphophallus rivieri*	天南星科	魔芋属				
287	春羽*	*Philodendron selloum*	天南星科	喜林芋属				
288	雪铁芋*	*Zamioculcas zamiifolia*	天南星科	雪铁芋属				
289	大野芋*	*Colocasia gigantea*	天南星科	芋属	近危（NT）			
290	野芋	*Colocasia antiquorum*	天南星科	芋属	无危（LC）			
291	芋*	*Colocasia esculenta*	天南星科	芋属				
292	紫芋	*Colocasia tonoimo*	天南星科	芋属				
293	紫萍	*Spirodela polyrhiz*	天南星科	紫萍属				
294	杜若	*Pollia japonic*	鸭跖草科	杜若属	无危（LC）			
295	聚花草	*Floscopa scandens*	鸭跖草科	聚花草属	无危（LC）			
296	水竹叶	*Murdannia triquetra*	鸭跖草科	水竹叶属				
297	裸花水竹叶	*Murdannia nudiflora*	鸭跖草科	水竹叶属				
298	鸭跖草	*Commelina communis*	鸭跖草科	鸭跖草属				
299	吊竹梅*	*Tradescantia zebrina*	鸭跖草科	紫露草属				
300	紫竹梅*	*Tradescantia pallida*	鸭跖草科	紫露草属				
301	射干*	*Belamcanda chinensis*	鸢尾科	射干属	无危（LC）			
302	蝴蝶花	*Iris japonica*	鸢尾科	鸢尾属	无危（LC）			
303	黄菖蒲*	*Iris pseudacorus*	鸢尾科	鸢尾属				
304	小花鸢尾	*Iris speculatrix*	鸢尾科	鸢尾属	无危（LC）		是	
305	慈姑*	*Sagittaria trifolia* subsp. *leucopetala*	泽泻科	慈姑属				
306	小慈姑	*Sagittaria potamogetonifolia*	泽泻科	慈姑属	易危（VU）		是	
307	野慈姑	*Sagittaria trifolia*	泽泻科	慈姑属	无危（LC）			
308	粉条儿菜	*Aletris spicata*	沼金花科	肺筋草属	无危（LC）			
309	棕榈	*Trachycarpus fortunei*	棕榈科	棕榈属				
310	赤杨叶	*Alniphyllum fortunei*	安息香科	赤杨叶属	无危（LC）			
311	小叶白辛树	*Pterostyrax corymbosus*	安息香科	白辛树属	无危（LC）			
312	垂珠花	*Styrax dasyanthus*	安息香科	安息香属	无危（LC）		是	
313	芬芳安息香	*Styrax odoratissimus*	安息香科	安息香属	无危（LC）		是	
314	灰叶安息香	*Styrax calvescens*	安息香科	安息香属	无危（LC）		是	
315	栓叶安息香	*Styrax suberifolius*	安息香科	安息香属	无危（LC）			

序号	中文名	学名	科名	属名	濒危等级	保护等级	中国特有种	外来入侵种
316	八角枫	*Alangium chinense*	八角枫科	八角枫属	无危（LC）			
317	毛八角枫	*Alangium kurzii*	八角枫科	八角枫属	无危（LC）			
318	醉蝶花*	*Tarenaya hassleriana*	白花菜科	醉蝶花属				
319	蓝雪花	*Ceratostigma plumbaginoides*	白花丹科	蓝雪花属	无危（LC）		是	
320	伯乐树	*Bretschneidera sinensis*	叠珠树科	伯乐树属	近危（NT）	二级		
321	杜茎山	*Maesa japonica*	报春花科	杜茎山属	无危（LC）			
322	假婆婆纳	*Stimpsonia chamaedryoides*	报春花科	假婆婆纳属	无危（LC）			
323	密齿酸藤子	*Embelia vestita*	报春花科	酸藤子属	无危（LC）			
324	密花树	*Myrsine seguinii*	报春花科	铁仔属	无危（LC）			
325	矮桃	*Lysimachia clethroides*	报春花科	珍珠菜属				
326	巴东过路黄	*Lysimachia patungensis*	报春花科	珍珠菜属	无危（LC）		是	
327	点腺过路黄	*Lysimachia hemsleyana*	报春花科	珍珠菜属				
328	福建过路黄	*Lysimachia fukienensis*	报春花科	珍珠菜属	无危（LC）		是	
329	黑腺珍珠菜	*Lysimachia heterogenea*	报春花科	珍珠菜属				
330	红毛过路黄	*Lysimachia rufopilosa*	报春花科	珍珠菜属				
331	狼尾花	*Lysimachia barystachys*	报春花科	珍珠菜属	无危（LC）			
332	星宿菜	*Lysimachia fortunei*	报春花科	珍珠菜属				
333	浙江过路黄	*Lysimachia chekiangensis*	报春花科	珍珠菜属	无危（LC）		是	
334	百两金	*Ardisia crispa*	报春花科	紫金牛属	无危（LC）			
335	大罗伞树	*Ardisia hanceana*	报春花科	紫金牛属	无危（LC）			
336	红凉伞	*Ardisia crenata* var. *bicolor*	报春花科	紫金牛属				
337	九管血	*Ardisia brevicaulis*	报春花科	紫金牛属	无危（LC）		是	
338	九节龙	*Ardisia pusilla*	报春花科	紫金牛属	无危（LC）			
339	山血丹	*Ardisia lindleyana*	报春花科	紫金牛属	无危（LC）			
340	朱砂根	*Ardisia crenata*	报春花科	紫金牛属	无危（LC）			
341	紫金牛	*Ardisia japonica*	报春花科	紫金牛属	无危（LC）			
342	车前	*Plantago asiatica*	车前科	车前属				
343	两头连	*Veronicastrum villosulum* var. *parviflorum*	车前科	草灵仙属	数据缺乏（DD）		是	
344	毛叶腹水草	*Veronicastrum villosulum*	车前科	草灵仙属	无危（LC）			
345	爬岩红	*Veronicastrum axillare*	车前科	草灵仙属	无危（LC）			
346	铁钓竿	*veronicastrum villosulum* var. *glabrum*	车前科	草灵仙属	无危（LC）			
347	阿拉伯婆婆纳	*Veronica persica*	车前科	婆婆纳属				是
348	多枝婆婆纳	*Veronica javanica*	车前科	婆婆纳属	无危（LC）			
349	蚊母草	*Veronica peregrina*	车前科	婆婆纳属				是
350	直立婆婆纳	*Veronica arvensis*	车前科	婆婆纳属				是

序号	中文名	学名	科名	属名	濒危等级	保护等级	中国特有种	外来入侵种
351	臭牡丹	*Clerodendrum bungei*	唇形科	大青属	无危（LC）			
352	大青	*Clerodendrum cyrtophyllum*	唇形科	大青属	无危（LC）			
353	海州常山	*Clerodendrum trichotomum*	唇形科	大青属				
354	尖齿臭茉莉	*Clerodendrum lindleyi*	唇形科	大青属				
355	浙江大青	*Clerodendrum kaichianum*	唇形科	大青属	无危（LC）		是	
356	硬毛地笋*	*Lycopus lucidus* var. *hirtus*	唇形科	地笋属	无危（LC）			
357	豆腐柴	*Premna microphylla*	唇形科	豆腐柴属	无危（LC）			
358	风轮菜	*Clinopodium chinense*	唇形科	风轮菜属				
359	细风轮菜	*Clinopodium gracile*	唇形科	风轮菜属				
360	藿香*	*Agastache rugosa*	唇形科	藿香属				
361	活血丹	*Glechoma longituba*	唇形科	活血丹属				
362	云和假糙苏	*Paraphlomis lancidentata*	唇形科	假糙苏属	近危（NT）		是	
363	紫背金盘	*Ajuga nipponensis*	唇形科	筋骨草属	无危（LC）			
364	半枝莲	*Scutellaria barbata*	唇形科	黄芩属				
365	韩信草	*Scutellaria indica*	唇形科	黄芩属	无危（LC）			
366	永泰黄芩	*Scutellaria inghokensis*	唇形科	黄芩属				
367	高野山龙头草	*Meehania montis-koyae*	唇形科	龙头草属				
368	罗勒*	*Ocimum basilicum*	唇形科	罗勒属	无危（LC）			
369	毛丁香罗勒*	*Ocimum gratissimum*	唇形科	罗勒属				
370	绵穗苏	*Comanthosphace ningpoensis*	唇形科	绵穗苏属	无危（LC）		是	
371	牡荆	*Vitex negundo* var. *cannabifolia*	唇形科	牡荆属	无危（LC）			
372	石荠苎	*Mosla scabra*	唇形科	石荠苎属	无危（LC）			
373	石香薷	*Mosla chinensis*	唇形科	石荠苎属	无危（LC）			
374	小花荠苎	*Mosla cavaleriei*	唇形科	石荠苎属	无危（LC）			
375	小鱼仙草	*Mosla dianthera*	唇形科	石荠苎属	无危（LC）			
376	翅柄鼠尾草	*Salvia alatipetiolata*	唇形科	鼠尾草属	近危（NT）		是	
377	佛光草	*Salvia substolonifera*	唇形科	鼠尾草属	无危（LC）		是	
378	鼠尾草	*Salvia japonica*	唇形科	鼠尾草属	无危（LC）			
379	一串红*	*Salvia splendens*	唇形科	鼠尾草属				
380	地蚕	*Stachys geobombycis*	唇形科	水苏属	无危（LC）		是	
381	出蕊四轮香	*Hanceola exserta*	唇形科	四轮香属	近危（NT）		是	
382	夏枯草	*Prunella vulgaris*	唇形科	夏枯草属				
383	长管香茶菜	*Isodon longitubus*	唇形科	香茶菜属	无危（LC）			
384	大萼香茶菜	*Isodon macrocalyx*	唇形科	香茶菜属	无危（LC）		是	
385	线纹香茶菜	*Isodon lophanthoides*	唇形科	香茶菜属	无危（LC）			
386	香茶菜	*Isodon amethystoides*	唇形科	香茶菜属	无危（LC）		是	
387	显脉香茶菜	*Isodon nervosa*	唇形科	香茶菜属	无危（LC）		是	

序号	中文名	学名	科名	属名	濒危等级	保护等级	中国特有种	外来入侵种
388	庐山香科科	*Teucrium pernyi*	唇形科	香科科属	无危（LC）		是	
389	微毛血见愁	*Teucrium viscidum* var. *nepetoides*	唇形科	香科科属	无危（LC）		是	
390	血见愁	*Teucrium viscidum*	唇形科	香科科属	无危（LC）			
391	益母草	*Leonurus japonicus*	唇形科	益母草属				
392	紫苏	*Perilla frutescens*	唇形科	紫苏属				
393	长柄紫珠	*Callicarpa longipes*	唇形科	紫珠属	无危（LC）		是	
394	钝齿红紫珠	*Callicarpa rubella* f. *crenata*	唇形科	紫珠属	无危（LC）			
395	光叶紫珠	*Callicarpa lingii*	唇形科	紫珠属				
396	红紫珠	*Callicarpa rubella*	唇形科	紫珠属	无危（LC）			
397	华紫珠	*Callicarpa cathayana*	唇形科	紫珠属	无危（LC）		是	
398	老鸦糊	*Callicarpa giraldii*	唇形科	紫珠属	无危（LC）		是	
399	枇杷叶紫珠	*Callicarpa kochiana*	唇形科	紫珠属	无危（LC）			
400	日本紫珠	*Callicarpa japonica*	唇形科	紫珠属	无危（LC）			
401	藤紫珠	*Callicarpa integerrima* var. *chinensis*	唇形科	紫珠属	无危（LC）		是	
402	紫珠	*Callicarpa bodinieri*	唇形科	紫珠属	无危（LC）			
403	酢浆草	*Oxalis corniculata*	酢浆草科	酢浆草属				
404	红花酢浆草*	*Oxalis corymbosa*	酢浆草科	酢浆草属				是
405	白木乌桕	*Neoshirakia japonica*	大戟科	白木乌桕属	无危（LC）			
406	变叶木*	*Codiaeum variegatum*	大戟科	变叶木属				
407	大戟	*Euphorbia pekinensis*	大戟科	大戟属				
408	斑地锦	*Euphorbia maculata*	大戟科	大戟属				是
409	地锦草	*Euphorbia humifusa*	大戟科	大戟属				
410	飞扬草	*Euphorbia hirta*	大戟科	大戟属				是
411	虎刺梅*	*Euphorbia milii*	大戟科	大戟属				
412	金刚纂*	*Euphorbia neriifolia*	大戟科	大戟属				
413	续随子*	*Euphorbia lathylris*	大戟科	大戟属				
414	算盘子	*Glochidion puberum*	大戟科	算盘子属	无危（LC）			
415	铁苋菜	*Acalypha australis*	大戟科	铁苋菜属	无危（LC）			
416	山乌桕	*Triadica cochinchinensis*	大戟科	乌桕属				
417	乌桕	*Triadica sebifera*	大戟科	乌桕属	无危（LC）			
418	白背叶	*Mallotus apelta*	大戟科	野桐属	无危（LC）			
419	东南野桐	*Mallotus lianus*	大戟科	野桐属	无危（LC）		是	
420	石岩枫	*Mallotus repandus*	大戟科	野桐属	无危（LC）			
421	野桐	*Mallotus tenuifolius*	大戟科	野桐属				
422	木油桐	*Vernicia montana*	大戟科	油桐属	无危（LC）			
423	油桐	*Vernicia fordii*	大戟科	油桐属	无危（LC）			

序号	中文名	学名	科名	属名	濒危等级	保护等级	中国特有种	外来入侵种
424	糙叶树	*Aphananthe aspera*	大麻科	糙叶树属	无危（LC）			
425	朴树	*Celtis sinensis*	大麻科	朴属	无危（LC）			
426	珊瑚朴*	*Celtis julianae*	大麻科	朴属	无危（LC）		是	
427	紫弹树	*Celtis biondii*	大麻科	朴属	无危（LC）			
428	秤星树	*Ilex asprella*	冬青科	冬青属	无危（LC）			
429	齿叶冬青	*Ilex crenata*	冬青科	冬青属	无危（LC）			
430	大果冬青	*Ilex macrocarpa*	冬青科	冬青属	无危（LC）		是	
431	大叶冬青	*Ilex latifolia*	冬青科	冬青属	无危（LC）			
432	冬青	*Ilex chinensis*	冬青科	冬青属	无危（LC）			
433	短梗冬青	*Ilex buergeri*	冬青科	冬青属	无危（LC）			
434	龟甲冬青*	*Ilex crenata* var. *convexa*	冬青科	冬青属				
435	厚叶冬青	*Ilex elmerrilliana*	冬青科	冬青属	无危（LC）		是	
436	毛冬青	*Ilex pubescens*	冬青科	冬青属	无危（LC）		是	
437	榕叶冬青	*Ilex ficoidea*	冬青科	冬青属	无危（LC）			
438	铁冬青	*Ilex rotunda*	冬青科	冬青属	无危（LC）			
439	三花冬青	*Ilex triflora*	冬青科	冬青属	无危（LC）			
440	尾叶冬青	*Ilex wilsonii*	冬青科	冬青属	无危（LC）		是	
441	温州冬青	*Ilex wenchowensis*	冬青科	冬青属	濒危（EN）		是	
442	小果冬青	*Ilex micrococca*	冬青科	冬青属	无危（LC）			
443	紫果冬青	*Ilex tsoi*	冬青科	冬青属	无危（LC）		是	
444	无刺枸骨*	*Ilex cornuta*	冬青科	枸骨属	无危（LC）			
445	扁豆*	*Lablab purpureus*	豆科	扁豆属				
446	菜豆*	*Phaseolus vulgaris*	豆科	菜豆属				
447	细长柄山蚂蝗	*Hylodesmum leptopus*	豆科	长柄山蚂蝗属	无危（LC）			
448	羽叶长柄山蚂蝗	*Hylodesmum oldhamii*	豆科	长柄山蚂蝗属	无危（LC）			
449	尖叶长柄山蚂蝗	*Hylodesmum podocarpum* subsp. *oxyphyllum*	豆科	长柄山蚂蝗属				
450	刺槐*	*Robinia pseudoacacia*	豆科	刺槐属				是
451	大豆	*Glycine max*	豆科	大豆属				
452	野大豆	*Glycine soja*	豆科	大豆属	无危（LC）	二级		
453	刀豆*	*Canavalia gladiata*	豆科	刀豆属				
454	肥皂荚	*Gymnocladus chinensis*	豆科	肥皂荚属	无危（LC）			
455	葛	*Pueraria lobata*	豆科	葛属	无危（LC）			
456	合欢	*Albizia julibrissin*	豆科	合欢属				
457	山槐	*Albizia kalkora*	豆科	合欢属	无危（LC）			

序号	中文名	学名	科名	属名	濒危等级	保护等级	中国特有种	外来入侵种
458	红豆树	*Ormosia hosiei*	豆科	红豆属	濒危（EN）	二级	是	
459	花榈木	*Ormosia henryi*	豆科	红豆属	易危（VU）	二级		
460	多花胡枝子	*Lespedeza floribunda*	豆科	胡枝子属	无危（LC）			
461	大叶胡枝子	*Lespedeza davidii*	豆科	胡枝子属				
462	胡枝子	*Lespedeza bicolor*	豆科	胡枝子属	无危（LC）			
463	截叶铁扫帚	*Lespedeza cuneata*	豆科	胡枝子属				
464	绿叶胡枝子	*Lespedeza buergeri*	豆科	胡枝子属	无危（LC）			
465	美丽胡枝子	*Lespedeza formosa*	豆科	胡枝子属	无危（LC）		是	
466	铁马鞭	*Lespedeza pilosa*	豆科	胡枝子属	无危（LC）			
467	中华胡枝子	*Lespedeza chinensis*	豆科	胡枝子属	无危（LC）		是	
468	龙爪槐*	*Styphnolobium japonicum* 'Pendula'	豆科	槐属	无危（LC）		是	
469	紫云英	*Astragalus sinicus*	豆科	黄芪属				
470	黄檀	*Dalbergia hupeana*	豆科	黄檀属	近危（NT）			
471	香港黄檀	*Dalbergia millettii*	豆科	黄檀属	无危（LC）		是	
472	赤小豆	*Vigna umbellata*	豆科	豇豆属				
473	豇豆*	*Vigna unguiculata*	豆科	豇豆属				
474	野豇豆	*Vigna vexillata*	豆科	豇豆属	无危（LC）			
475	鸡眼草	*Kummerowia striata*	豆科	鸡眼草属				
476	珍珠合欢*	*Acacia podalyriifolia*	豆科	金合欢属				
477	锦鸡儿	*Caragana sinica*	豆科	锦鸡儿属	无危（LC）			
478	决明	*Senna tora*	豆科	决明属				
479	伞房决明*	*Senna corymbosa*	豆科	决明属				
480	苦参	*Sophora flavescens*	豆科	苦参属	无危（LC）			
481	落花生*	*Arachis hypogaea*	豆科	落花生属				
482	河北木蓝	*Indigofera bungeana*	豆科	木蓝属	无危（LC）			
483	宁波木蓝	*Indigofera decora* var. *cooperii*	豆科	木蓝属	数据缺乏（DD）		是	
484	庭藤	*Indigofera decora*	豆科	木蓝属	无危（LC）			
485	豌豆*	*Pisum sativum*	豆科	豌豆属				
486	假地豆	*Desmodium heterocarpon*	豆科	山蚂蝗属	无危（LC）			
487	小槐花	*Desmodium caudatum*	豆科	山蚂蝗属	无危（LC）			
488	小叶三点金	*Desmodium microphyllum*	豆科	山蚂蝗属	无危（LC）			
489	圆菱叶山蚂蝗	*Desmodium podocarpum*	豆科	山蚂蝗属				
490	土圞儿	*Apios fortunei*	豆科	土圞儿属	无危（LC）			
491	香槐*	*Cladrastis wilsonii*	豆科	香槐属	无危（LC）		是	
492	江西鸡血藤	*Callerya kiangsiensis*	豆科	崖豆藤属				

序号	中文名	学名	科名	属名	濒危等级	保护等级	中国特有种	外来入侵种
493	网络鸡血藤	*Callerya reticulata*	豆科	崖豆藤属	无危（LC）			
494	香花崖豆藤	*Callerya dielsiana*	豆科	崖豆藤属				
495	救荒野豌豆	*Vicia sativa*	豆科	野豌豆属				
496	小巢菜	*Vicia hirsuta*	豆科	野豌豆属				
497	常春油麻藤	*Mucuna sempervirens*	豆科	油麻藤属	无危（LC）			
498	黧豆	*Mucuna pruriens* var. *utilis*	豆科	油麻藤属				
499	云实	*Caesalpinia decapetala*	豆科	云实属	无危（LC）			
500	紫荆*	*Cercis chinensis*	豆科	紫荆属	无危（LC）			
501	紫藤	*Wisteria sinensis*	豆科	紫藤属	无危（LC）			
502	紫花野百合	*Crotalaria sessiliflora*	豆科	猪屎豆属				
503	灯笼树	*Enkianthus chinensis*	杜鹃花科	吊钟花属	无危（LC）		是	
504	刺毛杜鹃	*Rhododendron championiae*	杜鹃花科	杜鹃属	无危（LC）		是	
505	杜鹃	*Rhododendron simsii*	杜鹃花科	杜鹃属	无危（LC）			
506	鹿角杜鹃	*Rhododendron latoucheae*	杜鹃花科	杜鹃属	无危（LC）			
507	马银花	*Rhododendron ovatum*	杜鹃花科	杜鹃属	无危（LC）		是	
508	满山红	*Rhododendron mariesii*	杜鹃花科	杜鹃属	无危（LC）		是	
509	猴头杜鹃	*Rhododendron simiarum*	杜鹃花科	杜鹃属	无危（LC）		是	
510	云锦杜鹃	*Rhododendron fortunei*	杜鹃花科	杜鹃属	无危（LC）		是	
511	鹿蹄草	*Pyrola calliantha*	杜鹃花科	鹿蹄草属	无危（LC）		是	
512	马醉木	*Pieris japonica*	杜鹃花科	马醉木属	无危（LC）			
513	毛果南烛	*Lyonia ovalifolia*	杜鹃花科	南烛属				
514	刺毛越橘	*Vaccinium trichocladum*	杜鹃花科	越橘属				
515	蓝莓	*Vaccinium* sp.	杜鹃花科	越橘属				
516	短尾越橘	*Vaccinium carlesii*	杜鹃花科	越橘属	无危（LC）			
517	黄背越橘	*Vaccinium iteophyllum*	杜鹃花科	越橘属				
518	江南越橘	*Vaccinium mandarinorum*	杜鹃花科	越橘属	无危（LC）		是	
519	南烛	*Vaccinium bracteatum*	杜鹃花科	越橘属	无危（LC）			
520	杜英	*Elaeocarpus decipiens*	杜英科	杜英属	无危（LC）			
521	日本杜英	*Elaeocarpus japonicus*	杜英科	杜英属				
522	中华杜英	*Elaeocarpus chinensis*	杜英科	杜英属	无危（LC）			
523	杜仲	*Eucommia ulmoides*	杜仲科	杜仲	易危（VU）		是	
524	木防己	*Cocculus orbiculatus*	防己科	防己属				
525	风龙	*Sinomenium acutum*	防己科	风龙属	无危（LC）			
526	金线吊乌龟	*Stephania cephalantha*	防己科	千金藤属				
527	粉防己	*Stephania tetrandra*	防己科	千金藤属	无危（LC）		是	
528	细圆藤	*Pericampylus glaucus*	防己科	细圆藤属	无危（LC）			
529	凤仙花*	*Impatiens balsamina*	凤仙花科	凤仙花属				是

序号	中文名	学名	科名	属名	濒危等级	保护等级	中国特有种	外来入侵种
530	阔萼凤仙花	*Impatiens platysepala*	凤仙花科	凤仙花属				
531	浙江凤仙花	*Impatiens chekiangensis*	凤仙花科	凤仙花属	无危（LC）		是	
532	东方古柯	*Erythroxylum sinense*	古柯科	古柯属	无危（LC）			
533	海金子	*Pittosporum illicioides*	海桐科	海桐花属	无危（LC）			
534	狭叶海金子	*Pittosporum illicioides* var. *stenophyllum*	海桐科	海桐花属				
535	山蒟	*Piper hancei*	胡椒科	胡椒属	无危（LC）		是	
536	蔓胡颓子	*Elaeagnus glabra*	胡颓子科	胡颓子属	无危（LC）			
537	台湾赤瓟	*Thladiantha punctata*	葫芦科	赤瓟属	无危（LC）		是	
538	佛手瓜*	*Sechium edule*	葫芦科	佛手瓜属				
539	黄瓜*	*Cucumis sativus*	葫芦科	黄瓜属				
540	甜瓜*	*Cucumis melo*	葫芦科	黄瓜属	无危（LC）			
541	绞股蓝	*Gynostemma pentaphyllum*	葫芦科	绞股蓝属	无危（LC）			
542	南瓜*	*Cucurbita moschata*	葫芦科	南瓜属				
543	栝楼	*Trichosanthes kirilowii*	葫芦科	栝楼属	无危（LC）			
544	王瓜	*Trichosanthes cucumeroides*	葫芦科	栝楼属	无危（LC）			
545	长萼栝楼	*Trichosanthes laceribractea*	葫芦科	栝楼属	无危（LC）		是	
546	丝瓜*	*Luffa aegyptiaca*	葫芦科	丝瓜属				
547	广东丝瓜*	*Luffa acutangula*	葫芦科	丝瓜属				
548	西瓜*	*Citrullus lanatus*	葫芦科	西瓜属				
549	虎耳草	*Saxifraga stolonifera*	虎耳草科	虎耳草属	无危（LC）			
550	大落新妇	*Astilbe grandis*	虎耳草科	落新妇属	无危（LC）			
551	落新妇	*Astilbe chinensis*	虎耳草科	落新妇属				
552	虎皮楠	*Daphniphyllum oldhamii*	虎皮楠科	虎皮楠属	无危（LC）			
553	交让木	*Daphniphyllum macropodium*	虎皮楠科	虎皮楠属	无危（LC）			
554	枫杨	*Pterocarya stenoptera*	胡桃科	枫杨属				
555	华东野胡桃	*Juglans mandshurica* var. *formosana*	胡桃科	胡桃属				
556	胡桃*	*Juglans regia*	胡桃科	胡桃属	易危（VU）			
557	化香树	*Platycarya strobilacea*	胡桃科	化香树属	无危（LC）			
558	青钱柳	*Cyclocarya paliurus*	胡桃科	青钱柳属	无危（LC）		是	
559	黄杞	*Engelhardia roxburghiana*	胡桃科	烟包树属	无危（LC）			
560	短尾鹅耳枥	*Carpinus londoniana*	桦木科	鹅耳枥属	无危（LC）			
561	雷公鹅耳枥	*Carpinus viminea*	桦木科	鹅耳枥属	无危（LC）			
562	亮叶桦	*Betula luminifera*	桦木科	桦木属	无危（LC）		是	
563	桤木	*Alnus cremastogyne*	桦木科	桤木属	无危（LC）		是	
564	尖叶黄杨	*Buxus sinica* var. *aemulans*	黄杨科	黄杨属				

序号	中文名	学名	科名	属名	濒危等级	保护等级	中国特有种	外来入侵种
565	雀舌黄杨*	*Buxus bodinieri*	黄杨科	黄杨属				
566	东方野扇花	*Sarcococca orientalis*	黄杨科	野扇花属				
567	柳叶白前	*Cynanchum stauntonii*	夹竹桃科	鹅绒藤属	无危（LC）		是	
568	夹竹桃*	*Nerium oleander*	夹竹桃科	夹竹桃属				
569	链珠藤	*Alyxia sinensis*	夹竹桃科	链珠藤属	无危（LC）		是	
570	络石	*Trachelospermum jasminoides*	夹竹桃科	络石属	无危（LC）			
571	紫花络石	*Trachelospermum axillare*	夹竹桃科	络石属	无危（LC）		是	
572	牛奶菜	*Marsdenia sinensis*	夹竹桃科	牛奶菜属	无危（LC）		是	
573	狗牙花*	*Tabernaemontana divaricata*	夹竹桃科	山辣椒属	濒危（EN）			
574	半边莲	*Lobelia chinensis*	桔梗科	半边莲属				
575	桔梗	*Platycodon grandiflorus*	桔梗科	桔梗属	无危（LC）			
576	金钱豹	*Campanumoea javanica*	桔梗科	金钱豹属	无危（LC）			
577	蓝花参	*Wahlenbergia marginata*	桔梗科	蓝花参属				
578	轮钟花	*Cyclocodon lancifolius*	桔梗科	轮钟花属	无危（LC）			
579	轮叶沙参	*Adenophora tetraphylla*	桔梗科	沙参属	无危（LC）			
580	江南山梗菜	*Lobelia davidii*	桔梗科	山梗菜属	无危（LC）			
581	羊乳	*Codonopsis lanceolata*	桔梗科	羊乳属	无危（LC）			
582	地耳草	*Hypericum japonicum*	金丝桃科	金丝桃属				
583	金丝梅	*Hypericum patulum*	金丝桃科	金丝桃属				
584	密腺小连翘	*Hypericum seniawinii*	金丝桃科	金丝桃属	无危（LC）			
585	小连翘	*Hypericum erectum*	金丝桃科	金丝桃属	无危（LC）			
586	元宝草	*Hypericum sampsonii*	金丝桃科	金丝桃属				
587	枫香树	*Liquidambar formosana*	金缕梅科	枫香树属	无危（LC）			
588	红花檵木*	*Loropetalum chinense* var. *rubrum*	金缕梅科	檵木属	无危（LC）			
589	檵木	*Loropetalum chinense*	金缕梅科	檵木属				
590	蜡瓣花	*Corylopsis sinensis*	金缕梅科	蜡瓣花属	无危（LC）		是	
591	腺蜡瓣花	*Corylopsis glandulifera*	金缕梅科	蜡瓣花属	近危（NT）		是	
592	水丝梨	*Sycopsis sinensis*	金缕梅科	水丝梨属	无危（LC）		是	
593	小叶蚊母树	*Distylium buxifolium*	金缕梅科	蚊母树属	无危（LC）		是	
594	杨梅叶蚊母树	*Distylium myricoides*	金缕梅科	蚊母树属	无危（LC）		是	
595	草珊瑚	*Sarcandra glabra*	金粟兰科	草珊瑚属	无危（LC）			
596	金粟兰*	*Chloranthus spicatus*	金粟兰科	金粟兰属	无危（LC）			
597	宽叶金粟兰	*Chloranthus henryi*	金粟兰科	金粟兰属	无危（LC）		是	
598	长萼堇菜	*Viola inconspicua*	堇菜科	堇菜属				
599	戟叶堇菜	*Viola betonicifolia*	堇菜科	堇菜属				
600	七星莲	*Viola diffusa*	堇菜科	堇菜属	无危（LC）			
601	柔毛堇菜	*Viola fargesii*	堇菜科	堇菜属	无危（LC）		是	

序号	中文名	学名	科名	属名	濒危等级	保护等级	中国特有种	外来入侵种
602	如意草	*Viola hamiltoniana*	堇菜科	堇菜属				
603	三角叶堇菜	*Viola triangulifolia*	堇菜科	堇菜属	无危（LC）		是	
604	心叶堇菜	*Viola yunnanfuensis*	堇菜科	堇菜属	无危（LC）			
605	圆叶堇菜	*Viola striatella*	堇菜科	堇菜属	无危（LC）		是	
606	紫背堇菜	*Viola violacea*	堇菜科	堇菜属				
607	紫花地丁	*Viola philippica*	堇菜科	堇菜属				
608	紫花堇菜	*Viola grypoceras*	堇菜科	堇菜属	无危（LC）			
609	扁担杆	*Grewia biloba*	锦葵科	扁担杆属	无危（LC）			
610	单毛刺蒴麻	*Triumfetta annua*	锦葵科	刺蒴麻属				
611	白毛椴	*Tilia endochrysea*	锦葵科	椴属	无危（LC）		是	
612	地桃花	*Urena lobata*	锦葵科	梵天花属				
613	梵天花	*Urena procumbens*	锦葵科	梵天花属				
614	马拉巴栗	*Pachira glabra*	锦葵科	瓜栗属				
615	甜麻	*Corchorus aestuans*	锦葵科	黄麻属				
616	冬葵*	*Malva verticillata* var. *crispa*	锦葵科	锦葵属				
617	马松子	*Melochia corchorifolia*	锦葵科	马松子属				
618	牡丹木槿*	*Hibiscus syriacus* f. *paeoniflorus*	锦葵科	木槿属				
619	木槿*	*Hibiscus syriacus*	锦葵科	木槿属				
620	金铃花*	*Abutilon striatum*	锦葵科	苘麻属				
621	苘麻*	*Abutilon theophrasti*	锦葵科	苘麻属				是
622	红萼苘麻*	*Abutilon megapotamicum*	锦葵科	苘麻属				
623	黄蜀葵*	*Abelmoschus manihot*	锦葵科	秋葵属				
624	咖啡黄葵*	*Abelmoschus esculentus*	锦葵科	秋葵属				
625	田麻	*Corchoropsis tomentosa*	锦葵科	田麻属				
626	梧桐	*Firmiana simplex*	锦葵科	梧桐属				
627	长药八宝	*Hylotelephium spectabile*	景天科	八宝属	无危（LC）			
628	圆扇八宝	*Hylotelephium sieboldii* var. *chinense*	景天科	八宝属	近危（NT）		是	
629	观音莲*	*Sempervivum tectorum*	景天科	长生草属				
630	长寿花*	*Kalanchoe blossfeldiana*	景天科	伽蓝菜属				
631	大叶落地生根*	*Kalanchoe daigremontiana*	景天科	伽蓝菜属				
632	垂盆草	*Sedum sarmentosum*	景天科	景天属	无危（LC）			
633	东南景天	*Sedum alfredii*	景天科	景天属				
634	松叶景天*	*Sedum mexicanum*	景天科	景天属				
635	珠芽景天	*Sedum bulbiferum*	景天科	景天属				
636	玉树*	*Crassula arborescens*	景天科	青锁龙属				
637	西域旌节花	*Stachyurus himalaicus*	旌节花科	旌节花属	无危（LC）			

序号	中文名	学名	科名	属名	濒危等级	保护等级	中国特有种	外来入侵种
638	中国旌节花	*Stachyurus chinensis*	旌节花科	旌节花属				
639	长圆叶艾纳香	*Blumea oblongifolia*	菊科	艾纳香属	无危（LC）			
640	台北艾纳香	*Blumea formosan*	菊科	艾纳香属	无危（LC）		是	
641	柔毛艾纳香	*Blumea axillaris*	菊科	艾纳香属	无危（LC）			
642	白酒草	*Conyza japonica*	菊科	白酒草属				
643	百日菊*	*Zinnia elegans*	菊科	百日菊属				
644	夜香牛	*Vernonia cinerea*	菊科	斑鸠菊属				
645	苍耳	*Xanthium strumarium*	菊科	苍耳属				
646	翅果菊	*Pterocypsela indica*	菊科	翅果菊属				
647	大丽花*	*Dahlia pinnata*	菊科	大丽花属				
648	稻槎菜	*Lapsanastrum apogonoides*	菊科	稻槎菜属				
649	香丝草	*Erigeron bonariensis*	菊科	飞蓬属				是
650	小蓬草	*Erigeron canadensis*	菊科	飞蓬属				是
651	一年蓬	*Erigeron annuus*	菊科	飞蓬属				是
652	蜂斗菜	*Petasites japonicus*	菊科	蜂斗菜属	无危（LC）			
653	三角叶须弥菊	*Himalaiella deltoidea*	菊科	风毛菊属				
654	大狼杷草	*Bidens frondosa*	菊科	鬼针草属				是
655	鬼针草	*Bidens pilosa*	菊科	鬼针草属				是
656	金盏银盘	*Bidens biternata*	菊科	鬼针草属				
657	艾*	*Artemisia argyi*	菊科	蒿属				
658	白苞蒿	*Artemisia lactiflora*	菊科	蒿属	无危（LC）			
659	奇蒿	*Artemisia anomala*	菊科	蒿属	无危（LC）			
660	牡蒿	*Artemisia japonica*	菊科	蒿属				
661	野艾蒿	*Artemisia lavandulifolia*	菊科	蒿属				
662	黄鹌菜	*Youngia japonica*	菊科	黄鹌菜属				
663	九龙山黄鹌菜	*Youngia jiiulongshanensis*	菊科	黄鹌菜属				
664	黄瓜菜	*Paraixeris denticulata*	菊科	黄瓜菜属				
665	藿香蓟	*Ageratum conyzoides*	菊科	藿香蓟属				是
666	蓟	*Cirsium japonicum*	菊科	蓟属	无危（LC）			
667	野蓟	*Cirsium maackii*	菊科	蓟属				
668	假福王草	*Paraprenanthes sororia*	菊科	假福王草属	无危（LC）			
669	大花金鸡菊*	*Coreopsis grandiflora*	菊科	金鸡菊属				
670	甘菊	*Chrysanthemum lavandulifolium*	菊科	菊属				
671	菊*	*Chrysanthemum morifolium*	菊科	菊属				
672	野菊	*Chrysanthemum indicum*	菊科	菊属				
673	梁子菜	*Erechtites hieraciifolius*	菊科	菊芹属	无危（LC）			是
674	红凤菜*	*Gynura bicolor*	菊科	菊三七属	无危（LC）			

序号	中文名	学名	科名	属名	濒危等级	保护等级	中国特有种	外来入侵种
675	花叶滇苦菜	*Sonchus asper*	菊科	苦苣菜属				是
676	南苦苣菜	*Sonchus lingianus*	菊科	苦苣菜属	无危（LC）			
677	苦荬菜	*Ixeris polycephala*	菊科	苦荬菜属				
678	裸柱菊	*Soliva anthemifolia*	菊科	裸柱菊属				是
679	华麻花头	*Serratula chinensis*	菊科	麻花头属	无危（LC）			
680	拟鼠麹草	*Pseudognaphalium affine*	菊科	拟鼠麹草属				
681	秋拟鼠麹草	*Pseudognaphalium hypoleucum*	菊科	拟鼠麹草属				
682	泥胡菜	*Hemisteptia lyrata*	菊科	泥胡菜属				
683	蒲儿根	*Sinosenecio oldhamianus*	菊科	蒲儿根属				
684	千里光	*Senecio scandens*	菊科	千里光属				
685	日光菊*	*Heliopsis scabra*	菊科	赛菊芋属				
686	山牛蒡	*Synurus deltoides*	菊科	山牛蒡属	无危（LC）			
687	石胡荽	*Centipeda minima*	菊科	石胡荽属				
688	串叶松香草*	*Silphium perfoliatum*	菊科	松香草属				
689	多茎鼠麹草	*Gnaphalium polycaulon*	菊科	鼠麹草属				
690	宽叶鼠麹草	*Gnaphalium adnatum*	菊科	鼠麹草属	无危（LC）			
691	细叶鼠麹草	*Gnaphalium japonicum*	菊科	鼠麹草属				
692	金挖耳	*Carpesium divaricatum*	菊科	天名精属				
693	天名精	*Carpesium abrotanoides*	菊科	天名精属				
694	烟管头草	*Carpesium cernuum*	菊科	天名精属				
695	铁灯兔儿风	*Ainsliaea marcoclinidioides*	菊科	兔儿风属				
696	杏香兔儿风	*Ainsliaea fragrans*	菊科	兔儿风属	无危（LC）			
697	孔雀草*	*Tagetes patula*	菊科	万寿菊属				是
698	毛脉翅果菊	*Lactuca raddeana*	菊科	莴苣属	无危（LC）			
699	生菜*	*Lactuca sativa* var. *ramosa*	菊科	莴苣属				
700	小苦荬	*Ixeris dentatum*	菊科	小苦荬属				
701	宽叶下田菊	*Adenostemma lavenia* var. *latifolium*	菊科	下田菊属	无危（LC）			
702	下田菊	*Adenostemma lavenia*	菊科	下田菊属				
703	菊芋*	*Helianthus tuberosus*	菊科	向日葵属				是
704	毛梗豨莶	*Sigesbeckia glabrescens*	菊科	豨莶属				
705	无腺腺梗豨莶	*Siegesbeckia pubescens* f. *eglandulosa*	菊科	豨莶属				
706	豨莶	*Sigesbeckia orientalis*	菊科	豨莶属				
707	羊耳菊	*Duhaldea cappa*	菊科	羊耳菊属	无危（LC）			
708	一点红	*Emilia sonchifolia*	菊科	一点红属				
709	小一点红	*Emilia prenanthoidea*	菊科	一点红属	无危（LC）			

序号	中文名	学名	科名	属名	濒危等级	保护等级	中国特有种	外来入侵种
710	加拿大一枝黄花	*Solidago canadensis*	菊科	一枝黄花属				是
711	一枝黄花	*Solidago decurrens*	菊科	一枝黄花属				
712	鱼眼草	*Dichrocephala auriculata*	菊科	鱼眼草属				
713	白头婆	*Eupatorium japonicum*	菊科	泽兰属	无危（LC）			
714	多须公	*Eupatorium chinense*	菊科	泽兰属	无危（LC）			
715	林泽兰	*Eupatorium lindleyanum*	菊科	泽兰属				
716	东风菜	*Aster scabra*	菊科	紫菀属				
717	九龙山紫菀	*Aster jiulongshanensis*	菊科	紫菀属				
718	马兰	*Aster indicus*	菊科	紫菀属				
719	三脉紫菀	*Aster ageratoides*	菊科	紫菀属				
720	陀螺紫菀	*Aster turbinatus*	菊科	紫菀属	无危（LC）		是	
721	微糙三脉紫菀	*Aster ageratoides* var. *scaberulus*	菊科	紫菀属	无危（LC）			
722	钻叶紫菀	*Symphyotrichum subulatum*	菊科	紫菀属				是
723	心叶帚菊	*Pertya cordifolia*	菊科	帚菊属	无危（LC）		是	
724	爵床	*Justicia procumbens*	爵床科	爵床属				
725	虾衣花*	*Justicia brandegeeana*	爵床科	爵床属				
726	杜根藤	*Justicia quadrifaria*	爵床科	爵床属	无危（LC）			
727	少花马蓝	*Strobilanthes oliganthus*	爵床科	马蓝属	无危（LC）			
728	水蓑衣	*Hygrophila ringens*	爵床科	水蓑衣属	无危（LC）			
729	浙皖粗筒苣苔	*Briggsia chieni*	苦苣苔科	粗筒苣苔属	无危（LC）		是	
730	金鱼吊兰	*Nematanthus wettsteinii*	苦苣苔科	袋鼠花属				
731	吊石苣苔	*Lysionotus pauciflorus*	苦苣苔科	吊石苣苔属	无危（LC）			
732	大花石上莲	*Oreocharis maximowiczii*	苦苣苔科	马铃苣苔属	无危（LC）		是	
733	蜡梅*	*Chimonanthus praecox*	蜡梅科	蜡梅属	无危（LC）		是	
734	山蜡梅	*Chimonanthus nitens*	蜡梅科	蜡梅属	无危（LC）		是	
735	浙江蜡梅	*Chimonanthus zhejiangensis*	蜡梅科	蜡梅属	无危（LC）		是	
736	蓝果树	*Nyssa sinensis*	蓝果树科	蓝果树属	无危（LC）			
737	喜树	*Camptotheca acuminata*	蓝果树科	喜树属	无危（LC）		是	
738	何首乌	*Fallopia multiflora*	蓼科	何首乌属	无危（LC）			
739	虎杖	*Reynoutria japonica*	蓼科	虎杖属				
740	金线草	*Antenoron filiforme*	蓼科	金线草属	无危（LC）			
741	长鬃蓼	*Polygonum longisetum*	蓼科	蓼属				
742	丛枝蓼	*Polygonum posumbu*	蓼科	蓼属				
743	大箭叶蓼	*Polygonum darrisii*	蓼科	蓼属	无危（LC）		是	
744	杠板归	*Polygonum perfoliatum*	蓼科	蓼属				
745	火炭母	*Polygonum chinense*	蓼科	蓼属				

序号	中文名	学名	科名	属名	濒危等级	保护等级	中国特有种	外来入侵种
746	戟叶蓼	*Polygonum thunbergii*	蓼科	蓼属				
747	绵毛酸模叶蓼	*Polygonum lapathifolium* var. *salicifolium*	蓼科	蓼属				
748	尼泊尔蓼	*Polygonum nepalense*	蓼科	蓼属				
749	酸模叶蓼	*Polygonum lapathifolium*	蓼科	蓼属				
750	稀花蓼	*Polygonum dissitiflorum*	蓼科	蓼属				
751	金荞麦	*Fagopyrum dibotrys*	蓼科	荞麦属	无危（LC）	二级		
752	酸模	*Rumex acetosa*	蓼科	酸模属				
753	沙氏鹿茸草	*Monochasma savatieri*	列当科	鹿茸草属	无危（LC）			
754	亨式马先蒿	*Pedicularis henryi*	列当科	马先蒿属	无危（LC）			
755	圆苞山罗花	*Melampyrum laxum*	列当科	山罗花属	数据缺乏（DD）			
756	中国野菰	*Aeginetia sinensis*	列当科	野菰属				
757	腺毛阴行草	*Siphonostegia laeta*	列当科	阴行草属	无危（LC）		是	
758	楝	*Melia azedarach*	楝科	楝属	无危（LC）			
759	米仔兰*	*Aglaia odorata*	楝科	米仔兰属	无危（LC）			
760	红花香椿	*Toona fargesii*	楝科	香椿属	易危（VU）			
761	香椿	*Toona sinensis*	楝科	香椿属	无危（LC）			
762	圆叶挖耳草	*Utricularia striatula*	狸藻科	挖耳草属	无危（LC）			
763	倒挂金钟	*Fuchsia hybrida*	柳叶菜科	倒挂金钟属				
764	丁香蓼	*Ludwigia prostrata*	柳叶菜科	丁香蓼属				
765	长籽柳叶菜	*Epilobium pyrricholophum*	柳叶菜科	柳叶菜属	无危（LC）			
766	柳叶菜	*Epilobium hirsutum*	柳叶菜科	柳叶菜属	无危（LC）			
767	灰莉*	*Fagraea ceilanica*	龙胆科	灰莉属	无危（LC）			
768	五岭龙胆	*Gentiana davidii*	龙胆科	龙胆属	无危（LC）		是	
769	双蝴蝶	*Tripterospermum chinense*	龙胆科	双蝴蝶属				
770	细茎双蝴蝶	*Tripterospermum filicaule*	龙胆科	双蝴蝶属	数据缺乏（DD）		是	
771	獐牙菜	*Swertia bimaculata*	龙胆科	獐牙菜属	无危（LC）			
772	浙江獐牙菜	*Swertia hickinii*	龙胆科	獐牙菜属	无危（LC）		是	
773	落葵薯	*Anredera cordifolia*	落葵科	落葵薯属				是
774	假连翘*	*Duranta erecta*	马鞭草科	假连翘属				
775	柳叶马鞭草*	*Verbena bonariensis*	马鞭草科	马鞭草属				
776	马鞭草	*Verbena officinalis*	马鞭草科	马鞭草属				
777	马缨丹	*Lantana camara*	马鞭草科	马缨丹属				是
778	土人参	*Talinum paniculatum*	马齿苋科	土人参属				是
779	大花马齿苋*	*Portulaca grandiflora*	马齿苋科	马齿苋属				

序号	中文名	学名	科名	属名	濒危等级	保护等级	中国特有种	外来入侵种
780	阔叶半枝莲*	*Portulaca oleracea* var. *granatus*	马齿苋科	马齿苋属				
781	马齿苋	*Portulaca oleracea*	马齿苋科	马齿苋属				
782	蓬莱葛	*Gardneria multiflor*	马钱科	蓬莱葛属	无危（LC）			
783	管花马兜铃	*Aristolochia tubiflora*	马兜铃科	马兜铃属	无危（LC）		是	
784	马兜铃	*Aristolochia debilis*	马兜铃科	马兜铃属				
785	寻骨风	*Aristolochia mollissima*	马兜铃科	马兜铃属				
786	杜衡	*Asarum forbesii*	马兜铃科	细辛属	近危（NT）		是	
787	福建细辛	*Asarum fukienense*	马兜铃科	细辛属	无危（LC）		是	
788	尾花细辛	*Asarum caudigerum*	马兜铃科	细辛属	无危（LC）			
789	中日老鹳草	*Geranium thunbergii*	牻牛儿苗科	老鹳草属	无危（LC）			
790	野老鹳草	*Geranium carolinianum*	牻牛儿苗科	老鹳草属				是
791	天竺葵*	*Pelargonium hortorum*	牻牛儿苗科	天竺葵属				
792	毛茛	*Ranunculus japonicus*	毛茛科	毛茛属				
793	禺毛茛	*Ranunculus cantoniensis*	毛茛科	毛茛属				
794	扬子毛茛	*Ranunculus sieboldii*	毛茛科	毛茛属				
795	人字果	*Dichocarpum sutchuenense*	毛茛科	人字果属	无危（LC）		是	
796	大叶唐松草	*Thalictrum faberi*	毛茛科	唐松草属	无危（LC）		是	
797	天葵	*Semiaquilegia adoxoides*	毛茛科	天葵属				
798	单叶铁线莲	*Clematis henryi*	毛茛科	铁线莲属	无危（LC）		是	
799	华中铁线莲	*Clematis pseudootophora*	毛茛科	铁线莲属	无危（LC）		是	
800	女萎	*Clematis apiifolia*	毛茛科	铁线莲属	无危（LC）			
801	山木通	*Clematis finetiana*	毛茛科	铁线莲属				
802	舟柄铁线莲	*Clematis dilatata*	毛茛科	铁线莲属	近危（NT）		是	
803	柱果铁线莲	*Clematis uncinata*	毛茛科	铁线莲属	无危（LC）			
804	打破碗花花	*Anemone hupehensis*	毛茛科	铁线莲属				
805	乌头	*Aconitum carmichaelii*	毛茛科	乌头属				
806	安息香猕猴桃	*Actinidia styracifolia*	猕猴桃科	猕猴桃属	易危（VU）		是	
807	长叶猕猴桃	*Actinidia hemsleyana*	猕猴桃科	猕猴桃属	易危（VU）		是	
808	对萼猕猴桃	*Actinidia valvata*	猕猴桃科	猕猴桃属	近危（NT）		是	
809	毛花猕猴桃	*Actinidia eriantha*	猕猴桃科	猕猴桃属	无危（LC）		是	
810	小叶猕猴桃	*Actinidia lanceolata*	猕猴桃科	猕猴桃属	易危（VU）		是	
811	异色猕猴桃	*Actinidia callosa* var. *discolor*	猕猴桃科	猕猴桃属				
812	中华猕猴桃	*Actinidia chinensis*	猕猴桃科	猕猴桃属	无危（LC）	二级	是	
813	长叶蝴蝶草	*Torenia asiatica*	母草科	蝴蝶草属				
814	毛叶蝴蝶草	*Torenia benthamiana*	母草科	蝴蝶草属	无危（LC）		是	
815	紫萼蝴蝶草	*Torenia violacea*	母草科	蝴蝶草属				
816	刺毛母草	*Lindernia setulosa*	母草科	陌上菜属	无危（LC）			

序号	中文名	学名	科名	属名	濒危等级	保护等级	中国特有种	外来入侵种
817	宽叶母草	*Lindernia nummulariifolia*	母草科	陌上菜属				
818	陌上菜	*Lindernia procumbens*	母草科	陌上菜属				
819	泥花草	*Lindernia antipoda*	母草科	陌上菜属				
820	鹅掌楸	*Liriodendron chinense*	木兰科	鹅掌楸属	无危（LC）	二级		
821	深山含笑	*Michelia maudiae*	木兰科	含笑属	无危（LC）		是	
822	野含笑	*Michelia skinneriana*	木兰科	含笑属	无危（LC）		是	
823	凹叶厚朴	*Houpoea officinalis* subsp. *biloba*	木兰科	厚朴属				
824	厚朴	*Houpoea officinalis*	木兰科	厚朴属	无危（LC）		是	
825	木莲	*Manglietia fordiana*	木兰科	木莲属	无危（LC）			
826	天女花	*Oyama sieboldii*	木兰科	天女花属	近危（NT）			
827	二乔玉兰*	*Yulania × soulangeana*	木兰科	玉兰属				
828	黄山玉兰	*Yulania cylindrica*	木兰科	玉兰属	无危（LC）		是	
829	鹰爪枫	*Holboellia coriacea*	木通科	八月瓜属	无危（LC）		是	
830	大血藤	*Sargentodoxa cuneata*	木通科	大血藤属	无危（LC）			
831	木通	*Akebia quinata*	木通科	木通属	无危（LC）			
832	三叶木通	*Akebia trifoliata*	木通科	木通属	无危（LC）			
833	钝药野木瓜	*Stauntonia leucantha*	木通科	野木瓜属				
834	显脉野木瓜	*Stauntonia conspicua*	木通科	野木瓜属	无危（LC）		是	
835	苦枥木	*Fraxinus insularis*	木犀科	梣属	无危（LC）			
836	长叶木犀	*Osmanthus marginatus* var. *longissimus*	木犀科	木犀属	无危（LC）		是	
837	木犀	*Osmanthus fragrans*	木犀科	木犀属	无危（LC）		是	
838	宁波木犀	*Osmanthus cooperi*	木犀科	木犀属	无危（LC）		是	
839	牛矢果	*Osmanthus matsumuranus*	木犀科	木犀属	无危（LC）			
840	金森女贞*	*Ligustrum japonicum* var. Howardii	木犀科	女贞属				
841	女贞	*Ligustrum lucidum*	木犀科	女贞属	无危（LC）		是	
842	小蜡	*Ligustrum sinense*	木犀科	女贞属				
843	华素馨	*Jasminum sinense*	木犀科	素馨属	无危（LC）		是	
844	探春花*	*Jasminum floridum*	木犀科	素馨属				
845	野迎春*	*Jasminum mesnyi*	木犀科	素馨属				
846	台湾泡桐	*Paulownia kawakamii*	泡桐科	泡桐属	无危（LC）		是	
847	五叶地锦	*Parthenocissus quinquefolia*	葡萄科	地锦属				
848	异叶地锦	*Parthenocissus dalzielii*	葡萄科	地锦属	无危（LC）		是	
849	三叶崖爬藤	*Tetrastigma hemsleyanum*	葡萄科	崖爬藤属	无危（LC）			
850	刺葡萄	*Vitis davidii*	葡萄科	葡萄属	无危（LC）		是	
851	华东葡萄	*Vitis pseudoreticulata*	葡萄科	葡萄属	无危（LC）			
852	龙泉葡萄	*Vitis longquanensis*	葡萄科	葡萄属	无危（LC）		是	

序号	中文名	学名	科名	属名	濒危等级	保护等级	中国特有种	外来入侵种
853	毛葡萄	*Vitis heyneana*	葡萄科	葡萄属	无危（LC）			
854	闽赣葡萄	*Vitis chungii*	葡萄科	葡萄属	无危（LC）		是	
855	葡萄*	*Vitis vinifera*	葡萄科	葡萄属				
856	网脉葡萄	*Vitis wilsonae*	葡萄科	葡萄属	无危（LC）		是	
857	葛藟葡萄	*Vitis flexuosa*	葡萄科	葡萄属	无危（LC）			
858	牯岭蛇葡萄	*Ampelopsis glandulosa* var. *kulingensis*	葡萄科	蛇葡萄属	无危（LC）		是	
859	广东蛇葡萄	*Ampelopsis cantoniensis*	葡萄科	蛇葡萄属	无危（LC）			
860	毛枝蛇葡萄	*Ampelopsis rubifolia*	葡萄科	蛇葡萄属	无危（LC）			
861	蛇葡萄	*Ampelopsis sinica*	葡萄科	蛇葡萄属	无危（LC）			
862	异叶蛇葡萄	*Ampelopsis glandulosa* var. *heterophylla*	葡萄科	蛇葡萄属	无危（LC）			
863	白毛乌蔹莓	*Cayratia albifolia*	葡萄科	乌蔹莓属	无危（LC）		是	
864	华中乌蔹莓	*Cayratia oligocarpa*	葡萄科	乌蔹莓属	无危（LC）		是	
865	脱毛乌蔹莓	*Cayratia albifolia* var. *glabra*	葡萄科	乌蔹莓属				
866	乌蔹莓	*Cayratia japonica*	葡萄科	乌蔹莓属				
867	黄连木	*Pistacia chinensis*	漆树科	黄连木属	无危（LC）		是	
868	南酸枣	*Choerospondias axillaris*	漆树科	南酸枣属	无危（LC）			
869	毛漆树	*Toxicodendron trichocarpum*	漆树科	漆属	无危（LC）			
870	木蜡树	*Toxicodendron sylvestre*	漆树科	漆属	无危（LC）			
871	漆树	*Toxicodendron vernicifluum*	漆树科	漆属				
872	野漆	*Toxicodendron succedaneum*	漆树科	漆属	无危（LC）			
873	盐肤木	*Rhus chinensis*	漆树科	盐肤木属				
874	髭脉桤叶树	*Clethra barbinervis*	桤叶木科	桤叶木属	无危（LC）			
875	鄂西清风藤	*Sabia campanulata* subsp. *ritchieae*	清风藤科	清风藤属	无危（LC）		是	
876	灰背清风藤	*Sabia discolor*	清风藤科	清风藤属	无危（LC）		是	
877	尖叶清风藤	*Sabia swinhoei*	清风藤科	清风藤属	无危（LC）			
878	青荚叶	*Helwingia japonica*	青荚叶科	青荚叶属	无危（LC）			
879	赤车	*Pellionia radicans*	荨麻科	赤车属	无危（LC）			
880	短叶赤车	*Pellionia brevifolia*	荨麻科	赤车属	无危（LC）			
881	矮冷水花	*Pilea peploides*	荨麻科	冷水花属	无危（LC）			
882	透茎冷水花	*Pilea pumila*	荨麻科	冷水花属				
883	小叶冷水花	*Pilea microphylla*	荨麻科	冷水花属	无危（LC）			是
884	三齿钝叶楼梯草	*Elatostema obtusum* var. *trilobulatum*	荨麻科	楼梯草属	无危（LC）			
885	糯米团	*Gonostegia hirta*	荨麻科	糯米团属				
886	雾水葛	*Pouzolzia zeylanica*	荨麻科	雾水葛属				

序号	中文名	学名	科名	属名	濒危等级	保护等级	中国特有种	外来入侵种
887	紫麻	*Oreocnide frutescens*	荨麻科	紫麻属	无危（LC）			
888	大叶苎麻	*Boehmeria longispica*	荨麻科	苎麻属				
889	海岛苎麻	*Boehmeria formosana*	荨麻科	苎麻属	无危（LC）			
890	小赤麻	*Boehmeria spicata*	荨麻科	苎麻属				
891	悬铃叶苎麻	*Boehmeria tricuspis*	荨麻科	苎麻属	无危（LC）			
892	野线麻	*Boehmeria japonica*	荨麻科	苎麻属	无危（LC）			
893	苎麻	*Boehmeria nivea*	荨麻科	苎麻属	无危（LC）			
894	萼距花*	*Cuphea hookeriana*	千屈菜科	萼距花属				
895	圆叶节节菜	*Rotala rotundifolia*	千屈菜科	节节菜属	无危（LC）			
896	石榴*	*Punica granatum*	千屈菜科	石榴属				
897	水苋菜	*Ammannia baccifera*	千屈菜科	水苋菜属	无危（LC）			
898	南紫薇	*Lagerstroemia subcostata*	千屈菜科	紫薇属	无危（LC）			
899	紫薇	*Lagerstroemia indica*	千屈菜科	紫薇属				
900	重瓣棣棠花*	*Kerria japonica* f. *pleniflora*	蔷薇科	棣棠花属				
901	地榆	*Sanguisorba officinalis*	蔷薇科	地榆属	无危（LC）			
902	刺叶桂樱	*Laurocerasus spinulosa*	蔷薇科	桂樱属	无危（LC）			
903	波叶红果树	*Stranvaesia davidiana* var. *undulata*	蔷薇科	红果树属	无危（LC）		是	
904	石灰花楸	*Sorbus folgneri*	蔷薇科	花楸属	无危（LC）		是	
905	棕脉花楸	*Sorbus dunnii*	蔷薇科	花楸属	无危（LC）		是	
906	李*	*Prunus salicina*	蔷薇科	李属				
907	豆梨	*Pyrus calleryana*	蔷薇科	梨属	无危（LC）			
908	麻梨	*Pyrus serrulata*	蔷薇科	梨属	无危（LC）		是	
909	沙梨*	*Pyrus pyrifolia*	蔷薇科	梨属	无危（LC）			
910	龙芽草	*Agrimonia pilosa*	蔷薇科	龙芽草属	无危（LC）			
911	柔毛路边青	*Geum japonicum* var. *chinense*	蔷薇科	路边青属	无危（LC）		是	
912	皱皮木瓜	*Chaenomeles speciosa*	蔷薇科	木瓜属				
913	枇杷	*Eriobotrya japonica*	蔷薇科	枇杷属				
914	湖北海棠	*Malus hupehensis*	蔷薇科	苹果属	无危（LC）		是	
915	台湾林檎	*Malus doumeri*	蔷薇科	苹果属	无危（LC）			
916	粉团蔷薇	*Rosa multiflora* var. *cathayensis*	蔷薇科	蔷薇属	无危（LC）		是	
917	金樱子	*Rosa laevigata*	蔷薇科	蔷薇属				
918	软条七蔷薇	*Rosa henryi*	蔷薇科	蔷薇属	无危（LC）		是	
919	缫丝花	*Rosa roxburghii*	蔷薇科	蔷薇属	无危（LC）			
920	小果蔷薇	*Rosa cymosa*	蔷薇科	蔷薇属	无危（LC）			
921	野蔷薇	*Rosa multiflora*	蔷薇科	蔷薇属				
922	月季花*	*Rosa chinensis*	蔷薇科	蔷薇属	无危（LC）			
923	蛇莓	*Duchesnea indica*	蔷薇科	蛇莓属				

序号	中文名	学名	科名	属名	濒危等级	保护等级	中国特有种	外来入侵种
924	皱果蛇莓	*Duchesnea chrysantha*	蔷薇科	蛇莓属	无危（LC）			
925	石斑木	*Rhaphiolepis indica*	蔷薇科	石斑木属	无危（LC）			
926	倒卵叶石楠	*Photinia lasiogyna*	蔷薇科	石斑木属	无危（LC）		是	
927	光叶石楠	*Photinia glabra*	蔷薇科	石斑木属	无危（LC）			
928	红叶石楠*	*Photinia komarovii*	蔷薇科	石斑木属	无危（LC）		是	
929	毛叶石楠	*Photinia villosa*	蔷薇科	石斑木属	无危（LC）			
930	桃叶石楠	*Photinia prunifolia*	蔷薇科	石斑木属	无危（LC）			
931	小叶石楠	*Photinia parvifolia*	蔷薇科	石斑木属	无危（LC）		是	
932	桃	*Amygdalus persica*	蔷薇科	桃属				
933	三叶委陵菜	*Potentilla freyniana*	蔷薇科	委陵菜属	无危（LC）			
934	蛇含委陵菜	*Potentilla kleiniana*	蔷薇科	委陵菜属				
935	梅*	*Armeniaca mume*	蔷薇科	杏属	无危（LC）			
936	粉花绣线菊	*Spiraea japonica*	蔷薇科	绣线菊属				
937	麻叶绣线菊	*Spiraea cantoniensis*	蔷薇科	绣线菊属				
938	绣球绣线菊	*Spiraea blumei*	蔷薇科	绣线菊属				
939	白叶莓	*Rubus innominatus*	蔷薇科	悬钩子属	无危（LC）		是	
940	插田泡	*Rubus coreanus*	蔷薇科	悬钩子属	无危（LC）			
941	东南悬钩子	*Rubus tsangorum*	蔷薇科	悬钩子属	无危（LC）		是	
942	盾叶莓	*Rubus peltatus*	蔷薇科	悬钩子属	无危（LC）			
943	高粱泡	*Rubus lambertianus*	蔷薇科	悬钩子属				
944	弓茎悬钩子	*Rubus flosculosus*	蔷薇科	悬钩子属	无危（LC）		是	
945	光果悬钩子	*Rubus glabricarpus*	蔷薇科	悬钩子属	数据缺乏（DD）		是	
946	寒莓	*Rubus buergeri*	蔷薇科	悬钩子属	无危（LC）			
947	红腺悬钩子	*Rubus sumatranus*	蔷薇科	悬钩子属	无危（LC）			
948	空心泡	*Rubus rosifolius*	蔷薇科	悬钩子属	无危（LC）			
949	茅莓	*Rubus parvifolius*	蔷薇科	悬钩子属				
950	木莓	*Rubus swinhoei*	蔷薇科	悬钩子属	无危（LC）			
951	蓬藟	*Rubus hirsutus*	蔷薇科	悬钩子属				
952	山莓	*Rubus corchorifolius*	蔷薇科	悬钩子属	无危（LC）			
953	太平莓	*Rubus pacificus*	蔷薇科	悬钩子属	无危（LC）		是	
954	腺毛莓	*Rubus adenophorus*	蔷薇科	悬钩子属	无危（LC）		是	
955	锈毛莓	*Rubus reflexus*	蔷薇科	悬钩子属	无危（LC）		是	
956	掌叶覆盆子	*Rubus chingii*	蔷薇科	悬钩子属				
957	掌叶山莓	*Rubus palmatiformis*	蔷薇科	悬钩子属				
958	周毛悬钩子	*Rubus amphidasys*	蔷薇科	悬钩子属	无危（LC）		是	
959	樱桃*	*Cerasus pseudocerasus*	蔷薇科	樱属	无危（LC）		是	

序号	中文名	学名	科名	属名	濒危等级	保护等级	中国特有种	外来入侵种
960	浙闽樱桃	*Cerasus schneideriana*	蔷薇科	樱属	无危（LC）		是	
961	钟花樱桃	*Cerasus campanulata*	蔷薇科	樱属	无危（LC）			
962	白马骨	*Serissa serissoides*	茜草科	白马骨属				
963	六月雪	*Serissa japonica*	茜草科	白马骨属				
964	羊角藤	*Morinda umbellata* subsp. *obovata*	茜草科	巴戟天属				
965	日本粗叶木	*Lasianthus japonicus*	茜草科	粗叶木属	无危（LC）			
966	西南粗叶木	*Lasianthus henryi*	茜草科	粗叶木属	无危（LC）		是	
967	白花蛇舌草	*Hedyotis diffusa*	茜草科	耳草属				
968	金毛耳草	*Hedyotis chrysotricha*	茜草科	耳草属				
969	伞房花耳草	*Hedyotis corymbosa*	茜草科	耳草属				
970	风箱树	*Cephalanthus tetrandrus*	茜草科	风箱树属	无危（LC）			
971	狗骨柴	*Diplospora dubia*	茜草科	狗骨柴属	无危（LC）			
972	鸡矢藤	*Paederia foetida*	茜草科	鸡矢藤属				
973	四叶葎	*Galium bungei*	茜草科	拉拉藤属				
974	猪殃殃	*Galium aparine* var. *tenerum*	茜草科	拉拉藤属				
975	流苏子	*Coptosapelta diffusa*	茜草科	流苏子属	无危（LC）			
976	阔叶丰花草	*Spermacoce alata*	茜草科	纽扣草属				是
977	东南茜草	*Rubia argyi*	茜草科	茜草属	无危（LC）			
978	金剑草	*Rubia alata*	茜草科	茜草属	无危（LC）			
979	茜树	*Aidia cochinchinensis*	茜草科	茜树属	无危（LC）			
980	水团花	*Adina pilulifera*	茜草科	水团花属	无危（LC）			
981	细叶水团花	*Adina rubella*	茜草科	水团花属	无危（LC）			
982	白花苦灯笼	*Tarenna mollissima*	茜草科	乌口树属	无危（LC）			
983	香果树	*Emmenopterys henryi*	茜草科	香果树属	近危（NT）	二级	是	
984	玉叶金花	*Mussaenda esquirolii*	茜草科	玉叶金花属	无危（LC）		是	
985	狭叶栀子	*Gardenia stenophylla*	茜草科	栀子属	无危（LC）			
986	栀子	*Gardenia jasminoides*	茜草科	栀子属	无危（LC）			
987	多穗柯	*Lithocarpus polystachyus*	壳斗科	柯属				
988	短尾柯	*Lithocarpus brevicaudatus*	壳斗科	柯属	无危（LC）		是	
989	港柯	*Lithocarpus harlandii*	壳斗科	柯属	无危（LC）		是	
990	柯	*Lithocarpus glaber*	壳斗科	柯属	无危（LC）			
991	菱果柯	*Lithocarpus taitoensis*	壳斗科	柯属	无危（LC）		是	
992	硬壳柯	*Lithocarpus hancei*	壳斗科	柯属	无危（LC）		是	
993	栗*	*Castanea mollissima*	壳斗科	栗属				
994	茅栗	*Castanea seguinii*	壳斗科	栗属				
995	锥栗	*Castanea henryi*	壳斗科	栗属				
996	白栎	*Quercus fabri*	壳斗科	栎属	无危（LC）		是	

序号	中文名	学名	科名	属名	濒危等级	保护等级	中国特有种	外来入侵种
997	短柄枹栎	*Quercus serrata* var. *brevipetiolata*	壳斗科	栎属				
998	麻栎	*Quercus acutissima*	壳斗科	栎属				
999	乌冈栎	*Quercus phillyraeoides*	壳斗科	栎属	无危（LC）			
1000	多脉青冈	*Cyclobalanopsis multinervis*	壳斗科	青冈属	无危（LC）		是	
1001	褐叶青冈	*Cyclobalanopsis stewardiana*	壳斗科	青冈属	无危（LC）		是	
1002	青冈	*Cyclobalanopsis glauca*	壳斗科	青冈属	无危（LC）			
1003	小叶青冈	*Cyclobalanopsis myrsinifolia*	壳斗科	青冈属				
1004	细叶青冈	*Cyclobalanopsis gracilis*	壳斗科	青冈属	无危（LC）		是	
1005	云山青冈	*Cyclobalanopsis sessilifolia*	壳斗科	青冈属	无危（LC）			
1006	光叶水青冈	*Fagus lucida*	壳斗科	水青冈属	无危（LC）		是	
1007	米心水青冈	*Fagus engleriana*	壳斗科	水青冈属	无危（LC）		是	
1008	钩锥	*Castanopsis tibetana*	壳斗科	锥属	无危（LC）		是	
1009	栲	*Castanopsis fargesii*	壳斗科	锥属	无危（LC）		是	
1010	苦槠	*Castanopsis sclerophylla*	壳斗科	锥属	无危（LC）		是	
1011	米槠	*Castanopsis carlesii*	壳斗科	锥属				
1012	甜槠	*Castanopsis eyrei*	壳斗科	锥属	无危（LC）		是	
1013	番茄*	*Lycopersicon esculentum*	茄科	番茄属				
1014	枸杞	*Lycium chinense*	茄科	枸杞属	无危（LC）			
1015	辣椒*	*Capsicum annuum*	茄科	辣椒属				
1016	龙珠	*Tubocapsicum anomalum*	茄科	龙珠属	无危（LC）			
1017	茄*	*Solanum melongena*	茄科	茄属				
1018	白英	*Solanum lyratum*	茄科	茄属	无危（LC）			
1019	海桐叶白英	*Solanum pittosporifolium*	茄科	茄属	无危（LC）			
1020	牛茄子*	*Solanum capsicoides*	茄科	茄属	无危（LC）			是
1021	乳茄*	*Solanum mammosum*	茄科	茄属				
1022	珊瑚樱*	*Solanum pseudocapsicum*	茄科	茄属				
1023	龙葵	*Solanum nigrum*	茄科	茄属	无危（LC）			
1024	少花龙葵	*Solanum americanum*	茄科	茄属	无危（LC）			
1025	阳芋*	*Solanum tuberosum*	茄科	茄属				
1026	毛苦蘵	*Physalis angulata* var. *villosa*	茄科	酸浆属				
1027	烟草*	*Nicotiana tabacum*	茄科	烟草属				
1028	夜香树*	*Cestrum nocturnum*	茄科	夜香树属				
1029	青皮木	*Schoepfia jasminodora*	青皮木科	青皮木属	无危（LC）			
1030	红柴枝	*Meliosma oldhami*	清风藤科	泡花树属	无危（LC）			
1031	秋海棠	*Begonia grandis*	秋海棠科	秋海棠属	无危（LC）			
1032	竹节秋海棠*	*Begonia maculata*	秋海棠科	秋海棠属				
1033	少花万寿竹	*Disporum uniflorum*	秋水仙科	万寿竹属	无危（LC）			

序号	中文名	学名	科名	属名	濒危等级	保护等级	中国特有种	外来入侵种
1034	攀倒甑	*Patrinia villosa*	忍冬科	败酱属	无危（LC）			
1035	窄叶败酱	*Patrinia heterophylla* subsp. *angustifolia*	忍冬科	败酱属				
1036	川续断	*Dipsacus asper*	忍冬科	川续断属	无危（LC）			
1037	半边月	*Weigela japonica* var. *sinica*	忍冬科	锦带花属	无危（LC）			
1038	大花忍冬	*Lonicera macrantha*	忍冬科	忍冬属	无危（LC）			
1039	淡红忍冬	*Lonicera acuminata*	忍冬科	忍冬属	无危（LC）			
1040	菰腺忍冬	*Lonicera hypoglauca*	忍冬科	忍冬属	无危（LC）			
1041	忍冬	*Lonicera japonica*	忍冬科	忍冬属	无危（LC）			
1042	下江忍冬	*Lonicera modesta*	忍冬科	忍冬属	无危（LC）		是	
1043	结香	*Edgeworthia chrysantha*	瑞香科	结香属				
1044	北江荛花	*Wikstroemia monnula*	瑞香科	荛花属	无危（LC）		是	
1045	南岭荛花	*Wikstroemia indica*	瑞香科	荛花属				
1046	毛瑞香	*Daphne kiusiana* var. *atrocaulis*	瑞香科	瑞香属	无危（LC）			
1047	蕺菜	*Houttuynia cordata*	三白草科	蕺菜属				
1048	变豆菜	*Sanicula chinensis*	伞形科	变豆菜属				
1049	薄片变豆菜	*Sanicula lamelligera*	伞形科	变豆菜属	无危（LC）			
1050	刺芹	*Eryngium foetidum*	伞形科	刺芹属				是
1051	福参	*Angelica morii*	伞形科	当归属	近危（NT）		是	
1052	紫花前胡	*Angelica decursiva*	伞形科	当归属	无危（LC）			
1053	川芎*	*Ligusticum sinense* cv. *chuanxiong*	伞形科	藁本属				
1054	异叶茴芹	*Pimpinella diversifolia*	伞形科	茴芹属	无危（LC）			
1055	茴香*	*Foeniculum vulgare*	伞形科	茴香属				
1056	积雪草	*Centella asiatica*	伞形科	积雪草属				
1057	前胡	*Peucedanum praeruptorum*	伞形科	前胡属	无危（LC）		是	
1058	小窃衣	*Torilis japonica*	伞形科	窃衣属				
1059	窃衣	*Torilis scabra*	伞形科	窃衣属				
1060	隔山香	*Ostericum citriodorum*	伞形科	山芹属	无危（LC）		是	
1061	山芹	*Ostericum sieboldii*	伞形科	山芹属	无危（LC）			
1062	水芹	*Oenanthe javanica*	伞形科	水芹属				
1063	鸭儿芹	*Cryptotaenia japonica*	伞形科	鸭儿芹属	无危（LC）			
1064	芫荽*	*Coriandrum sativum*	伞形科	芫荽属				
1065	构树	*Broussonetia papyrifera*	桑科	构属	无危（LC）			
1066	楮	*Broussonetia kazinoki*	桑科	构属	无危（LC）			
1067	藤构	*Broussonetia kaempferi* var. *australis*	桑科	构属	无危（LC）		是	
1068	葎草	*Humulus scandens*	桑科	葎草属				
1069	矮小天仙果	*Ficus erecta*	桑科	榕属	无危（LC）			

序号	中文名	学名	科名	属名	濒危等级	保护等级	中国特有种	外来入侵种
1070	斑叶高山榕*	*Ficus altissima* var. *variegata*	桑科	榕属				
1071	薜荔	*Ficus pumila*	桑科	榕属	无危（LC）			
1072	变叶榕	*Ficus variolosa*	桑科	榕属	无危（LC）			
1073	大琴叶榕	*Ficus lyrata*	桑科	榕属				
1074	爬藤榕	*Ficus sarmentosa* var. *impressa*	桑科	榕属	无危（LC）			
1075	琴叶榕	*Ficus pandurata*	桑科	榕属	无危（LC）			
1076	无花果*	*Ficus carica*	桑科	榕属				
1077	异叶榕	*Ficus heteromorpha*	桑科	榕属	无危（LC）			
1078	珍珠莲	*Ficus sarmentosa* var. *henryi*	桑科	榕属	无危（LC）		是	
1079	华桑	*Morus cathayana*	桑科	桑属	无危（LC）			
1080	鸡桑	*Morus australis*	桑科	桑属	无危（LC）			
1081	桑	*Morus alba*	桑科	桑属				
1082	水蛇麻	*Fatoua villosa*	桑科	水蛇麻				
1083	柘	*Maclura tricuspidata*	桑科	柘属				
1084	构棘	*Maclura cochinchinensis*	桑科	柘属	无危（LC）			
1085	锈毛钝果寄生	*Taxillus levinei*	桑寄生科	钝果寄生属	无危（LC）		是	
1086	小叶钝果寄生	*Taxillus kaempferi*	桑寄生科	钝果寄生属	无危（LC）			
1087	椆树桑寄生	*Loranthus delavayi*	桑寄生科	桑寄生属	无危（LC）			
1088	木荷	*Schima superba*	山茶科	木荷属	无危（LC）			
1089	茶*	*Camellia sinensis*	山茶科	山茶属	数据缺乏（DD）	二级		
1090	茶梅*	*Camellia sasanqua*	山茶科	山茶属				
1091	尖连蕊茶	*Camellia cuspidata*	山茶科	山茶属				
1092	毛柄连蕊茶	*Camellia fraterna*	山茶科	山茶属	无危（LC）		是	
1093	山茶*	*Camellia japonica*	山茶科	山茶属				
1094	油茶	*Camellia oleifera*	山茶科	山茶属	无危（LC）			
1095	浙江红山茶	*Camellia chekiangoleosa*	山茶科	山茶属	无危（LC）		是	
1096	尖萼紫茎	*Stewartia sinensis* var. *acutisepala*	山茶科	紫茎属	无危（LC）		是	
1097	白檀	*Symplocos paniculata*	山矾科	山矾属	无危（LC）			
1098	薄叶山矾	*Symplocos anomala*	山矾科	山矾属	无危（LC）			
1099	老鼠矢	*Symplocos stellaris*	山矾科	山矾属	无危（LC）			
1100	团花山矾	*Symplocos glomerata*	山矾科	山矾属	无危（LC）			
1101	山矾	*Symplocos sumuntia*	山矾科	山矾属	无危（LC）			
1102	秀丽四照花	*Cornus hongkongensis* subsp. *elegans*	山茱萸	四照花属	无危（LC）		是	
1103	光皮梾木	*Cornus wilsoniana*	山茱萸	山茱萸属	无危（LC）		是	
1104	垂序商陆	*Phytolacca americana*	商陆科	商陆属				是
1105	日本商陆	*Phytolacca japonica*	商陆科	商陆属	无危（LC）			

序号	中文名	学名	科名	属名	濒危等级	保护等级	中国特有种	外来入侵种
1106	牡丹*	*Paeonia suffruticosa*	芍药科	芍药属				
1107	野鸦椿	*Euscaphis japonica*	省沽油科	野鸦椿属	无危（LC）			
1108	萝卜	*Raphanus sativus*	十字花科	萝卜属				
1109	风花菜	*Rorippa globosa*	十字花科	蔊菜属	无危（LC）			
1110	蔊菜	*Rorippa indica*	十字花科	蔊菜属	无危（LC）			
1111	荠	*Capsella bursa-pastoris*	十字花科	荠属	无危（LC）			是
1112	碎米荠	*Cardamine hirsuta*	十字花科	碎米荠属				
1113	甘蓝*	*Brassica oleracea*	十字花科	芸薹属				
1114	芥菜*	*Brassica juncea*	十字花科	芸薹属				
1115	青菜*	*Brassica chinensis*	十字花科	芸薹属				
1116	紫堇叶阴山荠	*Yinshania fumarioides*	十字花科	阴山荠属	无危（LC）		是	
1117	山柿	*Diospyros japonica*	柿科	柿属	无危（LC）			
1118	延平柿	*Diospyros tsangii*	柿科	柿属	无危（LC）		是	
1119	野柿	*Diospyros kaki* var. *silvestris*	柿科	柿属	无危（LC）		是	
1120	鹅肠菜	*Myosoton aquaticum*	石竹科	鹅肠菜属				是
1121	繁缕	*Stellaria media*	石竹科	繁缕属	无危（LC）			
1122	雀舌草	*Stellaria uliginosa*	石竹科	繁缕属				
1123	卷耳	*Cerastium arvense*	石竹科	卷耳属	无危（LC）			
1124	球序卷耳	*Cerastium glomeratum*	石竹科	卷耳属	无危（LC）			是
1125	漆姑草	*Sagina japonica*	石竹科	漆姑草属	无危（LC）			
1126	石竹*	*Dianthus chinensis*	石竹科	石竹属	无危（LC）			
1127	无心菜	*Arenaria serpyllifolia*	石竹科	无心菜属	无危（LC）			
1128	矩形叶鼠刺	*Itea chinese* var. *oblonga*	鼠刺科	鼠刺属				
1129	多花勾儿茶	*Berchemia floribunda*	鼠李科	勾儿茶属	无危（LC）			
1130	牯岭勾儿茶	*Berchemia kulingensis*	鼠李科	勾儿茶属	无危（LC）		是	
1131	刺藤子	*Sageretia melliana*	鼠李科	雀梅藤属	无危（LC）		是	
1132	雀梅藤	*Sageretia thea*	鼠李科	雀梅藤属	无危（LC）			
1133	长叶冻绿	*Rhamnus crenata*	鼠李科	鼠李属	无危（LC）			
1134	枣*	*Ziziphus jujuba*	鼠李科	枣属				
1135	光叶毛果枳椇	*Hovenia trichocarpa* var. *robusta*	鼠李科	枳椇属	无危（LC）			
1136	枳椇	*Hovenia acerba*	鼠李科	枳椇属	无危（LC）			
1137	莲*	*Nelumbo nucifera*	睡莲科	莲属		二级		
1138	睡莲*	*Nymphaea tetragona*	睡莲科	睡莲属				
1139	粟米草	*Mollugo stricta*	粟米草科	粟米草属				
1140	桉*	*Eucalyptus robusta*	桃金娘科	桉属				
1141	黄金串钱柳*	*Melaleuca bracteata*	桃金娘科	白千层属				
1142	赤楠	*Syzygium buxifolium*	桃金娘科	蒲桃属	无危（LC）			

序号	中文名	学名	科名	属名	濒危等级	保护等级	中国特有种	外来入侵种
1143	轮叶蒲桃	*Syzygium grijsii*	桃金娘科	蒲桃属	无危（LC）		是	
1144	槲寄生	*Viscum coloratum*	檀香科	槲寄生属				
1145	通泉草	*Mazus pumilus*	通泉草科	通泉草属	无危（LC）			
1146	早落通泉草	*Mazus caducifer*	通泉草科	通泉草属	无危（LC）		是	
1147	透骨草	*Phryma leptostachya* subsp. *asiatica*	透骨草科	透骨草属	无危（LC）			
1148	雷公藤	*Tripterygium wilfordii*	卫矛科	雷公藤属	无危（LC）			
1149	大芽南蛇藤	*Celastrus gemmatus*	卫矛科	南蛇藤属	无危（LC）		是	
1150	短梗南蛇藤	*Celastrus rosthornianus*	卫矛科	南蛇藤属	无危（LC）		是	
1151	粉背南蛇藤	*Celastrus hypoleucus*	卫矛科	南蛇藤属	无危（LC）		是	
1152	毛脉显柱南蛇藤	*Celastrus stylosus* var. *puberulus*	卫矛科	南蛇藤属	无危（LC）		是	
1153	过山枫	*Celastrus aculeatus*	卫矛科	南蛇藤属				
1154	大果卫矛	*Euonymus myrianthus*	卫矛科	卫矛属	无危（LC）		是	
1155	冬青卫矛	*Euonymus japonicus*	卫矛科	卫矛属				
1156	扶芳藤	*Euonymus fortunei*	卫矛科	卫矛属				
1157	棘刺卫矛	*Euonymus echinatus*	卫矛科	卫矛属	无危（LC）			
1158	肉花卫矛	*Euonymus carnosus*	卫矛科	卫矛属	无危（LC）			
1159	疏花卫矛	*Euonymus laxiflorus*	卫矛科	卫矛属	无危（LC）			
1160	卫矛	*Euonymus alatus*	卫矛科	卫矛属				
1161	苦条枫	*Acer tataricum* subsp. *theiferum*	无患子科	槭属	无危（LC）		是	
1162	青榨槭	*Acer davidii*	无患子科	槭属				
1163	三角槭*	*Acer buergerianum*	无患子科	槭属				
1164	秀丽槭	*Acer elegantulum*	无患子科	槭属	无危（LC）		是	
1165	紫果槭	*Acer cordatum*	无患子科	槭属				
1166	复羽叶栾树*	*Koelreuteria bipinnata*	无患子科	栾属				
1167	无患子*	*Sapindus saponaria*	无患子科	无患子属	无危（LC）			
1168	茶荚蒾	*Viburnum setigerum*	五福花科	荚蒾属	无危（LC）		是	
1169	光萼荚蒾	*Viburnum formosanum* subsp. *leiogynum*	五福花科	荚蒾属	无危（LC）		是	
1170	壶花荚蒾	*Viburnum urceolatum*	五福花科	荚蒾属	无危（LC）			
1171	荚蒾	*Viburnum dilatatum*	五福花科	荚蒾属	无危（LC）			
1172	具毛常绿荚蒾	*Viburnum sempervirens* var. *trichophorum*	五福花科	荚蒾属	无危（LC）		是	
1173	毛枝金腺荚蒾	*Viburnum chunii* var. *piliferum*	五福花科	荚蒾属				
1174	南方荚蒾	*Viburnum fordiae*	五福花科	荚蒾属	无危（LC）		是	
1175	披针叶荚蒾	*Viburnum lancifolium*	五福花科	荚蒾属	无危（LC）		是	
1176	球核荚蒾	*Viburnum propinquum*	五福花科	荚蒾属	无危（LC）		是	

序号	中文名	学名	科名	属名	濒危等级	保护等级	中国特有种	外来入侵种
1177	绣球荚蒾	*Viburnum macrocephalum*	五福花科	荚蒾属				
1178	宜昌荚蒾	*Viburnum erosum*	五福花科	荚蒾属	无危（LC）			
1179	接骨草	*Sambucus javanica*	五福花科	接骨木属	无危（LC）			
1180	常春藤	*Hedera nepalensis* var. *sinensis*	五加科	常春藤属	无危（LC）			
1181	鹅掌柴*	*Schefflera heptaphylla*	五加科	南鹅掌柴属	无危（LC）			
1182	树参	*Dendropanax dentiger*	五加科	树参属	无危（LC）			
1183	棘茎楤木	*Aralia echinocaulis*	五加科	楤木属	无危（LC）		是	
1184	黄毛楤木	*Aralia chinensis*	五加科	楤木属	无危（LC）		是	
1185	头序楤木	*Aralia dasyphylla*	五加科	楤木属	无危（LC）			
1186	长梗天胡荽	*Hydrocotyle ramiflora*	五加科	天胡荽属	近危（NT）			
1187	红马蹄草	*Hydrocotyle nepalensis*	五加科	天胡荽属	无危（LC）			
1188	南美天胡荽*	*Hydrocotyle verticillata*	五加科	天胡荽属				
1189	天胡荽	*Hydrocotyle sibthorpioides*	五加科	天胡荽属				
1190	白簕	*Eleutherococcus trifoliatus*	五加科	五加属				
1191	吴茱萸五加	*Gamblea ciliata* var. *evodiifolia*	五加科	萸叶五加属	易危（VU）			
1192	厚叶红淡比	*Cleyera pachyphylla*	五列木科	红淡比属	无危（LC）		是	
1193	厚皮香	*Ternstroemia gymnanthera*	五列木科	厚皮香属	无危（LC）			
1194	翅柃	*Eurya alata*	五列木科	柃属	无危（LC）		是	
1195	格药柃	*Eurya muricata*	五列木科	柃属	无危（LC）		是	
1196	尖萼毛柃	*Eurya acutisepala*	五列木科	柃属	无危（LC）		是	
1197	金叶细枝柃	*Eurya loquaiana* var. *aureopunctata*	五列木科	柃属	无危（LC）		是	
1198	微毛柃	*Eurya hebeclados*	五列木科	柃属	无危（LC）		是	
1199	细枝柃	*Eurya loquaiana*	五列木科	柃属	无危（LC）		是	
1200	岩柃	*Eurya saxicola*	五列木科	柃属	无危（LC）		是	
1201	窄基红褐柃	*Eurya rubiginosa* var. *attenuata*	五列木科	柃属	无危（LC）		是	
1202	大萼杨桐	*Adinandra glischroloma* var. *macrosepala*	五列木科	杨桐属	无危（LC）		是	
1203	杨桐	*Adinandra millettii*	五列木科	杨桐属	无危（LC）			
1204	红毒茴	*Illicium lanceolatum*	五味子科	八角属	无危（LC）		是	
1205	南五味子	*Kadsura longipedunculata*	五味子科	冷饭藤属	无危（LC）		是	
1206	华中五味子	*Schisandra sphenanthera*	五味子科	五味子属	数据缺乏（DD）		是	
1207	绿叶五味子	*Schisandra arisanensis* subsp. *viridis*	五味子科	五味子属				
1208	翼梗五味子	*Schisandra henryi*	五味子科	五味子属	无危（LC）			
1209	火龙果*	*Hylocereus undulatus*	仙人掌科	量天尺属				
1210	仙人掌*	*Opuntia dilleni*	仙人掌科	仙人掌属				

序号	中文名	学名	科名	属名	濒危等级	保护等级	中国特有种	外来入侵种
1211	蟹爪兰*	*Zygocactus truncata*	仙人掌科	蟹爪兰属				
1212	莲子草	*Alternanthera sessilis*	苋科	莲子草属				
1213	喜旱莲子草	*Alternanthera philoxeroides*	苋科	莲子草属				是
1214	红柳叶牛膝	*Achyranthes longifolia* f. *rubra*	苋科	牛膝属				
1215	柳叶牛膝	*Achyranthes longifolia*	苋科	牛膝属	无危（LC）			
1216	牛膝	*Achyranthes bidentata*	苋科	牛膝属				
1217	土牛膝	*Achyranthes aspera*	苋科	牛膝属				
1218	千日红*	*Gomphrena globosa*	苋科	千日红属				
1219	鸡冠花	*Celosia cristata*	苋科	青葙属				
1220	青葙	*Celosia argentea*	苋科	青葙属				是
1221	地肤*	*Bassia scoparia*	苋科	沙冰藜属				
1222	厚皮菜*	*Beta vulgaris* var. *cicla*	苋科	甜菜属				
1223	凹头苋	*Amaranthus lividus*	苋科	苋属				
1224	刺苋	*Amaranthus spinosus*	苋科	苋属				是
1225	反枝苋	*Amaranthus retroflexus*	苋科	苋属				是
1226	苋*	*Amaranthus tricolor*	苋科	苋属				是
1227	土荆芥	*Dysphania ambrosioides*	苋科	腺毛藜属				是
1228	八角莲	*Dysosma versipellis*	小檗科	鬼臼属	易危（VU）	二级	是	
1229	六角莲	*Dysosma pleiantha*	小檗科	鬼臼属	近危（NT）	二级	是	
1230	南天竹	*Nandina domestica*	小檗科	南天竹属				
1231	阔叶十大功劳	*Mahonia bealei*	小檗科	十大功劳属				
1232	假豪猪刺	*Berberis soulieana*	小檗科	小檗属	无危（LC）		是	
1233	朝鲜淫羊藿	*Epimedium koreanum*	小檗科	淫羊藿属	近危（NT）			
1234	小二仙草	*Gonocarpus micranthus*	小二仙草科	小二仙草属				
1235	冠盖藤	*Pileostegia viburnoides*	绣球花科	冠盖藤属	无危（LC）			
1236	宁波溲疏	*Deutzia ningpoensis*	绣球花科	溲疏属	无危（LC）		是	
1237	蜡莲绣球	*Hydrangea strigosa*	绣球花科	绣球属	无危（LC）		是	
1238	绣球*	*Hydrangea macrophylla*	绣球花科	绣球属				
1239	圆锥绣球	*Hydrangea paniculata*	绣球花科	绣球属	无危（LC）			
1240	中国绣球	*Hydrangea chinensis*	绣球花科	绣球属	无危（LC）			
1241	蛛网萼	*Platycrater arguta*	绣球花科	蛛网萼属	无危（LC）	二级		
1242	钻地风	*Schizophragma integrifolium*	绣球花科	钻地风属	无危（LC）		是	
1243	番薯*	*Ipomoea batatas*	旋花科	虎掌藤属				
1244	瘤梗番薯	*Ipomoea lacunosa*	旋花科	虎掌藤属				
1245	三裂叶薯	*Ipomoea triloba*	旋花科	虎掌藤属	无危（LC）			
1246	五爪金龙	*Ipomoea cairica*	旋花科	虎掌藤属	无危（LC）			是

序号	中文名	学名	科名	属名	濒危等级	保护等级	中国特有种	外来入侵种
1247	羽叶茑萝*	*Quamoclit pinnata*	旋花科	茑萝属				
1248	醉鱼草	*Buddleja lindleyana*	玄参科	醉鱼草属	无危（LC）		是	
1249	二球悬铃木*	*Platanus acerifolia*	悬铃木科	悬铃木属				
1250	南川柳	*Salix rosthornii*	杨柳科	柳属	无危（LC）		是	
1251	银叶柳	*Salix chienii*	杨柳科	柳属	无危（LC）		是	
1252	山桐子	*Idesia polycarpa*	杨柳科	山桐子属	无危（LC）			
1253	加杨*	*Populus canadensis*	杨柳科	杨属				
1254	杨梅	*Myrica rubra*	杨梅科	香杨梅属	无危（LC）			
1255	异药花	*Fordiophyton faberi*	野牡丹科	肥肉草属	无危（LC）		是	
1256	短毛熊巴掌	*Phyllagathis cavaleriei* var. *tankahkeei*	野牡丹科	锦香草属				
1257	楮头红	*Sarcopyramis nepalensis*	野牡丹科	肉穗草属				
1258	过路惊	*Bredia amoena*	野牡丹科	野海棠属	无危（LC）		是	
1259	鸭脚茶	*Bredia sinensis*	野牡丹科	野海棠属	无危（LC）		是	
1260	地菍	*Melastoma dodecandrum*	野牡丹科	野牡丹属	无危（LC）			
1261	日本五月茶	*Antidesma japonicum*	叶下珠科	五月茶属	无危（LC）			
1262	蜜甘草	*Phyllanthus ussuriensis*	叶下珠科	叶下珠属				
1263	青灰叶下珠	*Phyllanthus glaucus*	叶下珠科	叶下珠属	无危（LC）			
1264	叶下珠	*Phyllanthus urinaria*	叶下珠科	叶下珠属				
1265	博落回	*Macleaya cordata*	罂粟科	博落回属				
1266	血水草	*Eomecon chionantha*	罂粟科	血水草属	无危（LC）		是	
1267	夏天无	*Corydalis decumbens*	罂粟科	紫堇属				
1268	小花黄堇	*Corydalis racemosa*	罂粟科	紫堇属				
1269	黄堇	*Corydalis pallida*	罂粟科	紫堇属				
1270	凤眼蓝	*Eichhornia crassipes*	雨久花科	凤眼蓝属				是
1271	鸭舌草	*Monochoria vaginalis*	雨久花科	雨久花属				
1272	杭州榆	*Ulmus changii*	榆科	榆属	无危（LC）		是	
1273	臭常山	*Orixa japonica*	芸香科	臭常山属	无危（LC）			
1274	柑橘	*Citrus reticulata*	芸香科	柑橘属	无危（LC）			
1275	柠檬*	*Citrus × limon*	芸香科	柑橘属				
1276	柚*	*Citrus maxima*	芸香科	柑橘属				
1277	椿叶花椒	*Zanthoxylum ailanthoides*	芸香科	花椒属	无危（LC）			
1278	胡椒木*	*Zanthoxylum piperitum*	芸香科	花椒属				
1279	花椒簕	*Zanthoxylum scandens*	芸香科	花椒属	无危（LC）			
1280	金柑*	*Fortunella margarita*	芸香科	金橘属	濒危（EN）		是	
1281	臭节草	*Boenninghausenia albiflora*	芸香科	石椒草属	无危（LC）			

序号	中文名	学名	科名	属名	濒危等级	保护等级	中国特有种	外来入侵种
1282	棟叶吴萸	*Tetradium glabrifolium*	芸香科	吴茱萸属	无危（LC）			
1283	吴茱萸	*Tetradium ruticarpum*	芸香科	吴茱萸属	无危（LC）			
1284	茵芋	*Skimmia reevesiana*	芸香科	茵芋属	无危（LC）			
1285	狭叶香港远志	*Polygala hongkongensis* var. *stenophylla*	远志科	远志属	无危（LC）		是	
1286	檫木	*Sassafras tzumu*	樟科	檫木属				
1287	豹皮樟	*Litsea coreana* var. *sinensis*	樟科	木姜子属	无危（LC）		是	
1288	山鸡椒	*Litsea cubeba*	樟科	木姜子属	无危（LC）			
1289	木姜子	*Litsea pungens*	樟科	木姜子属	无危（LC）		是	
1290	樟	*Cinnamomum camphora*	樟科	樟属	无危（LC）			
1291	华南桂	*Cinnamomum austrosinense*	樟科	樟属	无危（LC）		是	
1292	天竺桂	*Cinnamomum japonicum*	樟科	樟属	易危（VU）	二级		
1293	三桠乌药	*Lindera obtusiloba*	樟科	山胡椒属	无危（LC）			
1294	山胡椒	*Lindera glauca*	樟科	山胡椒属	无危（LC）			
1295	狭叶山胡椒	*Lindera angustifolia*	樟科	山胡椒属	无危（LC）			
1296	红果山胡椒	*Lindera erythrocarpa*	樟科	山胡椒属	无危（LC）			
1297	红脉钓樟	*Lindera rubronervia*	樟科	山胡椒属	无危（LC）		是	
1298	绿叶甘橿	*Lindera neesiana*	樟科	山胡椒属	无危（LC）			
1299	乌药	*Lindera aggregata*	樟科	山胡椒属	无危（LC）			
1300	山橿	*Lindera reflexa*	樟科	山胡椒属	无危（LC）		是	
1301	浙江楠	*Phoebe chekiangensis*	樟科	楠属	易危（VU）	二级	是	
1302	紫楠	*Phoebe sheareri*	樟科	楠属	无危（LC）			
1303	凤凰润楠	*Machilus phoenicis*	樟科	润楠属	无危（LC）		是	
1304	薄叶润楠	*Machilus leptophylla*	樟科	润楠属	无危（LC）		是	
1305	黄绒润楠	*Machilus grijsii*	樟科	润楠属	无危（LC）			
1306	浙江新木姜子	*Neolitsea aurata* var. *chekiangensis*	樟科	新木姜子属	无危（LC）		是	
1307	柔弱斑种草	*Bothriospermum zeylanicum*	紫草科	斑种草属				
1308	盾果草	*Thyrocarpus sampsonii*	紫草科	盾果草属				
1309	附地菜	*Trigonotis peduncularis*	紫草科	附地菜属				
1310	琉璃草	*Cynoglossum furcatum*	紫草科	琉璃草属				
1311	光叶子花*	*Bougainvillea glabra*	紫茉莉科	叶子花属				
1312	紫茉莉*	*Mirabilis jalapa*	紫茉莉科	紫茉莉属				是
1313	海南菜豆树*	*Radermachera hainanensis*	紫葳科	菜豆树属	无危（LC）			
1314	厚萼凌霄*	*Campsis radicans*	紫葳科	凌霄属				
1315	凌霄	*Campsis grandiflora*	紫葳科	凌霄属	无危（LC）			

注：未标注濒危等级的物种表示该物种未予评估。* 代表栽培种。

2. 哺乳动物名录

序号	中文名	学名	目名	科名	濒危等级	保护等级	中国特有种	外来入侵种
1	藏酋猴	*Macaca thibetana*	灵长目	猴科	易危（VU）	二级	是	
2	猕猴	*Macaca mulatta*	灵长目	猴科	无危（LC）	二级		
3	食蟹獴	*Herpestes urva*	食肉目	獴科	近危（NT）			
4	鼬獾	*Melogale moschata*	食肉目	鼬科	近危（NT）			
5	猪獾	*Arctonyx collaris*	食肉目	鼬科	近危（NT）			
6	黄鼬	*Mustela sibirica*	食肉目	鼬科	无危（LC）			
7	果子狸	*Paguma larvata*	食肉目	灵猫科	近危（NT）			
8	豹猫	*Prionailurus bengalensis*	食肉目	猫科	易危（VU）	二级		
9	野猪	*Sus scrofa*	偶蹄目	猪科	无危（LC）			
10	小麂	*Muntiacus reevesi*	偶蹄目	鹿科	易危（VU）		是	
11	黑麂	*Muntiacus crinifrons*	偶蹄目	鹿科	濒危（EN）	一级	是	
12	中华鬣羚	*Capricornis milneedwardsii*	偶蹄目	牛科	易危（VU）	二级		
13	倭花鼠	*Tamiops maritimus*	啮齿目	松鼠科	无危（LC）			
14	赤腹松鼠	*Callosciurus erythraeus*	啮齿目	松鼠科	无危（LC）			
15	白腹巨鼠	*Leopoldamys edwardsi*	啮齿目	鼠科	无危（LC）			
16	小家鼠	*Mus musculus*	啮齿目	鼠科	无危（LC）			是
17	黄毛鼠	*Rattus losea*	啮齿目	鼠科	无危（LC）			
18	针毛鼠	*Niviventer fulvescens*	啮齿目	鼠科	无危（LC）			
19	中华姬鼠	*Apodemus draco*	啮齿目	鼠科	无危（LC）			
20	北社鼠	*Niviventer confucianus*	啮齿目	鼠科	无危（LC）			
21	中国豪猪	*Hystrix hodgsoni*	啮齿目	豪猪科	无危（LC）			
22	喜马拉雅水麝鼩	*Chimarrogale himalayica*	劳亚食虫目	鼩鼱科	易危（VU）			
23	东北刺猬	*Erinaceus amurensis*	劳亚食虫目	猬科	无危（LC）			
24	华南兔	*Lepus sinensis*	兔形目	兔科	无危（LC）			
25	东亚伏翼	*Pipistrellus abramus*	翼手目	蝙蝠科	无危（LC）			
26	华南水鼠耳蝠	*Myotis laniger*	翼手目	蝙蝠科	无危（LC）			
27	中华菊头蝠	*Rhinolophus sinicus*	翼手目	菊头蝠科	无危（LC）			
28	小菊头蝠	*Rhinolophus pusillus*	翼手目	菊头蝠科	无危（LC）			
29	皮氏菊头蝠	*Rhinolophus pearsoni*	翼手目	菊头蝠科	无危（LC）			
30	大耳菊头蝠	*Rhinolophus macrotis*	翼手目	菊头蝠科	无危（LC）			
31	大蹄蝠	*Hipposideros armiger*	翼手目	蹄蝠科	无危（LC）			

3. 鸟类名录

序号	中文名	学名	目名	科名	濒危等级	保护等级	中国特有种
1	白眉山鹧鸪	*Arborophila gingica*	鸡形目	雉科	易危（VU）	二级	是
2	灰胸竹鸡	*Bambusicola thoracicus*	鸡形目	雉科	无危（LC）		是
3	黄腹角雉	*Tragopan caboti*	鸡形目	雉科	濒危（EN）	一级	是
4	勺鸡	*Pucrasia macrolopha*	鸡形目	雉科	无危（LC）	二级	
5	白鹇	*Lophura nycthemera*	鸡形目	雉科	无危（LC）	二级	
6	环颈雉	*Phasianus colchicus*	鸡形目	雉科	无危（LC）		
7	鸳鸯	*Aix galericulata*	雁形目	鸭科	近危（NT）	二级	
8	斑嘴鸭	*Anas zonorhyncha*	雁形目	鸭科	无危（LC）		
9	小䴙䴘	*Tachybaptus ruficollis*	䴙䴘目	䴙䴘科	无危（LC）		
10	山斑鸠	*Streptopelia orientalis*	鸽形目	鸠鸽科	无危（LC）		
11	珠颈斑鸠	*Streptopelia chinensis*	鸽形目	鸠鸽科	无危（LC）		
12	普通夜鹰	*Caprimulgus indicus*	夜鹰目	夜鹰科	无危（LC）		
13	小白腰雨燕	*Apus nipalensis*	夜鹰目	雨燕科	无危（LC）		
14	红翅凤头鹃	*Clamator coromandus*	鹃形目	杜鹃科	无危（LC）		
15	大鹰鹃	*Hierococcyx sparverioides*	鹃形目	杜鹃科	无危（LC）		
16	小杜鹃	*Cuculus poliocephalus*	鹃形目	杜鹃科	无危（LC）		
17	中杜鹃	*Cuculus saturatus*	鹃形目	杜鹃科	无危（LC）		
18	红脚田鸡	*Zapornia akool*	鹤形目	秧鸡科	无危（LC）		
19	白胸苦恶鸟	*Amaurornis phoenicurus*	鹤形目	秧鸡科	无危（LC）		
20	黑水鸡	*Gallinula chloropus*	鹤形目	秧鸡科	无危（LC）		
21	长嘴剑鸻	*Charadrius placidus*	鸻形目	鸻科	近危（NT）		
22	金眶鸻	*Charadrius dubius*	鸻形目	鸻科	无危（LC）		
23	白腰草鹬	*Tringa ochropus*	鸻形目	鹬科	无危（LC）		
24	矶鹬	*Actitis hypoleucos*	鸻形目	鹬科	无危（LC）		
25	普通鸬鹚	*Phalacrocorax carbo*	鲣鸟目	鸬鹚科	无危（LC）		
26	栗苇鳽	*Ixobrychus cinnamomeus*	鹈形目	鹭科	无危（LC）		
27	夜鹭	*Nycticorax nycticorax*	鹈形目	鹭科	无危（LC）		
28	绿鹭	*Butorides striata*	鹈形目	鹭科	无危（LC）		
29	池鹭	*Ardeola bacchus*	鹈形目	鹭科	无危（LC）		
30	牛背鹭	*Bubulcus ibis*	鹈形目	鹭科	无危（LC）		
31	苍鹭	*Ardea cinerea*	鹈形目	鹭科	无危（LC）		
32	中白鹭	*Ardea intermedia*	鹈形目	鹭科	无危（LC）		
33	白鹭	*Egretta garzetta*	鹈形目	鹭科	无危（LC）		
34	黑翅鸢	*Elanus caeruleus*	鹰形目	鹰科	近危（NT）	二级	
35	黑冠鹃隼	*Aviceda leuphotes*	鹰形目	鹰科	无危（LC）	二级	
36	蛇雕	*Spilornis cheela*	鹰形目	鹰科	近危（NT）	二级	
37	鹰雕	*Nisaetus nipalensis*	鹰形目	鹰科	近危（NT）	二级	

序号	中文名	学名	目名	科名	濒危等级	保护等级	中国特有种
38	林雕	*Ictinaetus malaiensis*	鹰形目	鹰科	易危（VU）	二级	
39	凤头鹰	*Accipiter trivirgatus*	鹰形目	鹰科	近危（NT）	二级	
40	赤腹鹰	*Accipiter soloensis*	鹰形目	鹰科	无危（LC）	二级	
41	松雀鹰	*Accipiter virgatus*	鹰形目	鹰科	无危（LC）	二级	
42	雀鹰	*Accipiter nisus*	鹰形目	鹰科	无危（LC）	二级	
43	普通鵟	*Buteo japonicus*	鹰形目	鹰科	无危（LC）	二级	
44	黄嘴角鸮	*Otus spilocephalus*	鸮形目	鸱鸮科	近危（NT）	二级	
45	领角鸮	*Otus lettia*	鸮形目	鸱鸮科	无危（LC）	二级	
46	红角鸮	*Otus sunia*	鸮形目	鸱鸮科	无危（LC）	二级	
47	雕鸮	*Bubo bubo*	鸮形目	鸱鸮科	近危（NT）	二级	
48	褐林鸮	*Strix leptogrammica*	鸮形目	鸱鸮科	近危（NT）	二级	
49	领鸺鹠	*Glaucidium brodiei*	鸮形目	鸱鸮科	无危（LC）	二级	
50	斑头鸺鹠	*Glaucidium cuculoides*	鸮形目	鸱鸮科	无危（LC）	二级	
51	日本鹰鸮	*Ninox japonica*	鸮形目	鸱鸮科	数据缺乏（DD）	二级	
52	红头咬鹃	*Harpactes erythrocephalus*	咬鹃目	咬鹃科	近危（NT）	二级	
53	戴胜	*Upupa epops*	犀鸟目	戴胜科	无危（LC）		
54	蓝喉蜂虎	*Merops viridis*	佛法僧目	蜂虎科	无危（LC）	二级	
55	三宝鸟	*Eurystomus orientalis*	佛法僧目	佛法僧科	无危（LC）		
56	普通翠鸟	*Alcedo atthis*	佛法僧目	翠鸟科	无危（LC）		
57	冠鱼狗	*Megaceryle lugubris*	佛法僧目	翠鸟科	无危（LC）		
58	大拟啄木鸟	*Psilopogon virens*	啄木鸟目	拟啄木鸟科	无危（LC）		
59	黑眉拟啄木鸟	*Psilopogon faber*	啄木鸟目	拟啄木鸟科	无危（LC）		
60	斑姬啄木鸟	*Picumnus innominatus*	啄木鸟目	啄木鸟科	无危（LC）		
61	星头啄木鸟	*Dendrocopos canicapillus*	啄木鸟目	啄木鸟科	无危（LC）		
62	大斑啄木鸟	*Dendrocopos major*	啄木鸟目	啄木鸟科	无危（LC）		
63	灰头绿啄木鸟	*Picus canus*	啄木鸟目	啄木鸟科	无危（LC）		
64	黄嘴栗啄木鸟	*Blythipicus pyrrhotis*	啄木鸟目	啄木鸟科	无危（LC）		
65	红隼	*Falco tinnunculus*	隼形目	隼科	无危（LC）	二级	
66	白腹凤鹛	*Erpornis zantholeuca*	雀形目	莺雀科	无危（LC）		
67	红翅鵙鹛	*Pteruthius aeralatus*	雀形目	莺雀科	无危（LC）		
68	淡绿鵙鹛	*Pteruthius xanthochlorus*	雀形目	莺雀科	近危（NT）		
69	小灰山椒鸟	*Pericrocotus cantonensis*	雀形目	山椒鸟科	无危（LC）		
70	灰喉山椒鸟	*Pericrocotus solaris*	雀形目	山椒鸟科	无危（LC）		
71	赤红山椒鸟	*Pericrocotus flammeus*	雀形目	山椒鸟科	无危（LC）		
72	黑卷尾	*Dicrurus macrocercus*	雀形目	卷尾科	无危（LC）		
73	发冠卷尾	*Dicrurus hottentottus*	雀形目	卷尾科	无危（LC）		
74	牛头伯劳	*Lanius bucephalus*	雀形目	伯劳科	无危（LC）		
75	红尾伯劳	*Lanius cristatus*	雀形目	伯劳科	无危（LC）		
76	棕背伯劳	*Lanius schach*	雀形目	伯劳科	无危（LC）		
77	松鸦	*Garrulus glandarius*	雀形目	鸦科	无危（LC）		

序号	中文名	学名	目名	科名	濒危等级	保护等级	中国特有种
78	红嘴蓝鹊	*Urocissa erythroryncha*	雀形目	鸦科	无危（LC）		
79	灰树鹊	*Dendrocitta formosae*	雀形目	鸦科	无危（LC）		
80	喜鹊	*Pica pica*	雀形目	鸦科	无危（LC）		
81	大嘴乌鸦	*Corvus macrorhynchos*	雀形目	鸦科	无危（LC）		
82	冕雀	*Melanochlora sultanea*	雀形目	山雀科	数据缺乏（DD）		
83	煤山雀	*Periparus ater*	雀形目	山雀科	无危（LC）		
84	黄腹山雀	*Pardaliparus venustulus*	雀形目	山雀科	无危（LC）		是
85	大山雀	*Parus cinereus*	雀形目	山雀科	无危（LC）		
86	黄颊山雀	*Machlolophus spilonotus*	雀形目	山雀科	无危（LC）		
87	棕扇尾莺	*Cisticola juncidis*	雀形目	扇尾莺科	无危（LC）		
88	黄腹山鹪莺	*Prinia flaviventris*	雀形目	扇尾莺科	无危（LC）		
89	纯色山鹪莺	*Prinia inornata*	雀形目	扇尾莺科	无危（LC）		
90	小鳞胸鹪鹛	*Pnoepyga pusilla*	雀形目	鳞胸鹪鹛科	无危（LC）		
91	高山短翅蝗莺	*Locustella mandelli*	雀形目	蝗莺科	无危（LC）		
92	棕褐短翅蝗莺	*Locustella luteoventris*	雀形目	蝗莺科	无危（LC）		
93	家燕	*Hirundo rustica*	雀形目	燕科	无危（LC）		
94	毛脚燕	*Delichon urbicum*	雀形目	燕科	无危（LC）		
95	烟腹毛脚燕	*Delichon dasypus*	雀形目	燕科	无危（LC）		
96	金腰燕	*Cecropis daurica*	雀形目	燕科	无危（LC）		
97	领雀嘴鹎	*Spizixos semitorques*	雀形目	鹎科	无危（LC）		
98	黄臀鹎	*Pycnonotus xanthorrhous*	雀形目	鹎科	无危（LC）		
99	白头鹎	*Pycnonotus sinensis*	雀形目	鹎科	无危（LC）		
100	绿翅短脚鹎	*Ixos mcclellandii*	雀形目	鹎科	无危（LC）		
101	黑短脚鹎	*Hypsipetes leucocephalus*	雀形目	鹎科	无危（LC）		
102	栗背短脚鹎	*Hemixos castanonotus*	雀形目	鹎科	无危（LC）		
103	褐柳莺	*Phylloscopus fuscatus*	雀形目	柳莺科	无危（LC）		
104	棕腹柳莺	*Phylloscopus subaffinis*	雀形目	柳莺科	无危（LC）		
105	黄腰柳莺	*Phylloscopus proregulus*	雀形目	柳莺科	无危（LC）		
106	黄眉柳莺	*Phylloscopus inornatus*	雀形目	柳莺科	无危（LC）		
107	极北柳莺	*Phylloscopus borealis*	雀形目	柳莺科	无危（LC）		
108	冕柳莺	*Phylloscopus coronatus*	雀形目	柳莺科	无危（LC）		
109	华南冠纹柳莺	*Phylloscopus goodsoni*	雀形目	柳莺科	数据缺乏（DD）		
110	黑眉柳莺	*Phylloscopus ricketti*	雀形目	柳莺科	无危（LC）		
111	白眶鹟莺	*Seicercus affinis*	雀形目	柳莺科	无危（LC）		
112	灰冠鹟莺	*Seicercus tephrocephalus*	雀形目	柳莺科	无危（LC）		
113	比氏鹟莺	*Seicercus valentini*	雀形目	柳莺科	无危（LC）		
114	栗头鹟莺	*Seicercus castaniceps*	雀形目	柳莺科	无危（LC）		
115	棕脸鹟莺	*Abroscopus albogularis*	雀形目	树莺科	无危（LC）		
116	强脚树莺	*Horornis fortipes*	雀形目	树莺科	无危（LC）		
117	红头长尾山雀	*Aegithalos concinnus*	雀形目	长尾山雀科	无危（LC）		

序号	中文名	学名	目名	科名	濒危等级	保护等级	中国特有种
118	棕头鸦雀	*Sinosuthora webbiana*	雀形目	莺鹛科	无危（LC）		
119	短尾鸦雀	*Neosuthora davidiana*	雀形目	莺鹛科	近危（NT）	二级	
120	灰头鸦雀	*Psittiparus gularis*	雀形目	莺鹛科	无危（LC）		
121	栗耳凤鹛	*Yuhina castaniceps*	雀形目	绣眼鸟科	无危（LC）		
122	黑颏凤鹛	*Yuhina nigrimenta*	雀形目	绣眼鸟科	无危（LC）		
123	暗绿绣眼鸟	*Zosterops simplex*	雀形目	绣眼鸟科	无危（LC）		
124	华南斑胸钩嘴鹛	*Erythrogenys swinhoei*	雀形目	林鹛科	数据缺乏（DD）		是
125	棕颈钩嘴鹛	*Pomatorhinus ruficollis*	雀形目	林鹛科	无危（LC）		
126	红头穗鹛	*Cyanoderma ruficeps*	雀形目	林鹛科	无危（LC）		
127	褐顶雀鹛	*Schoeniparus brunneus*	雀形目	幽鹛科	无危（LC）		
128	灰眶雀鹛	*Alcippe morrisonia*	雀形目	幽鹛科	无危（LC）		
129	画眉	*Garrulax canorus*	雀形目	噪鹛科	近危（NT）	二级	
130	黑脸噪鹛	*Garrulax perspicillatus*	雀形目	噪鹛科	无危（LC）		
131	灰翅噪鹛	*Garrulax cineraceus*	雀形目	噪鹛科	无危（LC）		
132	小黑领噪鹛	*Garrulax monileger*	雀形目	噪鹛科	无危（LC）		
133	黑领噪鹛	*Garrulax pectoralis*	雀形目	噪鹛科	无危（LC）		
134	红嘴相思鸟	*Leiothrix lutea*	雀形目	噪鹛科	无危（LC）	二级	
135	褐河乌	*Cinclus pallasii*	雀形目	河乌科	无危（LC）		
136	八哥	*Acridotheres cristatellus*	雀形目	椋鸟科	无危（LC）		
137	丝光椋鸟	*Spodiopsar sericeus*	雀形目	椋鸟科	无危（LC）		
138	灰椋鸟	*Spodiopsar cineraceus*	雀形目	椋鸟科	无危（LC）		
139	黑领椋鸟	*Gracupica nigricollis*	雀形目	椋鸟科	无危（LC）		
140	白眉地鸫	*Geokichla sibirica*	雀形目	鸫科	无危（LC）		
141	虎斑地鸫	*Zoothera aurea*	雀形目	鸫科	无危（LC）		
142	乌鸫	*Turdus mandarinus*	雀形目	鸫科	无危（LC）		是
143	白眉鸫	*Turdus obscurus*	雀形目	鸫科	无危（LC）		
144	白腹鸫	*Turdus pallidus*	雀形目	鸫科	无危（LC）		
145	斑鸫	*Turdus eunomus*	雀形目	鸫科	无危（LC）		
146	红尾歌鸲	*Larvivora sibilans*	雀形目	鹟科	无危（LC）		
147	红胁蓝尾鸲	*Tarsiger cyanurus*	雀形目	鹟科	无危（LC）		
148	鹊鸲	*Copsychus saularis*	雀形目	鹟科	无危（LC）		
149	北红尾鸲	*Phoenicurus auroreus*	雀形目	鹟科	无危（LC）		
150	红尾水鸲	*Rhyacornis fuliginosa*	雀形目	鹟科	无危（LC）		
151	紫啸鸫	*Myophonus caeruleus*	雀形目	鹟科	无危（LC）		
152	小燕尾	*Enicurus scouleri*	雀形目	鹟科	无危（LC）		
153	灰背燕尾	*Enicurus schistaceus*	雀形目	鹟科	无危（LC）		
154	白额燕尾	*Enicurus leschenaulti*	雀形目	鹟科	无危（LC）		
155	斑背燕尾	*Enicurus maculatus*	雀形目	鹟科	无危（LC）		
156	黑喉石䳭	*Saxicola maurus*	雀形目	鹟科	无危（LC）		
157	灰林䳭	*Saxicola ferreus*	雀形目	鹟科	无危（LC）		

序号	中文名	学名	目名	科名	濒危等级	保护等级	中国特有种
158	栗腹矶鸫	*Monticola rufiventris*	雀形目	鹟科	无危（LC）		
159	乌鹟	*Muscicapa sibirica*	雀形目	鹟科	无危（LC）		
160	灰纹鹟	*Muscicapa griseisticta*	雀形目	鹟科	无危（LC）		
161	北灰鹟	*Muscicapa dauurica*	雀形目	鹟科	无危（LC）		
162	白眉姬鹟	*Ficedula zanthopygia*	雀形目	鹟科	无危（LC）		
163	黄眉姬鹟	*Ficedula narcissina*	雀形目	鹟科	无危（LC）		
164	鸲姬鹟	*Ficedula mugimaki*	雀形目	鹟科	无危（LC）		
165	白腹蓝鹟	*Cyanoptila cyanomelana*	雀形目	鹟科	无危（LC）		
166	白喉林鹟	*Cyornis brunneatus*	雀形目	鹟科	易危（VU）	二级	
167	棕腹大仙鹟	*Niltava davidi*	雀形目	鹟科	无危（LC）	二级	
168	小仙鹟	*Niltava macgrigoriae*	雀形目	鹟科	无危（LC）		
169	丽星鹩鹛	*Elachura formosa*	雀形目	丽星鹩鹛科	近危（NT）		
170	橙腹叶鹎	*Chloropsis hardwickii*	雀形目	叶鹎科	无危（LC）		
171	叉尾太阳鸟	*Aethopyga christinae*	雀形目	花蜜鸟科	无危（LC）		
172	白腰文鸟	*Lonchura striata*	雀形目	梅花雀科	无危（LC）		
173	斑文鸟	*Lonchura punctulata*	雀形目	梅花雀科	无危（LC）		
174	山麻雀	*Passer cinnamomeus*	雀形目	雀科	无危（LC）		
175	麻雀	*Passer montanus*	雀形目	雀科	无危（LC）		
176	黄鹡鸰	*Motacilla tschutschensis*	雀形目	鹡鸰科	无危（LC）		
177	灰鹡鸰	*Motacilla cinerea*	雀形目	鹡鸰科	无危（LC）		
178	白鹡鸰	*Motacilla alba*	雀形目	鹡鸰科	无危（LC）		
179	田鹨	*Anthus richardi*	雀形目	鹡鸰科	无危（LC）		
180	树鹨	*Anthus hodgsoni*	雀形目	鹡鸰科	无危（LC）		
181	黄腹鹨	*Anthus rubescens*	雀形目	鹡鸰科	无危（LC）		
182	水鹨	*Anthus spinoletta*	雀形目	鹡鸰科	无危（LC）		
183	山鹨	*Anthus sylvanus*	雀形目	鹡鸰科	无危（LC）		
184	燕雀	*Fringilla montifringilla*	雀形目	燕雀科	无危（LC）		
185	褐灰雀	*Pyrrhula nipalensis*	雀形目	燕雀科	无危（LC）		
186	金翅雀	*Chloris sinica*	雀形目	燕雀科	无危（LC）		
187	凤头鹀	*Melophus lathami*	雀形目	鹀科	无危（LC）		
188	三道眉草鹀	*Emberiza cioides*	雀形目	鹀科	无危（LC）		
189	白眉鹀	*Emberiza tristrami*	雀形目	鹀科	近危（NT）		
190	栗耳鹀	*Emberiza fucata*	雀形目	鹀科	无危（LC）		
191	小鹀	*Emberiza pusilla*	雀形目	鹀科	无危（LC）		
192	黄眉鹀	*Emberiza chrysophrys*	雀形目	鹀科	无危（LC）		
193	田鹀	*Emberiza rustica*	雀形目	鹀科	无危（LC）		
194	栗鹀	*Emberiza rutila*	雀形目	鹀科	无危（LC）		
195	灰头鹀	*Emberiza spodocephala*	雀形目	鹀科	无危（LC）		

4. 两栖动物名录

序号	中文名	学名	目名	科名	濒危等级	保护等级	中国特有种
1	秉志肥螈	*Pachytriton granulosus*	有尾目	蝾螈科	数据缺乏（DD）		是
2	崇安髭蟾	*Vibrissaphora liui*	无尾目	角蟾科	近危（NT）		是
3	福建掌突蟾	*Leptolalax liui*	无尾目	角蟾科	无危（LC）		是
4	淡肩角蟾	*Megophrys boettgeri*	无尾目	角蟾科	无危（LC）		是
5	中华蟾蜍	*Bufo gargarizans*	无尾目	蟾蜍科	无危（LC）		
6	黑眶蟾蜍	*Duttaphrynus melanostictus*	无尾目	蟾蜍科	无危（LC）		
7	中国雨蛙	*Hyla chinensis*	无尾目	雨蛙科	无危（LC）		
8	三港雨蛙	*Hyla sanchiangensis*	无尾目	雨蛙科	无危（LC）		是
9	镇海林蛙	*Rana zhenhaiensis*	无尾目	蛙科	无危（LC）		是
10	黑斑侧褶蛙	*Pelophylax nigromaculatus*	无尾目	蛙科	近危（NT）		
11	弹琴蛙	*Babina adenopleura*	无尾目	蛙科	无危（LC）		
12	沼水蛙	*Hylarana guentheri*	无尾目	蛙科	无危（LC）		
13	阔褶水蛙	*Hylarana latouchii*	无尾目	蛙科	无危（LC）		是
14	小竹叶蛙	*Odorrana exiliversabilis*	无尾目	蛙科	近危（NT）		是
15	大绿臭蛙	*Odorrana graminea*	无尾目	蛙科	无危（LC）		
16	天目臭蛙	*Odorrana tianmuii*	无尾目	蛙科	无危（LC）		是
17	华南湍蛙	*Amolops ricketti*	无尾目	蛙科	无危（LC）		
18	武夷湍蛙	*Amolops wuyiensis*	无尾目	蛙科	无危（LC）		是
19	泽陆蛙	*Fejervarya multistriata*	无尾目	叉舌蛙科	无危（LC）		
20	福建大头蛙	*Limnonectes fujianensis*	无尾目	叉舌蛙科	近危（NT）		是
21	虎纹蛙	*Hoplobatrachus chinensis*	无尾目	叉舌蛙科	濒危（EN）	二级	
22	小棘蛙	*Quasipaa exilispinosa*	无尾目	叉舌蛙科	易危（VU）		是
23	九龙棘蛙	*Quasipaa jiulongensis*	无尾目	叉舌蛙科	易危（VU）		是
24	棘胸蛙	*Quasipaa spinosa*	无尾目	叉舌蛙科	易危（VU）		
25	大树蛙	*Zhangixalus dennysi*	无尾目	树蛙科	无危（LC）		
26	布氏泛树蛙	*Polypedates braueri*	无尾目	树蛙科	无危（LC）		
27	小弧斑姬蛙	*Microhyla heymonsi*	无尾目	姬蛙科	无危（LC）		
28	饰纹姬蛙	*Microhyla fissipes*	无尾目	姬蛙科	无危（LC）		
29	北仑姬蛙	*Microhyla beilunensis*	无尾目	姬蛙科	暂未评估（NE）		是

5. 爬行动物名录

序号	中文名	学名	目名	科名	濒危等级	保护等级	中国特有种
1	铅山壁虎	*Gekko hokouensis*	有鳞目	壁虎科	无危（LC）		
2	宁波滑蜥	*Scincella modesta*	有鳞目	石龙子科	无危（LC）		是

序号	中文名	学名	目名	科名	濒危等级	保护等级	中国特有种
3	蓝尾石龙子	*Plestiodon elegans*	有鳞目	石龙子科	无危（LC）		
4	中国石龙子	*Plestiodon chinensis*	有鳞目	石龙子科	无危（LC）		
5	铜蜓蜥	*Sphenomorphus indicus*	有鳞目	石龙子科	无危（LC）		
6	股鳞蜓蜥	*Sphenomorphus incognitus*	有鳞目	石龙子科	近危（NT）		
7	崇安草蜥	*Takydromus sylvaticus*	有鳞目	蜥蜴科	濒危（EN）		是
8	北草蜥	*Takydromus septentrionalis*	有鳞目	蜥蜴科	无危（LC）		是
9	福建钝头蛇	*Pareas stanleyi*	有鳞目	钝头蛇科	易危（VU）		是
10	台湾钝头蛇	*Pareas formosensis*	有鳞目	钝头蛇科	近危（NT）		是
11	海南闪鳞蛇	*Xenopeltis hainanensis*	有鳞目	闪鳞蛇科	近危（NT）		是
12	黑脊蛇	*Achalinus spinalis*	有鳞目	闪皮蛇科	无危（LC）		
13	钝尾两头蛇	*Calamaria septentrionalis*	有鳞目	游蛇科	无危（LC）		
14	赤链蛇	*Lycodon rufozonatum*	有鳞目	游蛇科	无危（LC）		
15	黄链蛇	*Lycodon flavozonatum*	有鳞目	游蛇科	无危（LC）		
16	王锦蛇	*Elaphe carinata*	有鳞目	游蛇科	濒危（EN）		
17	玉斑锦蛇	*Euprepiophis mandarinus*	有鳞目	游蛇科	易危（VU）		
18	翠青蛇	*Cyclophiops major*	有鳞目	游蛇科	无危（LC）		
19	中国小头蛇	*Oligodon chinensis*	有鳞目	游蛇科	无危（LC）		
20	台湾小头蛇	*Oligodon formosanus*	有鳞目	游蛇科	近危（NT）		
21	乌梢蛇	*Ptyas dhumnades*	有鳞目	游蛇科	易危（VU）		
22	绞花林蛇	*Boiga kraepelini*	有鳞目	游蛇科	无危（LC）		
23	纹尾斜鳞蛇	*Pseudoxenodon stejnegeri*	有鳞目	游蛇科	无危（LC）		
24	锈链腹链蛇	*Amphiesma craspedogaster*	有鳞目	游蛇科	无危（LC）		是
25	乌华游蛇	*Trimeroclytes percarinatus*	有鳞目	游蛇科	易危（VU）		
26	赤链华游蛇	*Sinonatrix annularis*	有鳞目	游蛇科	易危（VU）		是
27	虎斑颈槽蛇	*Rhabdophis tigrinus*	有鳞目	游蛇科	无危（LC）		
28	黄斑渔游蛇	*Xenochrophis flavipunctatus*	有鳞目	游蛇科	无危（LC）		
29	颈棱蛇	*Macropisthodon rudis*	有鳞目	游蛇科	无危（LC）		是
30	山溪后棱蛇	*Opisthotropis latouchii*	有鳞目	游蛇科	无危（LC）		是
31	挂墩后棱蛇	*Opisthotropis kuatunensis*	有鳞目	游蛇科	无危（LC）		是
32	尖吻蝮	*Deinagkistrodon acutus*	有鳞目	蝰科	濒危（EN）		
33	原矛头蝮	*Protobothrops mucrosquamatus*	有鳞目	蝰科	无危（LC）		
34	福建竹叶青蛇	*Viridovipera stejnegeri*	有鳞目	蝰科	无危（LC）		
35	台湾烙铁头蛇	*Ovophis makazayazaya*	有鳞目	蝰科	近危（NT）		
36	福建华珊瑚蛇	*Sinomicrurus kelloggi*	有鳞目	眼镜蛇科	无危（LC）		
37	银环蛇	*Bungarus multicinctus*	有鳞目	眼镜蛇科	濒危（EN）		
38	舟山眼镜蛇	*Naja atra*	有鳞目	眼镜蛇科	易危（VU）		
39	眼镜王蛇	*Ophiophagus hannah*	有鳞目	眼镜蛇科	濒危（EN）	二级	

6. 陆生昆虫名录

序号	中文名	学名	目名	科名	濒危等级	保护等级	外来入侵种
1	竹纵斑蚜	*Takecallis arundinariae*	半翅目	斑蚜科			
2	黑蚱蝉	*Cryptotytmpana atrata*	半翅目	蝉科			
3	碧蝉	*Hea fasciola*	半翅目	蝉科			
4	红蝉	*Huechys sanguinea*	半翅目	蝉科			
5	白纹尺蝉	*Hydromella albolineata*	半翅目	蝉科			
6	雅氏山蝉	*Leptopsalta yamashitai*	半翅目	蝉科			
7	松寒蝉	*Meimuna opalifera*	半翅目	蝉科			
8	蟪蛄	*Platypleura kaempteri*	半翅目	蝉科			
9	螂蝉	*Pomponia linearis*	半翅目	蝉科			
10	中华螗蝉	*Tonna sinensis*	半翅目	蝉科			
11	宽缘伊蝽	*Aenaria pinchii*	半翅目	蝽科			
12	蠋蝽	*Arma chinensis*	半翅目	蝽科			
13	薄蝽	*Brachymna tenuis*	半翅目	蝽科			
14	红角辉蝽	*Carbula crassiventris*	半翅目	蝽科			
15	辉蝽	*Carbula humerigera*	半翅目	蝽科			
16	蛾眉疣蝽	*Cazira emeia*	半翅目	蝽科			
17	峰疣蝽	*Cazira horvathi*	半翅目	蝽科			
18	中华岱蝽	*Dalpada cinetipes*	半翅目	蝽科			
19	斑须蝽	*Dolycoris baccarum*	半翅目	蝽科			
20	云南菜蝽	*Eurydema pulchra*	半翅目	蝽科			
21	二星蝽	*Eysarcoris guttiger*	半翅目	蝽科			
22	拟二星蝽	*Eysarcoris annamita*	半翅目	蝽科			
23	茶翅蝽	*Halyomorpha halys*	半翅目	蝽科			
24	红玉蝽	*Hoplistodera pulchra*	半翅目	蝽科			
25	玉蝽	*Hoplistodera fergussoni*	半翅目	蝽科			
26	川甘碧蝽	*Palomena chapana*	半翅目	蝽科			
27	大卷蝽	*Paterculus affinis*	半翅目	蝽科			
28	斑真蝽	*Pentatoma mosaica*	半翅目	蝽科			
29	尖角真蝽	*Pentatoma acuticomuta*	半翅目	蝽科			
30	中纹真蝽	*Pentatoma distincta*	半翅目	蝽科			
31	益蝽	*Picromerus lewisi*	半翅目	蝽科			
32	庐山珀蝽	*Plautia lushanica*	半翅目	蝽科			

序号	中文名	学名	目名	科名	濒危等级	保护等级	外来入侵种
33	斯氏珀蝽	*Plautia stali*	半翅目	蝽科			
34	小棱蝽	*Rhynchocoris plagiatus*	半翅目	蝽科			
35	丸蝽	*Spermatodes variolosus*	半翅目	蝽科			
36	剑河烟蝽	*Valescus jianhenensis*	半翅目	蝽科			
37	松大蚜	*Cinara pinea*	半翅目	大蚜科			
38	九香虫	*Coridius chinensis*	半翅目	兜蝽科			
39	扁盾蝽	*Eurygaster testudinarius*	半翅目	盾蝽科			
40	半球盾蝽	*Hyperonous lateritius*	半翅目	盾蝽科			
41	油茶宽盾蝽	*Poecilocoris latus*	半翅目	盾蝽科			
42	柳杉圆盾蚧	*Aspidiotus cryptomeriae*	半翅目	盾蚧科			
43	椰圆盾蚧	*Aspidiotus destructor*	半翅目	盾蚧科			
44	朴牡蛎蚧	*Lepidosaphes celtis*	半翅目	盾蚧科			
45	茶片盾蚧	*Parlatoria theae*	半翅目	盾蚧科			
46	糠片盾蚧	*Parlatoria pergandii*	半翅目	盾蚧科			
47	网纹盾蚧	*Pseudaonidia duplax*	半翅目	盾蚧科			
48	矢尖蚧	*Unaspis yanonensis*	半翅目	盾蚧科			
49	碧蛾蜡蝉	*Geisha distinctissima*	半翅目	蛾蜡蝉科			
50	紫络蛾蜡蝉	*Lawana imitate*	半翅目	蛾蜡蝉科			
51	褐带拟幻蛾蜡蝉	*Mimophantia maritime*	半翅目	蛾蜡蝉科			
52	二点缘蛾蜡蝉	*Salurnis bipuncata*	半翅目	蛾蜡蝉科			
53	褐缘蛾蜡蝉	*Salurnis marginella*	半翅目	蛾蜡蝉科			
54	黑斑纹翅飞虱	*Cemus nigropunctatus*	半翅目	飞虱科			
55	白带奇洛飞虱	*Chilodelphax albifascia*	半翅目	飞虱科			
56	扭曲大叉飞虱	*Ecdelphax tortilis*	半翅目	飞虱科			
57	短头飞虱	*Epeurysa nawaii*	半翅目	飞虱科			
58	琴镰飞虱	*Falcotoya lyraeformis*	半翅目	飞虱科			
59	三突叉飞虱	*Garaga tricuspis*	半翅目	飞虱科			
60	白颈淡肩飞虱	*Harmalia sirokata*	半翅目	飞虱科			
61	萨氏淡肩飞虱	*Harmalia sameshimai*	半翅目	飞虱科			
62	带背飞虱	*Himeunka tateyamaella*	半翅目	飞虱科			
63	灰飞虱	*Laodelphax striatellus*	半翅目	飞虱科			
64	黑边梅塔飞虱	*Metadelphax propinqua*	半翅目	飞虱科			
65	单突飞虱	*Monospinodelphax dantur*	半翅目	飞虱科			
66	褐飞虱	*Nilaparvata lugens*	半翅目	飞虱科			
67	拟褐飞虱	*Nilaparvata bakeri*	半翅目	飞虱科			

序号	中文名	学名	目名	科名	濒危等级	保护等级	外来入侵种
68	伪褐飞虱	*Nilaparvata muiri*	半翅目	飞虱科			
69	长绿飞虱	*Saccharosydne procerus*	半翅目	飞虱科			
70	黑额长唇基飞虱	*Sogata nigrifrons*	半翅目	飞虱科			
71	白背飞虱	*Sogatella furcifera*	半翅目	飞虱科			
72	烟翅白背飞虱	*Sogatella kolophon*	半翅目	飞虱科			
73	郴州长突飞虱	*Stenocranus chenzhouensis*	半翅目	飞虱科			
74	白条飞虱	*Terthron albovittatum*	半翅目	飞虱科			
75	黑面托亚飞虱	*Toya terryi*	半翅目	飞虱科			
76	额斑匙顶飞虱	*Tropidocephala festiva*	半翅目	飞虱科			
77	二刺匙顶飞虱	*Tropidocephala brunnipennis*	半翅目	飞虱科			
78	大芒锥翅飞虱	*Yanunka miscanthi*	半翅目	飞虱科			
79	拟锥翅飞虱	*Yanunka incerta*	半翅目	飞虱科			
80	广布安粉蚧	*Antonina socialis*	半翅目	粉蚧科			
81	毛竹客粉蚧	*Kaicoccus bambusus*	半翅目	粉蚧科			
82	芒粉蚧	*Miscanthicoccus miscanthi*	半翅目	粉蚧科			
83	八点广翅蜡蝉	*Ricania speculum*	半翅目	广翅蜡蝉科			
84	钩纹广翅蜡蝉	*Ricania simulans*	半翅目	广翅蜡蝉科			
85	缘纹广翅蜡蝉	*Ricania marginlis*	半翅目	广翅蜡蝉科			
86	类变圆龟蝽	*Coptosoma simillimum*	半翅目	龟蝽科			
87	双峰圆龟蝽	*Coptosoma bicuspis*	半翅目	龟蝽科			
88	双列圆龟蝽	*Coptosoma bifarium*	半翅目	龟蝽科			
89	显著圆龟蝽	*Coptosoma notabilis*	半翅目	龟蝽科			
90	小黑圆龟蝽	*Coptosoma nigrellum*	半翅目	龟蝽科			
91	浙江圆龟蝽	*Coptosoma chekianum*	半翅目	龟蝽科			
92	执中圆龟蝽	*Coptosoma intermedium*	半翅目	龟蝽科			
93	暗豆龟蝽	*Megacopta caliginosa*	半翅目	龟蝽科			
94	和豆龟蝽	*Megacopta horvathi*	半翅目	龟蝽科			
95	花豆龟蝽	*Megacopta bicolor*	半翅目	龟蝽科			
96	筛豆龟蝽	*Megacopta cribraria*	半翅目	龟蝽科			
97	双峰豆龟蝽	*Megacopta bituminata*	半翅目	龟蝽科			
98	点同龟蝽	*Paracopta duodecimpunctata*	半翅目	龟蝽科			
99	突背斑红蝽	*Physopelta gutta*	半翅目	红蝽科			
100	简足棒姬蝽	*Arbela simplicipes*	半翅目	姬蝽科			
101	福建狭姬蝽	*Stenonabis fujianus*	半翅目	姬蝽科			
102	撒矛角蝉	*Leptobelus sauteri*	半翅目	角蝉科			

序号	中文名	学名	目名	科名	濒危等级	保护等级	外来入侵种
103	白斑无齿角蝉	*Nondenticentrus albimaculosus*	半翅目	角蝉科			
104	白翅三刺角蝉	*Tricentrus albipennis*	半翅目	角蝉科			
105	斑衣蜡蝉	*Lycorma delicatula*	半翅目	蜡蝉科			
106	红蜡蚧	*Ceroplastes rubens*	半翅目	蜡蚧科			
107	日本卷毛毡蜡蚧	*Metaceronema japonica*	半翅目	蜡蚧科			
108	暗绿巨荔蝽	*Eusthenes saevus*	半翅目	荔蝽科			
109	白纹蚊猎蝽	*Empicoris culiciformis*	半翅目	猎蝽科			
110	暗素猎蝽	*Epidaus nebula*	半翅目	猎蝽科			
111	环斑猛猎蝽	*Sphedanolestes impressicollis*	半翅目	猎蝽科			
112	褐贝菱蜡蝉	*Betacixius brunneus*	半翅目	菱蜡蝉科			
113	斜纹贝菱蜡蝉	*Betacixius obliquus*	半翅目	菱蜡蝉科			
114	艾菱蜡蝉	*Cixius arisanus*	半翅目	菱蜡蝉科			
115	普通菱蜡蝉	*Cixius communis*	半翅目	菱蜡蝉科			
116	纵纹菱蜡蝉	*Cixius vittatus*	半翅目	菱蜡蝉科			
117	四带瑞脊菱蜡蝉	*Reptalus quadricinctus*	半翅目	菱蜡蝉科			
118	中华微刺盲蝽	*Campylomma chinensis*	半翅目	盲蝽科			
119	狭领纹唇盲蝽	*Charagochilus angusticollis*	半翅目	盲蝽科			
120	乌毛盲蝽	*Cheilocapsus thibetanus*	半翅目	盲蝽科			
121	多变光盲蝽	*Chilocrates patulus*	半翅目	盲蝽科			
122	小欧盲蝽	*Europiella artemisiae*	半翅目	盲蝽科			
123	眼斑厚盲蝽	*Eurystylus coelestialium*	半翅目	盲蝽科			
124	明翅盲蝽	*Isabel ravana*	半翅目	盲蝽科			
125	斑纹毛盲蝽	*Lasiomiris picturatus*	半翅目	盲蝽科			
126	樟曼盲蝽	*Mansoniella cinnamomi*	半翅目	盲蝽科			
127	斑胸东盲蝽	*Orientomiris pronotalis*	半翅目	盲蝽科			
128	斑胸植盲蝽	*Phytocoris knighti*	半翅目	盲蝽科			
129	泛束盲蝽	*Pilophorus typicus*	半翅目	盲蝽科			
130	红褐松盲蝽	*Pinalitus rubeolus*	半翅目	盲蝽科			
131	黑斜唇盲蝽	*Plagiognathus yomogi*	半翅目	盲蝽科			
132	马来喙盲蝽	*Proboscidocoris malayus*	半翅目	盲蝽科			
133	二刺狭盲蝽	*Stenodema calcarata*	半翅目	盲蝽科			
134	山地狭盲蝽	*Stenodema alpestris*	半翅目	盲蝽科			
135	深色狭盲蝽	*Stenodema elegans*	半翅目	盲蝽科			
136	长狭盲蝽	*Stenodema longula*	半翅目	盲蝽科			
137	松猾盲蝽	*Tinginotum pini*	半翅目	盲蝽科			

序号	中文名	学名	目名	科名	濒危等级	保护等级	外来入侵种
138	小赤须盲蝽	*Trigonotylus tenuis*	半翅目	盲蝽科			
139	黄杉长管刺蚜	*Anomalosiphum takahashii*	半翅目	毛管蚜科			
140	斑带丽沫蝉	*Cosmoscarta bispecularis*	半翅目	沫蝉科			
141	土黄斑沫蝉	*Phymaiostetha delsustta*	半翅目	沫蝉科			
142	宽铗同蝽	*Acanthosoma labiduroides*	半翅目	同蝽科			
143	伸展同蝽	*Acanthosoma expansum*	半翅目	同蝽科			
144	原同蝽	*Acanthosoma haemorrhoidala*	半翅目	同蝽科			
145	黑刺同蝽	*Acanthosoma nigrospina*	半翅目	同蝽科			
146	川翘同蝽	*Anaxandra sichuanensis*	半翅目	同蝽科			
147	光角翘同蝽	*Anaxandra laevicomis*	半翅目	同蝽科			
148	钝肩直同蝽	*Elasmostethus nubilus*	半翅目	同蝽科			
149	光腹匙同蝽	*Elasmucha laeviventris*	半翅目	同蝽科			
150	曲匙同蝽	*Elasmucha recurva*	半翅目	同蝽科			
151	锡金匙同蝽	*Elasmucha tauricomis*	半翅目	同蝽科			
152	线匙同蝽	*Elasmucha lineata*	半翅目	同蝽科			
153	小光匙同蝽	*Elasmucha minor*	半翅目	同蝽科			
154	伊锥同蝽	*Stragala esakii*	半翅目	同蝽科			
155	光领土蝽	*Chilocoris nitidus*	半翅目	土蝽科			
156	费氏负板网蝽	*Cysteochila fieberi*	半翅目	网蝽科			
157	折板网蝽	*Physatocheila costata*	半翅目	网蝽科			
158	斑脊冠网蝽	*Stephanitis aperta*	半翅目	网蝽科			
159	杜鹃冠网蝽	*Stephanitis pyrioides*	半翅目	网蝽科			
160	华南冠网蝽	*Stephanitis laudata*	半翅目	网蝽科			
161	梨冠网蝽	*Stephanitis nashi*	半翅目	网蝽科			
162	中华象蜡蝉	*Dictyophara sinica*	半翅目	象蜡蝉科			
163	中野象蜡蝉	*Dictyophara nakaonis*	半翅目	象蜡蝉科			
164	台湾饰袖蜡蝉	*Shizuka formosana*	半翅目	袖蜡蝉科			
165	簇袖蜡蝉	*Zeugma makll*	半翅目	袖蜡蝉科			
166	棉蚜	*Aphis gossypii*	半翅目	蚜科			
167	印度修尾蚜	*Indomegoura indica*	半翅目	蚜科			
168	莓叶指瘤蚜	*Matsumuraja rubifoliae*	半翅目	蚜科			
169	台湾指瘤蚜	*Matsumuraja formosana*	半翅目	蚜科			
170	高粱蚜	*Melanapfiis sacchari*	半翅目	蚜科			
171	禾谷缢管蚜	*Rhopalosiphum padi*	半翅目	蚜科			
172	蕨小跗蚜	*Shiryia orientalis*	半翅目	蚜科			

序号	中文名	学名	目名	科名	濒危等级	保护等级	外来入侵种
173	桔二叉蚜	*Toxoptera awantii*	半翅目	蚜科			
174	芒果蚜	*Toxoptera odinae*	半翅目	蚜科			
175	华粗仰蝽	*Enithares sinica*	半翅目	仰蝽科			
176	金翅斑大叶蝉	*Anatkina espertinula*	半翅目	叶蝉科			
177	猩红巴小叶蝉	*Baguoidea rufa*	半翅目	叶蝉科			
178	黑缘长突叶蝉	*Batracomorphus nigromarginattus*	半翅目	叶蝉科			
179	扩茎长突叶蝉	*Batracomorphus extentus*	半翅目	叶蝉科			
180	月钩长突叶蝉	*Batracomorphus lunatus*	半翅目	叶蝉科			
181	凹大叶蝉	*Bothrogonia ferruginea*	半翅目	叶蝉科			
182	赵凹大叶蝉	*Bothrogonia chaoi*	半翅目	叶蝉科			
183	黄盾脊额叶蝉	*Carinata flaviscutata*	半翅目	叶蝉科			
184	大青叶蝉	*Cicadella viridis*	半翅目	叶蝉科			
185	白翅褐脉叶蝉	*Cofana spectra*	半翅目	叶蝉科			
186	绿斑褐脉叶蝉	*Cofana unimaculata*	半翅目	叶蝉科			
187	白脊凸冠叶蝉	*Convexana albicarinata*	半翅目	叶蝉科			
188	小绿叶蝉	*Empoasca flavescens*	半翅目	叶蝉科			
189	大竹岚雅小叶蝉	*Eurhadina dazhulana*	半翅目	叶蝉科			
190	白斑横脊叶蝉	*Evacanthus albomaculatus*	半翅目	叶蝉科			
191	褐脊铲头叶蝉	*Hecalus prasinus*	半翅目	叶蝉科			
192	白边大叶蝉	*Kolla paulula*	半翅目	叶蝉科			
193	窗翅叶蝉	*Mileewa margheritae*	半翅目	叶蝉科			
194	黑尾叶蝉	*Nephotettix cincticeps*	半翅目	叶蝉科			
195	黄斑锥头叶蝉	*Onukia flavopunctata*	半翅目	叶蝉科			
196	血点斑翅叶蝉	*Tautoneura arachisi*	半翅目	叶蝉科			
197	褐翅曲突叶蝉	*Trocnadella fuscipennis*	半翅目	叶蝉科			
198	褐盾曲突叶蝉	*Trocnadella arisana*	半翅目	叶蝉科			
199	花壮异蝽	*Urochela luteovaria*	半翅目	异蝽科			
200	角突娇异蝽	*Urostylis chinai*	半翅目	异蝽科			
201	点伊缘蝽	*Aeschyntelus notatus*	半翅目	缘蝽科			
202	红背安缘蝽	*Anoplocnemis phasiana*	半翅目	缘蝽科			
203	大棒缘蝽	*Clavigralla tuberosa*	半翅目	缘蝽科			
204	黑须棘缘蝽	*Cletus punctulatus*	半翅目	缘蝽科			
205	宽棘缘蝽	*Cletus schmidti*	半翅目	缘蝽科			
206	广腹同缘蝽	*Homoeocerus dilatatus*	半翅目	缘蝽科			
207	一点同缘蝽	*Homoeocerus unipunctatus*	半翅目	缘蝽科			

序号	中文名	学名	目名	科名	濒危等级	保护等级	外来入侵种
208	环胫同缘蝽	*Hygia touchei*	半翅目	缘蝽科			
209	茶色同缘蝽	*Ochrochira camelina*	半翅目	缘蝽科			
210	中稻缘蝽	*Leptocorisa chinensis*	半翅目	缘蝽科			
211	长须梭长蝽	*Pachygrontha antennata*	半翅目	长蝽科			
212	歪白蚁	*Capritennes ziitobei*	蜚蠊目	白蚁科			
213	黄翅大白蚁	*Macrotermes baneyi*	蜚蠊目	白蚁科			
214	大鼻象白蚁	*Nasutitermes grandinasus*	蜚蠊目	白蚁科			
215	小象白蚁	*Nasutitermes parvonasutus*	蜚蠊目	白蚁科			
216	黑翅土白蚁	*Odontotermes formosanus*	蜚蠊目	白蚁科			
217	近扭白蚁	*Pericapritermes nitobei*	蜚蠊目	白蚁科			
218	台湾乳白蚁	*Coptotermes formosanus*	蜚蠊目	鼻白蚁科			
219	黑胸散白蚁	*Reticulitermes chinensis*	蜚蠊目	鼻白蚁科			
220	花胸散白蚁	*Reticulitermes fukienensis*	蜚蠊目	鼻白蚁科			
221	黄胸散白蚁	*Reticulitermes flaviceps*	蜚蠊目	鼻白蚁科			
222	弯颚散白蚁	*Reticulitermes citrinus*	蜚蠊目	鼻白蚁科			
223	小散白蚁	*Reticulitermes parvus*	蜚蠊目	鼻白蚁科			
224	肖若散白蚁	*Reticulitermes affinis*	蜚蠊目	鼻白蚁科			
225	长头散白蚁	*Reticulitermes longicephalus*	蜚蠊目	鼻白蚁科			
226	中华真地鳖	*Eupolyphaga sinensis*	蜚蠊目	鳖蠊科			
227	山林原白蚁	*Hodotermopsis sjostedti*	蜚蠊目	草白蚁科			
228	黑胸大蠊	*Periplaneta fitliginosa*	蜚蠊目	蜚蠊科			
229	美洲大蠊	*Periplaneta americana*	蜚蠊目	蜚蠊科			是
230	德国小蠊	*Blattella germaniea*	蜚蠊目	姬蠊科			是
231	双带姬蠊	*Blattella bisignata*	蜚蠊目	姬蠊科			
232	海南似动蜉	*Cinymina hainanensis*	蜉蝣目	扁蜉科			
233	斜纹似动蜉	*Cinymina obliquistrita*	蜉蝣目	扁蜉科			
234	鞋山蜉	*Ephemera yaosani*	蜉蝣目	蜉蝣科			
235	黑斑小蜉	*Ephemerella nigromaculataan*	蜉蝣目	小蜉科			
236	缘殖肥螋	*Gonolabis marginolis*	革翅目	肥螋科			
237	日本张球螋	*Anechura japonica*	革翅目	球螋科			
238	三角臀张球螋	*Anechura sakaii*	革翅目	球螋科			
239	双斑球螋	*Foificula bimaculata*	革翅目	球螋科			
240	中华球螋	*Foificula sinica*	革翅目	球螋科			
241	达球螋	*Forficula davidi*	革翅目	球螋科			
242	桃源球螋	*Forficula taoyuanensis*	革翅目	球螋科			

序号	中文名	学名	目名	科名	濒危等级	保护等级	外来入侵种
243	质球蝼	*Forficula ambigua*	革翅目	球蝼科			
244	黄头迈敬球蝼	*Timomenus cuneatus*	革翅目	球蝼科			
245	脊角乔球蝼	*Timomenus paradoxa*	革翅目	球蝼科			
246	客桥球蝼	*Timomenus komarvi*	革翅目	球蝼科			
247	棒形钳蝼	*Forcipula clavata*	革翅目	蠼蝼科			
248	蠼蝼	*Labidura riparia*	革翅目	蠼蝼科			
249	纳蠼蝼	*Nala lividipes*	革翅目	蠼蝼科			
250	尼纳蠼蝼	*Nala nepalensis*	革翅目	蠼蝼科			
251	凤阳丝尾蝼	*Haplodiplatys fhigyangensis*	革翅目	丝尾蝼科			
252	东方巨齿蛉	*Acanthacorydalis orientalis*	广翅目	齿蛉科			
253	越中巨齿蛉	*Acanthacorydalis fruhstorferi*	广翅目	齿蛉科			
254	污翅斑鱼蛉	*Neochauliodes bowringi*	广翅目	齿蛉科			
255	中华斑鱼蛉	*Neochauliodes sinensis*	广翅目	齿蛉科			
256	普通齿蛉	*Neoneuromus ignobilis*	广翅目	齿蛉科			
257	花边星齿蛉	*Protohermes costalis*	广翅目	齿蛉科			
258	黑色扣(虫责)	*Kiotina nigra*	襀翅目	(虫责)科			
259	黄色扣(虫责)	*Kiotina biocellata*	襀翅目	(虫责)科			
260	陆氏叉(虫责)	*Nemoura lui*	襀翅目	(虫责)科			
261	双突新(虫责)	*Neoperla biprojecta*	襀翅目	(虫责)科			
262	长形襟(虫责)	*Togoperla perpicta*	襀翅目	(虫责)科			
263	中华襟(虫责)	*Togoperla sinensis*	襀翅目	(虫责)科			
264	慈母刺(虫责)	*Styloperla inae*	襀翅目	刺(虫责)科			
265	中华拟卷(虫责)	*Paraleuctra sinica*	襀翅目	卷(虫责)科			
266	石门台诺(虫责)	*Rhopalopsole shimentaiensis*	襀翅目	卷(虫责)科			
267	长刺诺(虫责)	*Rhopalopsole longispina*	襀翅目	卷(虫责)科			
268	浙江诺(虫责)	*Rhopalopsole zhejiangensis*	襀翅目	卷(虫责)科			
269	黄纹旭锦斑蛾	*Campylotes pratti*	鳞翅目	斑蛾科			
270	马尾松旭锦斑蛾	*Campylotes desgodinsi*	鳞翅目	斑蛾科			
271	茶柄脉锦斑蛾	*Eterusia aedea*	鳞翅目	斑蛾科			
272	重阳木斑蛾	*Histia rhodope*	鳞翅目	斑蛾科			
273	梨叶斑蛾	*Illiberis pruni*	鳞翅目	斑蛾科			
274	透翅硕斑蛾	*Piarosoma hyalina*	鳞翅目	斑蛾科			
275	桧带锦斑蛾	*Pidorus glaucopis*	鳞翅目	斑蛾科			
276	赤眉锦斑蛾	*Rhodopsoma costata*	鳞翅目	斑蛾科			
277	一点蝠蛾	*Phassus signifer*	鳞翅目	蝙蝠蛾科			

序号	中文名	学名	目名	科名	濒危等级	保护等级	外来入侵种
278	昧泊波纹蛾	*Bombycia meleagris*	鳞翅目	波纹蛾科			
279	印华波纹蛾	*Habrosyne indica*	鳞翅目	波纹蛾科			
280	波纹蛾	*Thyatira batis*	鳞翅目	波纹蛾科			
281	赫帕钩蚕蛾	*Mustilia hepatica*	鳞翅目	蚕蛾科			
282	钩翅赭蚕蛾	*Mustilia sphingiformis*	鳞翅目	蚕蛾科			
283	金冠褐巢蛾	*Metanomeuta fulvicrinis*	鳞翅目	巢蛾科			
284	醋栗尺蛾	*Abraxas grossulariata*	鳞翅目	尺蛾科			
285	丝棉木金星尺蛾	*Abraxas suspecta*	鳞翅目	尺蛾科			
286	新金星尺蛾	*Abraxas neomartania*	鳞翅目	尺蛾科			
287	榛金星尺蛾	*Abraxas sylvata*	鳞翅目	尺蛾科			
288	褐点尺蛾	*Achrosis rufescens*	鳞翅目	尺蛾科			
289	霜尺蛾	*Alcis plebeia*	鳞翅目	尺蛾科			
290	薛鹿尺蛾	*Alcis xuei*	鳞翅目	尺蛾科			
291	掌尺蛾	*Amraica superans*	鳞翅目	尺蛾科			
292	苗星尺蛾	*Arichanna melanaria*	鳞翅目	尺蛾科			
293	棍星尺蛾	*Arichanna jaguararia*	鳞翅目	尺蛾科			
294	对白尺蛾	*Asthena undulata*	鳞翅目	尺蛾科			
295	双云尺蛾	*Biston comitata*	鳞翅目	尺蛾科			
296	油桐尺蛾	*Biston suppressaria*	鳞翅目	尺蛾科			
297	焦边尺蛾	*Bizia aexaria*	鳞翅目	尺蛾科			
298	双角尺蛾	*Carige cruciplaga*	鳞翅目	尺蛾科			
299	葡萄洄纹尺蛾	*Chartographa ludovicaria*	鳞翅目	尺蛾科			
300	四眼绿尺蛾	*Chlorodontopera discospilata*	鳞翅目	尺蛾科			
301	瑞霜尺蛾	*Cleora repulsaria*	鳞翅目	尺蛾科			
302	德绿尺蛾	*Comibaena delicatior*	鳞翅目	尺蛾科			
303	肾纹绿尺蛾	*Comibaena procumbaria*	鳞翅目	尺蛾科			
304	普穿孔尺蛾	*Corymica pryeri*	鳞翅目	尺蛾科			
305	尖尾瑕边尺蛾	*Craspediopsis acutaria*	鳞翅目	尺蛾科			
306	木橑尺蛾	*Culcula panterinaria*	鳞翅目	尺蛾科			
307	赤线尺蛾	*Culpinia diffusa*	鳞翅目	尺蛾科			
308	蜻蜓尺蛾	*Cystidia stratonice*	鳞翅目	尺蛾科			
309	小蜻蜓尺蛾	*Cystidia couaggaria*	鳞翅目	尺蛾科			
310	达尺蛾	*Dalima apicataeoa*	鳞翅目	尺蛾科			
311	天目峰尺蛾	*Dindica tianmuensis*	鳞翅目	尺蛾科			
312	赭点峰尺蛾	*Dindica para*	鳞翅目	尺蛾科			

序号	中文名	学名	目名	科名	濒危等级	保护等级	外来入侵种
313	尖翅绢尺蛾	*Doratoptera nicevillei*	鳞翅目	尺蛾科			
314	栉尾尺蛾	*Euctenurapteryx macnlicaudaria*	鳞翅目	尺蛾科			
315	彩青尺蛾	*Eucyclodes gavissima*	鳞翅目	尺蛾科			
316	中国枯叶尺蛾	*Gandaritis sinicaria*	鳞翅目	尺蛾科			
317	白脉青尺蛾	*Geometra sponsaria*	鳞翅目	尺蛾科			
318	红颜锈腰尺蛾	*Hemithea aestivaria*	鳞翅目	尺蛾科			
319	彷尘尺蛾	*Hypomecis punctinalis*	鳞翅目	尺蛾科			
320	黄辐射尺蛾	*Iotaphora iridicolor*	鳞翅目	尺蛾科			
321	玻璃尺蛾	*Krananda semihyalina*	鳞翅目	尺蛾科			
322	橄榄尺蛾	*Krananda oliveomarginata*	鳞翅目	尺蛾科			
323	蓝菪尺蛾	*Lassaba parvalbidaria*	鳞翅目	尺蛾科			
324	中国巨青尺蛾	*Limbatochlamys rosthorni*	鳞翅目	尺蛾科			
325	南岭褶尺蛾	*Lomographa nanlingensis*	鳞翅目	尺蛾科			
326	棕带辉尺蛾	*Luxiaria amasa*	鳞翅目	尺蛾科			
327	线尖尾尺蛾	*Maxates protrusa*	鳞翅目	尺蛾科			
328	晶尺蛾	*Myrteta sericea*	鳞翅目	尺蛾科			
329	女贞尺蛾	*Naxa seriaria*	鳞翅目	尺蛾科			
330	四星尺蛾	*Ophthalmitis irrorataria*	鳞翅目	尺蛾科			
331	中华四星尺蛾	*Ophthalmitis sinensium*	鳞翅目	尺蛾科			
332	胡桃眼尺蛾	*Ophthalmodes albosignaria*	鳞翅目	尺蛾科			
333	亭琼尺蛾	*Orthocabera tinagmaria*	鳞翅目	尺蛾科			
334	点尾尺蛾	*Ourapteryx nigrociliaris*	鳞翅目	尺蛾科			
335	雪尾尺蛾	*Ourapteryx nivea*	鳞翅目	尺蛾科			
336	浙江垂耳尺蛾	*Pachyodes iterans*	鳞翅目	尺蛾科			
337	双波夹尺蛾	*Pareclipsis serrulata*	鳞翅目	尺蛾科			
338	胡麻斑白枝尺蛾	*Percnia albinigrata*	鳞翅目	尺蛾科			
339	散斑点尺蛾	*Percnia luridaria*	鳞翅目	尺蛾科			
340	柿星尺蛾	*Percnia giraffata*	鳞翅目	尺蛾科			
341	派尺蛾	*Perixera absconditaria*	鳞翅目	尺蛾科			
342	红带粉尺蛾	*Pingasa rufofasciata*	鳞翅目	尺蛾科			
343	邻眼尺蛾	*Problepsis paredra*	鳞翅目	尺蛾科			
344	白基碎尺蛾	*Psilalcis albibasis*	鳞翅目	尺蛾科			
345	红棕淡带尺蛾	*Sabaria rosearia*	鳞翅目	尺蛾科			
346	淡黄黑点姬尺蛾	*Scopula ignobilis*	鳞翅目	尺蛾科			
347	淡尾枝尺蛾	*Semiothisa pluviata*	鳞翅目	尺蛾科			

序号	中文名	学名	目名	科名	濒危等级	保护等级	外来入侵种
348	槐尺蛾	*Semiothisa cinerearia*	鳞翅目	尺蛾科			
349	钩镰翅绿尺蛾	*Tanaorhinus rafflesii*	鳞翅目	尺蛾科			
350	樟翠尺蛾	*Thalassodes quadraria*	鳞翅目	尺蛾科			
351	曲紫线尺蛾	*Timandra comptaria*	鳞翅目	尺蛾科			
352	缺口青尺蛾	*Timandromorpha discolor*	鳞翅目	尺蛾科			
353	小缺口青尺蛾	*Timandromorpha enervata*	鳞翅目	尺蛾科			
354	三角尺蛾	*Trigonoptila latimarginaria*	鳞翅目	尺蛾科			
355	洁尺蛾	*Tyloptera bella*	鳞翅目	尺蛾科			
356	中国虎尺蛾	*Xanthabraxas hemionata*	鳞翅目	尺蛾科			
357	灰双线刺蛾	*Cania bilineaia*	鳞翅目	刺蛾科			
358	黄刺蛾	*Cnidocampa flavescens*	鳞翅目	刺蛾科			
359	褐边绿刺蛾	*Latoia consocia*	鳞翅目	刺蛾科			
360	迹斑绿刺蛾	*Latoia pastoralis*	鳞翅目	刺蛾科			
361	丽绿刺蛾	*Latoia lepida*	鳞翅目	刺蛾科			
362	两色绿刺蛾	*Latoia bicolor*	鳞翅目	刺蛾科			
363	媚绿刺蛾	*Latoia repanda*	鳞翅目	刺蛾科			
364	双齿绿刺蛾	*Latoia hilarata*	鳞翅目	刺蛾科			
365	肖媚绿刺蛾	*Latoia pseudorepanda*	鳞翅目	刺蛾科			
366	中国绿刺蛾	*Latoia sinica*	鳞翅目	刺蛾科			
367	线银纹刺蛾	*Miresa urga*	鳞翅目	刺蛾科			
368	波眉刺蛾	*Narosa corusca*	鳞翅目	刺蛾科			
369	梨娜刺蛾	*Narosoideus flavidorsalis*	鳞翅目	刺蛾科			
370	斜纹刺蛾	*Oxyplax ochracea*	鳞翅目	刺蛾科			
371	素木绿刺蛾	*Parasa shirakii*	鳞翅目	刺蛾科			
372	显脉球须刺蛾	*Scopebdes venosa*	鳞翅目	刺蛾科			
373	桑褐刺蛾	*Setora postomata*	鳞翅目	刺蛾科			
374	扁刺蛾	*Thosea sinensis*	鳞翅目	刺蛾科			
375	红尾大蚕蛾	*Actias rhodopneuma*	鳞翅目	大蚕蛾科			
376	黄尾大蚕蛾	*Actias heterogyna*	鳞翅目	大蚕蛾科			
377	绿尾大蚕蛾	*Actias ningpoana*	鳞翅目	大蚕蛾科			
378	长尾大蚕蛾	*Actias dubernardi*	鳞翅目	大蚕蛾科			
379	半目大蚕蛾	*Antheraea yamamai*	鳞翅目	大蚕蛾科			
380	钩翅大蚕蛾	*Antheraea assamensis*	鳞翅目	大蚕蛾科			
381	乌桕大蚕蛾	*Attacus atlas*	鳞翅目	大蚕蛾科			
382	后目大蚕蛾	*Dictyoploca simia*	鳞翅目	大蚕蛾科			

序号	中文名	学名	目名	科名	濒危等级	保护等级	外来入侵种
383	樟蚕蛾	*Eriogyna pyretorum*	鳞翅目	大蚕蛾科			
384	黄豹大蚕蛾	*Loepa katinka*	鳞翅目	大蚕蛾科			
385	藤豹大蚕蛾	*Loepa anthera*	鳞翅目	大蚕蛾科			
386	樗蚕蛾	*Philosamia cynthia*	鳞翅目	大蚕蛾科			
387	褐斑带蛾	*Apha subdives*	鳞翅目	带蛾科			
388	灰纹带蛾	*Ganisa cyanugrisea*	鳞翅目	带蛾科			
389	斜纹带蛾	*Ganisa pandya*	鳞翅目	带蛾科			
390	长纹带蛾	*Ganisa postica*	鳞翅目	带蛾科			
391	褐带蛾	*Palirisa cervina*	鳞翅目	带蛾科			
392	丝光带蛾	*Pseudojana incandesceus*	鳞翅目	带蛾科			
393	大丽灯蛾	*Aglaomorpha histrio*	鳞翅目	灯蛾科			
394	头橙华苔蛾	*Agylla gigantea*	鳞翅目	灯蛾科			
395	红缘灯蛾	*Aloa lactinea*	鳞翅目	灯蛾科			
396	砌石灯蛾	*Arctia flavia*	鳞翅目	灯蛾科			
397	点艳苔蛾	*Asura unipuncta*	鳞翅目	灯蛾科			
398	褐脉艳苔蛾	*Asura esmia*	鳞翅目	灯蛾科			
399	条纹艳苔蛾	*Asura strigipennis*	鳞翅目	灯蛾科			
400	灰黑美苔蛾	*Barsine fuscozonata*	鳞翅目	灯蛾科			
401	冉地苔蛾	*Chamaita ranruna*	鳞翅目	灯蛾科			
402	八点灰灯蛾	*Creatonotos transiens*	鳞翅目	灯蛾科			
403	美雪苔蛾	*Cyana distincta*	鳞翅目	灯蛾科			
404	天目雪苔蛾	*Cyana tienmushanensis*	鳞翅目	灯蛾科			
405	血红雪苔蛾	*Cyana sanguinea*	鳞翅目	灯蛾科			
406	优雪苔蛾	*Cyana hamata*	鳞翅目	灯蛾科			
407	蛛雪苔蛾	*Cyana ariadne*	鳞翅目	灯蛾科			
408	黄边土苔蛾	*Eilema fumidisca*	鳞翅目	灯蛾科			
409	黄土苔蛾	*Eilema nigripoda*	鳞翅目	灯蛾科			
410	缘点土苔蛾	*Eilema costipuncta*	鳞翅目	灯蛾科			
411	肖褐带东灯蛾	*Eospilarctia jordansi*	鳞翅目	灯蛾科			
412	全黄荷苔蛾	*Ghoria holochrea*	鳞翅目	灯蛾科			
413	头褐荷苔蛾	*Ghoria collitoides*	鳞翅目	灯蛾科			
414	双分苔蛾	*Hesudra divisa*	鳞翅目	灯蛾科			
415	齿美苔蛾	*Miltochrista dentifascia*	鳞翅目	灯蛾科			
416	东方美苔蛾	*Miltochrista orientalis*	鳞翅目	灯蛾科			
417	黑轴美苔蛾	*Miltochrista cardinalis*	鳞翅目	灯蛾科			

序号	中文名	学名	目名	科名	濒危等级	保护等级	外来入侵种
418	优美苔蛾	*Miltochrista striata*	鳞翅目	灯蛾科			
419	朱美苔蛾	*Miltochrista pulchra*	鳞翅目	灯蛾科			
420	粉蝶灯蛾	*Nyctemera adversata*	鳞翅目	灯蛾科			
421	顶弯苔蛾	*Parabitecta flava*	鳞翅目	灯蛾科			
422	红点浑黄灯蛾	*Rhyparioides subvarius*	鳞翅目	灯蛾科			
423	肖浑黄灯蛾	*Rhyparioides amurensis*	鳞翅目	灯蛾科			
424	黑须污灯蛾	*Spilarctia casigneta*	鳞翅目	灯蛾科			
425	净污灯蛾	*Spilarctia alba*	鳞翅目	灯蛾科			
426	连星污灯蛾	*Spilarctia seriatopunctata*	鳞翅目	灯蛾科			
427	强污灯蛾	*Spilarctia robusta*	鳞翅目	灯蛾科			
428	人纹污灯蛾	*Spilarctia subcarnea*	鳞翅目	灯蛾科			
429	净雪灯蛾	*Spilosoma album*	鳞翅目	灯蛾科			
430	黄痣苔蛾	*Stigmatophora flava*	鳞翅目	灯蛾科			
431	掌痣苔蛾	*Stigmatophora palmata*	鳞翅目	灯蛾科			
432	圆斑苏苔蛾	*Thysanoptyx signata*	鳞翅目	灯蛾科			
433	长斑苏苔蛾	*Thysanoptyx tetragona*	鳞翅目	灯蛾科			
434	白黑瓦苔蛾	*Vamuna ramelana*	鳞翅目	灯蛾科			
435	黄黑瓦苔蛾	*Vamuna alboluteola*	鳞翅目	灯蛾科			
436	白毒蛾	*Arctornis l-nigrum*	鳞翅目	毒蛾科			
437	雀丽毒蛾	*Calliteara melli*	鳞翅目	毒蛾科			
438	肾毒蛾	*Cifuna locuples*	鳞翅目	毒蛾科			
439	剑纹毒蛾	*Dasychira acronycta*	鳞翅目	毒蛾科			
440	结茸毒蛾	*Dasychira lunulata*	鳞翅目	毒蛾科			
441	茸毒蛾	*Dasychira pudibunda*	鳞翅目	毒蛾科			
442	松毒蛾	*Dasychira argentata*	鳞翅目	毒蛾科			
443	叉带黄毒蛾	*Euproctis angulata*	鳞翅目	毒蛾科			
444	茶黄毒蛾	*Euproctis pseudoconspersa*	鳞翅目	毒蛾科			
445	红尾黄毒蛾	*Euproctis lunata*	鳞翅目	毒蛾科			
446	弧星黄毒蛾	*Euproctis decussata*	鳞翅目	毒蛾科			
447	景星黄毒蛾	*Euproctis telephanes*	鳞翅目	毒蛾科			
448	双弓黄毒蛾	*Euproctis diploxutha*	鳞翅目	毒蛾科			
449	梯带黄毒蛾	*Euproctis montis*	鳞翅目	毒蛾科			
450	乌桕黄毒蛾	*Euproctis bipunctapex*	鳞翅目	毒蛾科			
451	岩黄毒蛾	*Euproctis flavotriangulata*	鳞翅目	毒蛾科			
452	折带黄毒蛾	*Euproctis flava*	鳞翅目	毒蛾科			

序号	中文名	学名	目名	科名	濒危等级	保护等级	外来入侵种
453	肘带黄毒蛾	*Euproctis straminea*	鳞翅目	毒蛾科			
454	榆黄足毒蛾	*Ivela ochropoda*	鳞翅目	毒蛾科			
455	雪毒蛾	*Leucoma salicis*	鳞翅目	毒蛾科			
456	丛毒蛾	*Locharna strigipennis*	鳞翅目	毒蛾科			
457	模毒蛾	*Lymantria monacha*	鳞翅目	毒蛾科			
458	珊毒蛾	*Lymantria viola*	鳞翅目	毒蛾科			
459	条毒蛾	*Lymantria dissoluta*	鳞翅目	毒蛾科			
460	黄斜带毒蛾	*Numenes disparilis*	鳞翅目	毒蛾科			
461	刚竹毒蛾	*Pantana pyllostachysae*	鳞翅目	毒蛾科			
462	黄羽毒蛾	*Pida strigipennis*	鳞翅目	毒蛾科			
463	盗毒蛾	*Porthesia similis*	鳞翅目	毒蛾科			
464	黑褐盗毒蛾	*Porthesia atereta*	鳞翅目	毒蛾科			
465	黑栉盗毒蛾	*Porthesia virguncula*	鳞翅目	毒蛾科			
466	戟盗毒蛾	*Porthesia kurosawai*	鳞翅目	毒蛾科			
467	白点足毒蛾	*Redoa cygnopsis*	鳞翅目	毒蛾科			
468	鹅点足毒蛾	*Redoa anser*	鳞翅目	毒蛾科			
469	簪黄点足毒蛾	*Redoa crocophala*	鳞翅目	毒蛾科			
470	黄尖襟粉蝶	*Anthocharis scolymus*	鳞翅目	粉蝶科	无危（LC）		
471	大翅绢粉蝶	*Aporia largeteaui*	鳞翅目	粉蝶科	无危（LC）		
472	斑缘豆粉蝶	*Colias erate*	鳞翅目	粉蝶科	无危（LC）		
473	东亚豆粉蝶	*Colias poliographus*	鳞翅目	粉蝶科			
474	侧条斑粉蝶	*Delias lativitta*	鳞翅目	粉蝶科	无危（LC）		
475	艳妇斑粉蝶	*Delias belladonna*	鳞翅目	粉蝶科	无危（LC）		
476	橙翅方粉蝶	*Dercas nina*	鳞翅目	粉蝶科	无危（LC）		
477	黑角方粉蝶	*Dercas lycorias*	鳞翅目	粉蝶科	无危（LC）		
478	安里黄粉蝶	*Eurema alitha*	鳞翅目	粉蝶科	近危（NT）		
479	尖角黄粉蝶	*Eurema laeta*	鳞翅目	粉蝶科	无危（LC）		
480	宽边黄粉蝶	*Eurema hecabe*	鳞翅目	粉蝶科	无危（LC）		
481	钩粉蝶	*Gonepteryx rhamni*	鳞翅目	粉蝶科	无危（LC）		
482	圆翅钩粉蝶	*Gonepteryx amintha*	鳞翅目	粉蝶科	无危（LC）		
483	暗脉粉蝶	*Pieris napi*	鳞翅目	粉蝶科	无危（LC）		
484	菜粉蝶	*Pieris rapae*	鳞翅目	粉蝶科	无危（LC）		
485	东方菜粉蝶	*Pieris canidia*	鳞翅目	粉蝶科	无危（LC）		
486	黑纹粉蝶	*Pieris melete*	鳞翅目	粉蝶科	无危（LC）		
487	飞龙粉蝶	*Talbotia naganum*	鳞翅目	粉蝶科	无危（LC）		

序号	中文名	学名	目名	科名	濒危等级	保护等级	外来入侵种
488	宽尾凤蝶	*Agehana elwesi*	鳞翅目	凤蝶科	易危（VU）		
489	灰绒麝凤蝶	*Byasa mencius*	鳞翅目	凤蝶科	无危（LC）		
490	麝凤蝶	*Byasa alcinous*	鳞翅目	凤蝶科	易危（VU）		
491	长尾麝凤蝶	*Byasa impediens*	鳞翅目	凤蝶科	无危（LC）		
492	褐斑凤蝶	*Chilasa agestor*	鳞翅目	凤蝶科	无危（LC）		
493	小黑斑凤蝶	*Chilasa epycides*	鳞翅目	凤蝶科	无危（LC）		
494	宽带青凤蝶	*Graphium cloanthus*	鳞翅目	凤蝶科	无危（LC）		
495	黎氏青凤蝶	*Graphium leechi*	鳞翅目	凤蝶科	无危（LC）		
496	木兰青凤蝶	*Graphium doson*	鳞翅目	凤蝶科	无危（LC）		
497	青凤蝶	*Graphium sarpedon*	鳞翅目	凤蝶科	无危（LC）		
498	碎斑青凤蝶	*Graphium chironides*	鳞翅目	凤蝶科	无危（LC）		
499	统帅青凤蝶	*Graphium agamemnon*	鳞翅目	凤蝶科	无危（LC）		
500	红珠凤蝶	*Pachliopta aristolochiae*	鳞翅目	凤蝶科	无危（LC）		
501	巴黎翠凤蝶	*Papilio paris*	鳞翅目	凤蝶科	无危（LC）		
502	碧凤蝶	*Papilio bianor*	鳞翅目	凤蝶科	无危（LC）		
503	达摩凤蝶	*Papilio demoleus*	鳞翅目	凤蝶科	无危（LC）		
504	德罕翠凤蝶	*Papilio dehaani*	鳞翅目	凤蝶科			
505	柑橘凤蝶	*Papilio xuthus*	鳞翅目	凤蝶科	无危（LC）		
506	金凤蝶	*Papilio machaon*	鳞翅目	凤蝶科	无危（LC）		
507	宽带凤蝶	*Papilio nephelus*	鳞翅目	凤蝶科			
508	蓝凤蝶	*Papilio protenor*	鳞翅目	凤蝶科	无危（LC）		
509	绿带翠凤蝶	*Papilio maackii*	鳞翅目	凤蝶科	无危（LC）		
510	美凤蝶	*Papilio memnon*	鳞翅目	凤蝶科	无危（LC）		
511	美姝凤蝶	*Papilio macilentus*	鳞翅目	凤蝶科			
512	穿翠凤蝶	*Papilio dialis*	鳞翅目	凤蝶科	无危（LC）		
513	玉斑凤蝶	*Papilio helenus*	鳞翅目	凤蝶科	无危（LC）		
514	玉带凤蝶	*Papilio polytes*	鳞翅目	凤蝶科	无危（LC）		
515	金斑剑凤蝶	*Pazala alebion*	鳞翅目	凤蝶科	无危（LC）		
516	升天剑凤蝶	*Pazala euroa*	鳞翅目	凤蝶科	无危（LC）		
517	铁木剑凤蝶	*Pazala timur*	鳞翅目	凤蝶科	无危（LC）		
518	丝带凤蝶	*Sericinus montelus*	鳞翅目	凤蝶科	无危（LC）		
519	金裳凤蝶	*Troides aeacus*	鳞翅目	凤蝶科	近危（NT）	二级	
520	枥距钩蛾	*Agnidra scabiosa*	鳞翅目	钩蛾科			
521	褐斑丽钩蛾	*Callidrepana argenteola*	鳞翅目	钩蛾科			
522	洋麻圆钩蛾	*Cyclidia substigmaria*	鳞翅目	钩蛾科			

序号	中文名	学名	目名	科名	濒危等级	保护等级	外来入侵种
523	赤扬镰钩蛾	*Drepana curvatula*	鳞翅目	钩蛾科			
524	丁铃钩蛾	*Macrocilix mysticata*	鳞翅目	钩蛾科			
525	日本线钩蛾	*Nordstroemia japonica*	鳞翅目	钩蛾科			
526	点带山钩蛾	*Oreta purpurea*	鳞翅目	钩蛾科			
527	交让木山钩蛾	*Oreta insignis*	鳞翅目	钩蛾科			
528	古钩蛾	*Palaeodrepana harpagula*	鳞翅目	钩蛾科			
529	透窗山钩蛾	*Spectoreta hyalodisca*	鳞翅目	钩蛾科			
530	艳修虎蛾	*Sarbanissa venusta*	鳞翅目	虎蛾科			
531	白带褐蚬蝶	*Abisara fylloides*	鳞翅目	灰蝶科	无危（LC）		
532	白点褐蚬蝶	*Abisara burnii*	鳞翅目	灰蝶科	无危（LC）		
533	黄带褐蚬蝶	*Abisara fylla*	鳞翅目	灰蝶科	无危（LC）		
534	蛇目褐蚬蝶	*Abisara echerius*	鳞翅目	灰蝶科	无危（LC）		
535	白梳灰蝶	*Ahlbergia aleucopuncta*	鳞翅目	灰蝶科			
536	尼采梳灰蝶	*Ahlbergia nicevillei*	鳞翅目	灰蝶科	无危（LC）		
537	梳灰蝶	*Ahlbergia ferrea*	鳞翅目	灰蝶科			
538	丫灰蝶	*Amblopala avidiena*	鳞翅目	灰蝶科	无危（LC）		
539	安灰蝶	*Ancema ctesia*	鳞翅目	灰蝶科	无危（LC）		
540	青灰蝶	*Antigius attilia*	鳞翅目	灰蝶科	无危（LC）		
541	百娆灰蝶	*Arhopala bazala*	鳞翅目	灰蝶科	无危（LC）		
542	齿翅娆灰蝶	*Arhopala rama*	鳞翅目	灰蝶科	无危（LC）		
543	绿灰蝶	*Artipe eryx*	鳞翅目	灰蝶科	无危（LC）		
544	咖灰蝶	*Catochrysops strabo*	鳞翅目	灰蝶科	无危（LC）		
545	大紫琉璃灰蝶	*Celastrina oreas*	鳞翅目	灰蝶科	无危（LC）		
546	琉璃灰蝶	*Celastrina argiolus*	鳞翅目	灰蝶科	无危（LC）		
547	曲纹紫灰蝶	*Chilades pandava*	鳞翅目	灰蝶科	无危（LC）		
548	缪斯金灰蝶	*Chrysozephyrus mushaellus*	鳞翅目	灰蝶科	无危（LC）		
549	闪光金灰蝶	*Chrysozephyrus scintillans*	鳞翅目	灰蝶科	无危（LC）		
550	宓妮珂灰蝶	*Cordelia minerva*	鳞翅目	灰蝶科	无危（LC）		
551	尖翅银灰蝶	*Curetis acuta*	鳞翅目	灰蝶科	无危（LC）		
552	银灰蝶	*Curetis bulis*	鳞翅目	灰蝶科	无危（LC）		
553	圆翅银灰蝶	*Curetis saronis*	鳞翅目	灰蝶科	近危（NT）		
554	淡黑玳灰蝶	*Deudorix rapaloides*	鳞翅目	灰蝶科	无危（LC）		
555	彩斑尾蚬蝶	*Dodona maculosa*	鳞翅目	灰蝶科			
556	银纹尾蚬蝶	*Dodona eugenes*	鳞翅目	灰蝶科	无危（LC）		
557	蓝灰蝶	*Everes argiades*	鳞翅目	灰蝶科	无危（LC）		

序号	中文名	学名	目名	科名	濒危等级	保护等级	外来入侵种
558	长尾蓝灰蝶	*Everes lacturnus*	鳞翅目	灰蝶科	无危（LC）		
559	梅尔何华灰蝶	*Howarthia melli*	鳞翅目	灰蝶科			
560	雅灰蝶	*Jamides bochus*	鳞翅目	灰蝶科	无危（LC）		
561	亮灰蝶	*Lampides boeticus*	鳞翅目	灰蝶科	无危（LC）		
562	红珠灰蝶	*Lycaeides argyrognomon*	鳞翅目	灰蝶科	无危（LC）		
563	红灰蝶	*Lycaena phlaeas*	鳞翅目	灰蝶科	无危（LC）		
564	玛灰蝶	*Mahathala ameria*	鳞翅目	灰蝶科	无危（LC）		
565	黑灰蝶	*Niphanda fusca*	鳞翅目	灰蝶科	无危（LC）		
566	普氏齿灰蝶	*Novosatsuma pratti*	鳞翅目	灰蝶科	无危（LC）		
567	锯灰蝶	*Orthomiella pontis*	鳞翅目	灰蝶科	无危（LC）		
568	峦太锯灰蝶	*Orthomiella rantaizana*	鳞翅目	灰蝶科	无危（LC）		
569	酢浆灰蝶	*Pseudozizeeria maha*	鳞翅目	灰蝶科	无危（LC）		
570	蓝燕灰蝶	*Rapala caerulea*	鳞翅目	灰蝶科	无危（LC）		
571	燕灰蝶	*Rapala varuna*	鳞翅目	灰蝶科	无危（LC）		
572	大洒灰蝶	*Satyrium grandis*	鳞翅目	灰蝶科			
573	优秀洒灰蝶	*Satyrium eximia*	鳞翅目	灰蝶科			
574	山灰蝶	*Shijimia moorei*	鳞翅目	灰蝶科	无危（LC）		
575	银线灰蝶	*Spindasis lohita*	鳞翅目	灰蝶科	无危（LC）		
576	蚜灰蝶	*Taraka hamada*	鳞翅目	灰蝶科	无危（LC）		
577	皮铁灰蝶	*Teratozephyrus picquenardi*	鳞翅目	灰蝶科	无危（LC）		
578	点玄灰蝶	*Tongeia filicaudis*	鳞翅目	灰蝶科	无危（LC）		
579	玄灰蝶	*Tongeia fischeri*	鳞翅目	灰蝶科	无危（LC）		
580	白斑妩灰蝶	*Udara albocaerulea*	鳞翅目	灰蝶科	无危（LC）		
581	妩灰蝶	*Udara dilecta*	鳞翅目	灰蝶科	无危（LC）		
582	赭灰蝶	*Ussuriana michaelis*	鳞翅目	灰蝶科	无危（LC）		
583	波蚬蝶	*Zemeros flegyas*	鳞翅目	灰蝶科	无危（LC）		
584	毛眼灰蝶	*Zizina otis*	鳞翅目	灰蝶科	无危（LC）		
585	婀蛱蝶	*Abrota ganga*	鳞翅目	蛱蝶科	无危（LC）		
586	苎麻珍蝶	*Acraea issoria*	鳞翅目	蛱蝶科	无危（LC）		
587	纹环蝶	*Aemona amathusia*	鳞翅目	蛱蝶科	无危（LC）		
588	柳紫闪蛱蝶	*Apatura ilia*	鳞翅目	蛱蝶科	无危（LC）		
589	豹蛱蝶	*Argynnis ornatissima*	鳞翅目	蛱蝶科			
590	斐豹蛱蝶	*Argyreus hyperbius*	鳞翅目	蛱蝶科	无危（LC）		
591	老豹蛱蝶	*Argyronome laodice*	鳞翅目	蛱蝶科	无危（LC）		
592	孤斑带蛱蝶	*Athyma zeroca*	鳞翅目	蛱蝶科	无危（LC）		

序号	中文名	学名	目名	科名	濒危等级	保护等级	外来入侵种
593	虬眉带蛱蝶	*Athyma opalina*	鳞翅目	蛱蝶科	无危（LC）		
594	新月带蛱蝶	*Athyma selenophora*	鳞翅目	蛱蝶科	无危（LC）		
595	幸福带蛱蝶	*Athyma fortuna*	鳞翅目	蛱蝶科	无危（LC）		
596	玄珠带蛱蝶	*Athyma perius*	鳞翅目	蛱蝶科	无危（LC）		
597	玉杵带蛱蝶	*Athyma jina*	鳞翅目	蛱蝶科	无危（LC）		
598	珠履带蛱蝶	*Athyma asura*	鳞翅目	蛱蝶科	无危（LC）		
599	奥蛱蝶	*Auzakia danava*	鳞翅目	蛱蝶科	无危（LC）		
600	绢蛱蝶	*Calinaga buddha*	鳞翅目	蛱蝶科	无危（LC）		
601	白带螯蛱蝶	*Charaxes bernardus*	鳞翅目	蛱蝶科	无危（LC）		
602	银豹蛱蝶	*Childrena childreni*	鳞翅目	蛱蝶科	无危（LC）		
603	网丝蛱蝶	*Cyrestis thyodamas*	鳞翅目	蛱蝶科	无危（LC）		
604	青豹蛱蝶	*Damora sagana*	鳞翅目	蛱蝶科	无危（LC）		
605	电蛱蝶	*Dichorragia nesimachus*	鳞翅目	蛱蝶科	无危（LC）		
606	蓝点紫斑蝶	*Euploea midamus*	鳞翅目	蛱蝶科	无危（LC）		
607	褐蓓翠蛱蝶	*Euthalia hebe*	鳞翅目	蛱蝶科	近危（NT）		
608	红裙边翠蛱蝶	*Euthalia irrubescens*	鳞翅目	蛱蝶科	无危（LC）		
609	黄铜翠蛱蝶	*Euthalia nara*	鳞翅目	蛱蝶科	无危（LC）		
610	绿裙边翠蛱蝶	*Euthalia niepelti*	鳞翅目	蛱蝶科	无危（LC）		
611	捻带翠蛱蝶	*Euthalia strephon*	鳞翅目	蛱蝶科	近危（NT）		
612	珀翠蛱蝶	*Euthalia pratti*	鳞翅目	蛱蝶科	近危（NT）		
613	西藏翠蛱蝶	*Euthalia thibetana*	鳞翅目	蛱蝶科	无危（LC）		
614	鹰翠蛱蝶	*Euthalia anosia*	鳞翅目	蛱蝶科	无危（LC）		
615	珠翠蛱蝶	*Euthalia perlella*	鳞翅目	蛱蝶科	易危（VU）		
616	灿福蛱蝶	*Fabriciana adippe*	鳞翅目	蛱蝶科	无危（LC）		
617	蟾福蛱蝶	*Fabriciana nerippe*	鳞翅目	蛱蝶科	无危（LC）		
618	灰翅串珠环蝶	*Faunis aerope*	鳞翅目	蛱蝶科	无危（LC）		
619	傲白蛱蝶	*Helcyra superba*	鳞翅目	蛱蝶科	无危（LC）		
620	银白蛱蝶	*Helcyra subalba*	鳞翅目	蛱蝶科	无危（LC）		
621	黑脉蛱蝶	*Hestina assimilis*	鳞翅目	蛱蝶科	无危（LC）		
622	多纹云眼蝶	*Hyponephele violiaceopicta*	鳞翅目	蛱蝶科			
623	黄翅云眼蝶	*Hyponephele davendra*	鳞翅目	蛱蝶科	无危（LC）		
624	翠蓝眼蛱蝶	*Junonia orithya*	鳞翅目	蛱蝶科	无危（LC）		
625	美眼蛱蝶	*Junonia almana*	鳞翅目	蛱蝶科	无危（LC）		
626	琉璃蛱蝶	*Kaniska canace*	鳞翅目	蛱蝶科	无危（LC）		
627	多眼蝶	*Kirinia epaminondas*	鳞翅目	蛱蝶科	无危（LC）		

序号	中文名	学名	目名	科名	濒危等级	保护等级	外来入侵种
628	八目黛眼蝶	*Lethe oculatissima*	鳞翅目	蛱蝶科	近危（NT）		
629	白带黛眼蝶	*Lethe confusa*	鳞翅目	蛱蝶科	无危（LC）		
630	边纹黛眼蝶	*Lethe marginalis*	鳞翅目	蛱蝶科	无危（LC）		
631	波纹黛眼蝶	*Lethe rohria*	鳞翅目	蛱蝶科	无危（LC）		
632	黛眼蝶	*Lethe dura*	鳞翅目	蛱蝶科	无危（LC）		
633	尖尾黛眼蝶	*Lethe sinorix*	鳞翅目	蛱蝶科	无危（LC）		
634	连纹黛眼蝶	*Lethe syrcis*	鳞翅目	蛱蝶科	无危（LC）		
635	孪斑黛眼蝶	*Lethe gemina*	鳞翅目	蛱蝶科	无危（LC）		
636	罗丹黛眼蝶	*Lethe laodamia*	鳞翅目	蛱蝶科	无危（LC）		
637	蛇神黛眼蝶	*Lethe satyrina*	鳞翅目	蛱蝶科	无危（LC）		
638	深山黛眼蝶	*Lethe insana*	鳞翅目	蛱蝶科	无危（LC）		
639	苔娜黛眼蝶	*Lethe diana*	鳞翅目	蛱蝶科	无危（LC）		
640	圆翅黛眼蝶	*Lethe butleri*	鳞翅目	蛱蝶科	无危（LC）		
641	长纹黛眼蝶	*Lethe europa*	鳞翅目	蛱蝶科	无危（LC）		
642	直带黛眼蝶	*Lethe lanaris*	鳞翅目	蛱蝶科	无危（LC）		
643	重瞳黛眼蝶	*Lethe trimacula*	鳞翅目	蛱蝶科	无危（LC）		
644	紫线黛眼蝶	*Lethe violaceopicta*	鳞翅目	蛱蝶科	无危（LC）		
645	棕褐黛眼蝶	*Lethe christophi*	鳞翅目	蛱蝶科	无危（LC）		
646	朴喙蝶	*Libythea lepita*	鳞翅目	蛱蝶科	无危（LC）		
647	残锷线蛱蝶	*Limenitis sulpitia*	鳞翅目	蛱蝶科	无危（LC）		
648	断眉线蛱蝶	*Limenitis doerriesi*	鳞翅目	蛱蝶科	无危（LC）		
649	戟眉线蛱蝶	*Limenitis homeyeri*	鳞翅目	蛱蝶科	无危（LC）		
650	扬眉线蛱蝶	*Limenitis helmanni*	鳞翅目	蛱蝶科	无危（LC）		
651	折线蛱蝶	*Limenitis sydyi*	鳞翅目	蛱蝶科	无危（LC）		
652	蓝斑丽眼蝶	*Mandarinia regalis*	鳞翅目	蛱蝶科	无危（LC）		
653	黑纱白眼蝶	*Melanargia lugens*	鳞翅目	蛱蝶科	近危（NT）		
654	亚洲白眼蝶	*Melanargia asiatica*	鳞翅目	蛱蝶科			
655	睇暮眼蝶	*Melanitis phedima*	鳞翅目	蛱蝶科	无危（LC）		
656	暮眼蝶	*Melanitis leda*	鳞翅目	蛱蝶科	无危（LC）		
657	迷蛱蝶	*Mimathyma chevana*	鳞翅目	蛱蝶科	无危（LC）		
658	蛇眼蝶	*Minois dryas*	鳞翅目	蛱蝶科	无危（LC）		
659	稻眉眼蝶	*Mycalesis gotama*	鳞翅目	蛱蝶科	无危（LC）		
660	褐眉眼蝶	*Mycalesis unica*	鳞翅目	蛱蝶科	近危（NT）		
661	拟稻眉眼蝶	*Mycalesis francisca*	鳞翅目	蛱蝶科	无危（LC）		
662	僧袈眉眼蝶	*Mycalesis sangaica*	鳞翅目	蛱蝶科	无危（LC）		

序号	中文名	学名	目名	科名	濒危等级	保护等级	外来入侵种
663	小眉眼蝶	*Mycalesis mineus*	鳞翅目	蛱蝶科	无危（LC）		
664	布莱荫眼蝶	*Neope bremeri*	鳞翅目	蛱蝶科	无危（LC）		
665	大斑荫眼蝶	*Neope ramosa*	鳞翅目	蛱蝶科			
666	黄斑荫眼蝶	*Neope pulaha*	鳞翅目	蛱蝶科	无危（LC）		
667	黄荫眼蝶	*Neope contrasta*	鳞翅目	蛱蝶科			
668	蒙链荫眼蝶	*Neope muirheadii*	鳞翅目	蛱蝶科	无危（LC）		
669	丝链荫眼蝶	*Neope yama*	鳞翅目	蛱蝶科	无危（LC）		
670	云豹蛱蝶	*Nephargynnis anadyomene*	鳞翅目	蛱蝶科	无危（LC）		
671	阿环蛱蝶	*Neptis ananta*	鳞翅目	蛱蝶科	无危（LC）		
672	朝鲜环蛱蝶	*Neptis philyroides*	鳞翅目	蛱蝶科	无危（LC）		
673	断环蛱蝶	*Neptis sankara*	鳞翅目	蛱蝶科	无危（LC）		
674	啡环蛱蝶	*Neptis philyra*	鳞翅目	蛱蝶科	无危（LC）		
675	黄环蛱蝶	*Neptis themis*	鳞翅目	蛱蝶科	无危（LC）		
676	珂环蛱蝶	*Neptis clinia*	鳞翅目	蛱蝶科			
677	莲花环蛱蝶	*Neptis hesione*	鳞翅目	蛱蝶科	无危（LC）		
678	链环蛱蝶	*Neptis pryeri*	鳞翅目	蛱蝶科	无危（LC）		
679	羚环蛱蝶	*Neptis antilope*	鳞翅目	蛱蝶科	无危（LC）		
680	玛环蛱蝶	*Neptis manasa*	鳞翅目	蛱蝶科	无危（LC）		
681	矛环蛱蝶	*Neptis armandia*	鳞翅目	蛱蝶科	无危（LC）		
682	娜环蛱蝶	*Neptis nata*	鳞翅目	蛱蝶科	无危（LC）		
683	司环蛱蝶	*Neptis speyeri*	鳞翅目	蛱蝶科	无危（LC）		
684	娑环蛱蝶	*Neptis soma*	鳞翅目	蛱蝶科	无危（LC）		
685	小环蛱蝶	*Neptis sappho*	鳞翅目	蛱蝶科	无危（LC）		
686	耶环蛱蝶	*Neptis yerburii*	鳞翅目	蛱蝶科	无危（LC）		
687	折环蛱蝶	*Neptis beroe*	鳞翅目	蛱蝶科	无危（LC）		
688	中环蛱蝶	*Neptis hylas*	鳞翅目	蛱蝶科	无危（LC）		
689	重环蛱蝶	*Neptis alwina*	鳞翅目	蛱蝶科	无危（LC）		
690	蛛环蛱蝶	*Neptis arachne*	鳞翅目	蛱蝶科	无危（LC）		
691	古眼蝶	*Palaeonympha opalina*	鳞翅目	蛱蝶科	无危（LC）		
692	大绢斑蝶	*Parantica sita*	鳞翅目	蛱蝶科	无危（LC）		
693	黑绢斑蝶	*Parantica melanea*	鳞翅目	蛱蝶科	无危（LC）		
694	白斑眼蝶	*Penthema adelma*	鳞翅目	蛱蝶科	无危（LC）		
695	白钩蛱蝶	*Polygonia c-album*	鳞翅目	蛱蝶科	无危（LC）		
696	黄钩蛱蝶	*Polygonia c-aureum*	鳞翅目	蛱蝶科	无危（LC）		
697	大二尾蛱蝶	*Polyura eudamippus*	鳞翅目	蛱蝶科	无危（LC）		

序号	中文名	学名	目名	科名	濒危等级	保护等级	外来入侵种
698	二尾蛱蝶	*Polyura narcaea*	鳞翅目	蛱蝶科	无危（LC）		
699	忘忧尾蛱蝶	*Polyura nepenthes*	鳞翅目	蛱蝶科	无危（LC）		
700	网眼蝶	*Rhaphicera dumicola*	鳞翅目	蛱蝶科	无危（LC）		
701	大紫蛱蝶	*Sasakia charonda*	鳞翅目	蛱蝶科	近危（NT）		
702	黑紫蛱蝶	*Sasakia funebris*	鳞翅目	蛱蝶科	易危（VU）	二级	
703	黄帅蛱蝶	*Sephisa princeps*	鳞翅目	蛱蝶科	无危（LC）		
704	帅蛱蝶	*Sephisa chandra*	鳞翅目	蛱蝶科	无危（LC）		
705	素饰蛱蝶	*Stibochiona nicea*	鳞翅目	蛱蝶科	无危（LC）		
706	箭环蝶	*Stichophthalma howqua*	鳞翅目	蛱蝶科	无危（LC）		
707	双星箭环蝶	*Stichophthalma neumogeni*	鳞翅目	蛱蝶科	无危（LC）		
708	花豹盛蛱蝶	*Symbrenthia hypselis*	鳞翅目	蛱蝶科	无危（LC）		
709	散纹盛蛱蝶	*Symbrenthia lilaea*	鳞翅目	蛱蝶科	无危（LC）		
710	白猫蛱蝶	*Timelaea albescens*	鳞翅目	蛱蝶科			
711	猫蛱蝶	*Timelaea maculata*	鳞翅目	蛱蝶科	无危（LC）		
712	异型猫蛱蝶	*Timelaea aformis*	鳞翅目	蛱蝶科	易危（VU）		
713	大红蛱蝶	*Vanessa indica*	鳞翅目	蛱蝶科	无危（LC）		
714	小红蛱蝶	*Vanessa cardui*	鳞翅目	蛱蝶科	无危（LC）		
715	东亚矍眼蝶	*Ypthima motschulskyi*	鳞翅目	蛱蝶科	无危（LC）		
716	矍眼蝶	*Ypthima balda*	鳞翅目	蛱蝶科	无危（LC）		
717	前雾矍眼蝶	*Ypthima praenubila*	鳞翅目	蛱蝶科	无危（LC）		
718	幽矍眼蝶	*Ypthima conjuncta*	鳞翅目	蛱蝶科	无危（LC）		
719	中华矍眼蝶	*Ypthima chinensis*	鳞翅目	蛱蝶科	无危（LC）		
720	卓矍眼蝶	*Ypthima zodia*	鳞翅目	蛱蝶科	无危（LC）		
721	杉木球果尖蛾	*Macrobathra flavidus*	鳞翅目	尖蛾科			
722	四点迈尖蛾	*Macrobathra nomaea*	鳞翅目	尖蛾科			
723	栎长翅卷蛾	*Aclerls perfundana*	鳞翅目	卷蛾科			
724	天目山黄卷蛾	*Archips compitalis*	鳞翅目	卷蛾科			
725	棉双斜卷蛾	*Clepsis pallidana*	鳞翅目	卷蛾科			
726	叶突共小卷蛾	*Coenobiodes acceptana*	鳞翅目	卷蛾科			
727	栎圆点小卷蛾	*Eudemis porphyrana*	鳞翅目	卷蛾科			
728	浙华卷蛾	*Eugogepa zosta*	鳞翅目	卷蛾科			
729	茶长卷蛾	*Homona magnanima*	鳞翅目	卷蛾科			
730	杉梢花翅小卷蛾	*Lobesia cunninghamiacola*	鳞翅目	卷蛾科			
731	奥氏黑痣小卷蛾	*Rhopobota okui*	鳞翅目	卷蛾科			
732	丛黑痣小卷蛾	*Rhopobota furcata*	鳞翅目	卷蛾科			

序号	中文名	学名	目名	科名	濒危等级	保护等级	外来入侵种
733	穴黑痣小卷蛾	*Rhopobota antrifera*	鳞翅目	卷蛾科			
734	越橘黑痣小卷蛾	*Rhopobota ustomaculata*	鳞翅目	卷蛾科			
735	长腹毛垫卷蛾	*Synochoneura ochriclivis*	鳞翅目	卷蛾科			
736	直纹杂毛虫	*Cyclophragma lineata*	鳞翅目	枯叶蛾科			
737	黄山松毛虫	*Dendrolimus marmoratus*	鳞翅目	枯叶蛾科			
738	吉松毛虫	*Dendrolimus kikuchii*	鳞翅目	枯叶蛾科			
739	马尾松毛虫	*Dendrolimus punctatus*	鳞翅目	枯叶蛾科			
740	云南松毛虫	*Dendrolimus grisea*	鳞翅目	枯叶蛾科			
741	李褐枯叶蛾	*Gastropacha quercifolia*	鳞翅目	枯叶蛾科			
742	柳杉云毛虫	*Hoenimnema roesleri*	鳞翅目	枯叶蛾科			
743	著大枯叶蛾	*Lebeda nobilis*	鳞翅目	枯叶蛾科			
744	苹枯叶蛾	*Odonestis pruni*	鳞翅目	枯叶蛾科			
745	松栎枯叶蛾	*Paralebeda plagifera*	鳞翅目	枯叶蛾科			
746	黄枯叶蛾	*Philudoria laeta*	鳞翅目	枯叶蛾科			
747	冷杉枯叶蛾	*Selenephora lunigera*	鳞翅目	枯叶蛾科			
748	绿黄毛虫	*Trabala vishnou*	鳞翅目	枯叶蛾科			
749	茶鹿蛾	*Amata fortunei*	鳞翅目	鹿蛾科			
750	广鹿蛾	*Amata emma*	鳞翅目	鹿蛾科			
751	牧鹿蛾	*Amata pascus*	鳞翅目	鹿蛾科			
752	闪光鹿蛾	*Amata hoenei*	鳞翅目	鹿蛾科			
753	青球笋纹蛾	*Brahmaea hearseyi*	鳞翅目	笋纹蛾科			
754	紫光笋纹蛾	*Brahmaea porphyrid*	鳞翅目	笋纹蛾科			
755	中带林麦蛾	*Dendrophilia mediofasciana*	鳞翅目	麦蛾科			
756	叉棕麦蛾	*Dichomeris bifurca*	鳞翅目	麦蛾科			
757	短叶棕麦蛾	*Dichomeris lushanae*	鳞翅目	麦蛾科			
758	黑缘棕麦蛾	*Dichomeris obsepta*	鳞翅目	麦蛾科			
759	杉木球果棕麦蛾	*Dichomeris bimaculata*	鳞翅目	麦蛾科			
760	桃棕麦蛾	*Dichomeris picrocarpa*	鳞翅目	麦蛾科			
761	桦蛮麦蛾	*Hypatima rhomboidella*	鳞翅目	麦蛾科			
762	西宁平麦蛾	*Parachronistis xiningensis*	鳞翅目	麦蛾科			
763	锚纹蛾	*Pterodecta felderi*	鳞翅目	锚纹蛾科			
764	果叶峰斑螟	*Acrobasis tokiella*	鳞翅目	螟蛾科			
765	元参棘趾野螟	*Anania verbascalis*	鳞翅目	螟蛾科			
766	白斑翅野螟	*Bocchoris inspersalis*	鳞翅目	螟蛾科			
767	多角髓草螟	*Calamotropha multicomuella*	鳞翅目	螟蛾科			

序号	中文名	学名	目名	科名	濒危等级	保护等级	外来入侵种
768	白条紫斑螟	*Calguia defiguralis*	鳞翅目	螟蛾科			
769	稻纵卷叶螟	*Cnaphalocrocis medinalis*	鳞翅目	螟蛾科			
770	竹织叶野螟	*Coclebotys coclesalis*	鳞翅目	螟蛾科			
771	细条草螟	*Crambus virgatellus*	鳞翅目	螟蛾科			
772	桃蛀野螟	*Dichocrocis punctiferalis*	鳞翅目	螟蛾科			
773	松梢斑螟	*Dioryctria splendidella*	鳞翅目	螟蛾科			
774	榄绿歧角螟	*Endotricha olivacealis*	鳞翅目	螟蛾科			
775	豆荚斑螟	*Etiella zinckenella*	鳞翅目	螟蛾科			
776	蜜舌微草螟	*Glaucocharis melistoma*	鳞翅目	螟蛾科			
777	棉褐环野螟	*Haritalodes derogata*	鳞翅目	螟蛾科			
778	尖须双纹螟	*Herculia racilialis*	鳞翅目	螟蛾科			
779	葡萄切叶野螟	*Herpetogramma luctuosalis*	鳞翅目	螟蛾科			
780	褐巢螟	*Hypsopygia regina*	鳞翅目	螟蛾科			
781	黑斑蚀叶野螟	*Lamprosema sibirialis*	鳞翅目	螟蛾科			
782	黑点蚀叶野螟	*Lamprosema commixta*	鳞翅目	螟蛾科			
783	长臂彩丛螟	*Lista haraldusalis*	鳞翅目	螟蛾科			
784	缀叶丛螟	*Locastra muscosalis*	鳞翅目	螟蛾科			
785	黄色带草螟	*Metaeuchromius fidvusalis*	鳞翅目	螟蛾科			
786	双色云斑螟	*Nephopterix bicolorella*	鳞翅目	螟蛾科			
787	灯草雪禾螟	*Niphadoses dengcaolites*	鳞翅目	螟蛾科			
788	红云翅斑螟	*Oncocera semirubella*	鳞翅目	螟蛾科			
789	橄绿瘤丛螟	*Orthaga olivacea*	鳞翅目	螟蛾科			
790	盐肤木瘤丛螟	*Orthaga euadrusalis*	鳞翅目	螟蛾科			
791	灰首纹螟	*Orthopygia glaucinalis*	鳞翅目	螟蛾科			
792	圆直纹螟	*Orthopygia placens*	鳞翅目	螟蛾科			
793	紫双点螟	*Orybina plangonalis*	鳞翅目	螟蛾科			
794	亚洲玉米螟	*Ostrinia furnacalis*	鳞翅目	螟蛾科			
795	五线尖须野螟	*Pagyda guinquelineata*	鳞翅目	螟蛾科			
796	棱脊宽突野螟	*Paranomis nodicosta*	鳞翅目	螟蛾科			
797	瘿斑螟	*Pempelia ellenella*	鳞翅目	螟蛾科			
798	芬氏羚野螟	*Pseudebulea fentoni*	鳞翅目	螟蛾科			
799	显纹卷野螟	*Pycnarmon radiata*	鳞翅目	螟蛾科			
800	狭翅苔螟	*Scoparia isochroalis*	鳞翅目	螟蛾科			
801	红缘纹丛螟	*Sterica asopialis*	鳞翅目	螟蛾科			
802	台湾卷叶野螟	*Syllepte taiwanalis*	鳞翅目	螟蛾科			

序号	中文名	学名	目名	科名	濒危等级	保护等级	外来入侵种
803	橙黑纹野螟	*Tyspanodes striata*	鳞翅目	螟蛾科			
804	梨豹蠹蛾	*Zeuzera pyrina*	鳞翅目	木蠹蛾科			
805	白弄蝶	*Abraximorpha davidii*	鳞翅目	弄蝶科	无危（LC）		
806	河伯锷弄蝶	*Aeromachus inachus*	鳞翅目	弄蝶科	无危（LC）		
807	黑锷弄蝶	*Aeromachus piceus*	鳞翅目	弄蝶科	无危（LC）		
808	疑锷弄蝶	*Aeromachus dubius*	鳞翅目	弄蝶科	无危（LC）		
809	钩形黄斑弄蝶	*Ampittia virgata*	鳞翅目	弄蝶科	无危（LC）		
810	黄斑弄蝶	*Ampittia dioscorides*	鳞翅目	弄蝶科	无危（LC）		
811	窄翅弄蝶	*Apostictopterus fuliginosus*	鳞翅目	弄蝶科	近危（NT）		
812	大伞弄蝶	*Bibasis miracula*	鳞翅目	弄蝶科	近危（NT）		
813	绿伞弄蝶	*Bibasis striata*	鳞翅目	弄蝶科	无危（LC）		
814	籼弄蝶	*Borbo cinnara*	鳞翅目	弄蝶科	无危（LC）		
815	放踵珂弄蝶	*Caltoris cahira*	鳞翅目	弄蝶科	无危（LC）		
816	雀麦珂弄蝶	*Caltoris bromus*	鳞翅目	弄蝶科			
817	同宗星弄蝶	*Celaenorrhinus consanguineus*	鳞翅目	弄蝶科	无危（LC）		
818	绿弄蝶	*Choaspes benjaminii*	鳞翅目	弄蝶科	无危（LC）		
819	窗弄蝶	*Coladenia maeniata*	鳞翅目	弄蝶科			
820	梳翅弄蝶	*Ctenoptilum vasava*	鳞翅目	弄蝶科	无危（LC）		
821	黑弄蝶	*Daimio tethys*	鳞翅目	弄蝶科	无危（LC）		
822	黄斑蕉弄蝶	*Erionota torus*	鳞翅目	弄蝶科	无危（LC）		
823	珠弄蝶	*Erynnis tages*	鳞翅目	弄蝶科	无危（LC）		
824	白斑捷弄蝶	*Gerosis bhagava*	鳞翅目	弄蝶科			
825	匪夷捷弄蝶	*Gerosis phisara*	鳞翅目	弄蝶科	无危（LC）		
826	中华捷弄蝶	*Gerosis sinica*	鳞翅目	弄蝶科	无危（LC）		
827	双带弄蝶	*Lobocla bifasciata*	鳞翅目	弄蝶科	无危（LC）		
828	宽纹袖弄蝶	*Notocrypta feisthamelii*	鳞翅目	弄蝶科	无危（LC）		
829	曲纹袖弄蝶	*Notocrypta curvifascia*	鳞翅目	弄蝶科	无危（LC）		
830	白斑赭弄蝶	*Ochlodes subhyalina*	鳞翅目	弄蝶科	无危（LC）		
831	宽边赭弄蝶	*Ochlodes ochracea*	鳞翅目	弄蝶科	无危（LC）		
832	小赭弄蝶	*Ochlodes venata*	鳞翅目	弄蝶科	无危（LC）		
833	讴弄蝶	*Onryza maga*	鳞翅目	弄蝶科	无危（LC）		
834	曲纹稻弄蝶	*Parnara ganga*	鳞翅目	弄蝶科	无危（LC）		
835	幺纹稻弄蝶	*Parnara bada*	鳞翅目	弄蝶科	无危（LC）		
836	隐纹谷弄蝶	*Pelopidas mathias*	鳞翅目	弄蝶科	无危（LC）		
837	中华谷弄蝶	*Pelopidas sinensis*	鳞翅目	弄蝶科	无危（LC）		

序号	中文名	学名	目名	科名	濒危等级	保护等级	外来入侵种
838	刺纹孔弄蝶	*Polytremis zina*	鳞翅目	弄蝶科	无危（LC）		
839	透纹孔弄蝶	*Polytremis pellucida*	鳞翅目	弄蝶科	无危（LC）		
840	曲纹黄室弄蝶	*Potanthus flavus*	鳞翅目	弄蝶科	无危（LC）		
841	拟籼弄蝶	*Pseudoborbo bevani*	鳞翅目	弄蝶科	无危（LC）		
842	花弄蝶	*Pyrgus maculatus*	鳞翅目	弄蝶科	无危（LC）		
843	密纹飒弄蝶	*Satarupa monbeigi*	鳞翅目	弄蝶科	无危（LC）		
844	黄弄蝶	*Taractrocera flavoides*	鳞翅目	弄蝶科	无危（LC）		
845	长标弄蝶	*Telicota colon*	鳞翅目	弄蝶科	无危（LC）		
846	花裙陀弄蝶	*Thoressa submacula*	鳞翅目	弄蝶科	无危（LC）		
847	豹弄蝶	*Thymelicus leoninus*	鳞翅目	弄蝶科	无危（LC）		
848	姜弄蝶	*Udaspes folus*	鳞翅目	弄蝶科	无危（LC）		
849	角壮鞘蛾	*Coleophora varilimosipennella*	鳞翅目	鞘蛾科			
850	大窠蓑蛾	*Clania variegata*	鳞翅目	蓑蛾科			
851	小螺纹蓑蛾	*Clania crameri*	鳞翅目	蓑蛾科			
852	鬼脸天蛾	*Acherontia lachesis*	鳞翅目	天蛾科			
853	芝麻鬼脸天蛾	*Acherontia styx*	鳞翅目	天蛾科			
854	灰天蛾	*Acosmerycoides leucocraspis*	鳞翅目	天蛾科			
855	葡萄缺角天蛾	*Acosmeryx naga*	鳞翅目	天蛾科			
856	缺角天蛾	*Acosmeryx castanea*	鳞翅目	天蛾科			
857	葡萄天蛾	*Ampelophaga rubiginosa*	鳞翅目	天蛾科			
858	平背天蛾	*Cechenena minor*	鳞翅目	天蛾科			
859	条背天蛾	*Cechenena lineosa*	鳞翅目	天蛾科			
860	咖啡透翅天蛾	*Cephonodes hylas*	鳞翅目	天蛾科			
861	南方豆天蛾	*Clanis bilineata*	鳞翅目	天蛾科			
862	洋槐天蛾	*Clanis deucalion*	鳞翅目	天蛾科			
863	杜果天蛾	*Compsogene panopus*	鳞翅目	天蛾科			
864	白薯天蛾	*Herse convolvuli*	鳞翅目	天蛾科			
865	福建长喙天蛾	*Macroglossum fukienensis*	鳞翅目	天蛾科			
866	黑长喙天蛾	*Macroglossum pyrrhosticta*	鳞翅目	天蛾科			
867	青背长喙天蛾	*Macroglossum bombylans*	鳞翅目	天蛾科			
868	小豆长喙天蛾	*Macroglossum stellatarum*	鳞翅目	天蛾科			
869	椴六点天蛾	*Marumba dyras*	鳞翅目	天蛾科			
870	梨六点天蛾	*Marumba gaschkewitschi*	鳞翅目	天蛾科			
871	栗六点天蛾	*Marumba sperchius*	鳞翅目	天蛾科			
872	大背天蛾	*Meganoton analis*	鳞翅目	天蛾科			

序号	中文名	学名	目名	科名	濒危等级	保护等级	外来入侵种
873	核桃鹰翅天蛾	*Oxyambulyx schauffelbergeri*	鳞翅目	天蛾科			
874	栎鹰翅天蛾	*Oxyambulyx liturata*	鳞翅目	天蛾科			
875	鹰翅天蛾	*Oxyambulyx ochracea*	鳞翅目	天蛾科			
876	构月天蛾	*Parum colligata*	鳞翅目	天蛾科			
877	红天蛾	*Pergesa elpenor*	鳞翅目	天蛾科			
878	紫光盾天蛾	*Phyllosphingia dissimilis*	鳞翅目	天蛾科			
879	白肩天蛾	*Rhagastis mongoliana*	鳞翅目	天蛾科			
880	青白肩天蛾	*Rhagastis olivacea*	鳞翅目	天蛾科			
881	蓝目天蛾	*Smeritus litulinea*	鳞翅目	天蛾科			
882	雀纹天蛾	*Theretra japonica*	鳞翅目	天蛾科			
883	斜纹天蛾	*Theretra clotho*	鳞翅目	天蛾科			
884	芋单线天蛾	*Theretra pinastrina*	鳞翅目	天蛾科			
885	苹果透翅蛾	*Conopia hector*	鳞翅目	透翅蛾科			
886	缘斑网蛾	*Rhodoneura triaugulais*	鳞翅目	网蛾科			
887	索网蛾	*Sonagara strigipennis*	鳞翅目	网蛾科			
888	叉斜线网蛾	*Striglin bifida*	鳞翅目	网蛾科			
889	一点斜线网蛾	*Striglin scitaria*	鳞翅目	网蛾科			
890	尖尾网蛾	*Thyris fenestrella*	鳞翅目	网蛾科			
891	漆贝细蛾	*Eteoryctis deversa*	鳞翅目	细蛾科			
892	棕带突细蛾	*Gibbovalva kobusi*	鳞翅目	细蛾科			
893	斜线燕蛾	*Acropteris iphiata*	鳞翅目	燕蛾科			
894	黄纹双尾蛾	*Dysaethria flavistriga*	鳞翅目	燕蛾科			
895	果剑纹夜蛾	*Acronicta strigosa*	鳞翅目	夜蛾科			
896	梨剑纹夜蛾	*Acronicta rumicis*	鳞翅目	夜蛾科			
897	小地老虎	*Agrotis ipsilon*	鳞翅目	夜蛾科			
898	祝研夜蛾	*Aletia pryeri*	鳞翅目	夜蛾科			
899	果红裙杂夜蛾	*Amphipyra pyramidea*	鳞翅目	夜蛾科			
900	后案夜蛾	*Analetia postica*	鳞翅目	夜蛾科			
901	超桥夜蛾	*Anomis fulvida*	鳞翅目	夜蛾科			
902	折纹殿尾夜蛾	*Anuga multiplicans*	鳞翅目	夜蛾科			
903	苎麻夜蛾	*Arcte coerula*	鳞翅目	夜蛾科			
904	银纹夜蛾	*Argyrogramma agnata*	鳞翅目	夜蛾科			
905	柿癣皮夜蛾	*Blenina senex*	鳞翅目	夜蛾科			
906	污卜夜蛾	*Bomolocha squalida*	鳞翅目	夜蛾科			
907	阴卜夜蛾	*Bomolocha stygiana*	鳞翅目	夜蛾科			

序号	中文名	学名	目名	科名	濒危等级	保护等级	外来入侵种
908	胞短栉夜蛾	*Brevipecten consanguis*	鳞翅目	夜蛾科			
909	红晕散纹夜蛾	*Callopistria repleta*	鳞翅目	夜蛾科			
910	散纹夜蛾	*Callopistria juventina*	鳞翅目	夜蛾科			
911	鸥裳夜蛾	*Catocala patala*	鳞翅目	夜蛾科			
912	客来夜蛾	*Chrysorithrum amata*	鳞翅目	夜蛾科			
913	红衣夜蛾	*Clethrophora distincta*	鳞翅目	夜蛾科			
914	中华康夜蛾	*Conservula sinensis*	鳞翅目	夜蛾科			
915	三斑蕊夜蛾	*Cymatophoropsis trimaculata*	鳞翅目	夜蛾科			
916	光炬夜蛾	*Daddala lucilla*	鳞翅目	夜蛾科			
917	曲带双衲夜蛾	*Dinumma deponens*	鳞翅目	夜蛾科			
918	鸟嘴壶夜蛾	*Dysgonia maturata*	鳞翅目	夜蛾科			
919	鼎点钻夜蛾	*Earias cupreoviridis*	鳞翅目	夜蛾科			
920	粉缘钻夜蛾	*Earias pudicana*	鳞翅目	夜蛾科			
921	旋夜蛾	*Eligma narcissus*	鳞翅目	夜蛾科			
922	梳角眯目夜蛾	*Entomogramma torsa*	鳞翅目	夜蛾科			
923	魔目夜蛾	*Erebus crepuscularis*	鳞翅目	夜蛾科			
924	白边切夜蛾	*Euxoa oberthuri*	鳞翅目	夜蛾科			
925	斜线哈夜蛾	*Hamodes butleri*	鳞翅目	夜蛾科			
926	烟青虫	*Helicoverpa assulta*	鳞翅目	夜蛾科			
927	癞皮夜蛾	*Iscadia inexacta*	鳞翅目	夜蛾科			
928	蓝条夜蛾	*Ischyja manlia*	鳞翅目	夜蛾科			
929	橘肖毛翅夜蛾	*Lagoptera dotata*	鳞翅目	夜蛾科			
930	白脉粘夜蛾	*Leucania venalba*	鳞翅目	夜蛾科			
931	仿劳粘夜蛾	*Leucania insecuta*	鳞翅目	夜蛾科			
932	标瑙夜蛾	*Maliattha signifera*	鳞翅目	夜蛾科			
933	云薄夜蛾	*Mecodina nubiferalis*	鳞翅目	夜蛾科			
934	蚪目夜蛾	*Metopta rectifasciata*	鳞翅目	夜蛾科			
935	毛胫夜蛾	*Mocis undata*	鳞翅目	夜蛾科			
936	奚毛胫夜蛾	*Mocis ancilla*	鳞翅目	夜蛾科			
937	懈毛胫夜蛾	*Mocis annetta*	鳞翅目	夜蛾科			
938	缤夜蛾	*Moma alpium*	鳞翅目	夜蛾科			
939	黄颈缤夜蛾	*Moma fulvicollis*	鳞翅目	夜蛾科			
940	秘夜蛾	*Mythimna turca*	鳞翅目	夜蛾科			
941	安钮夜蛾	*Ophiusa tirhaca*	鳞翅目	夜蛾科			
942	橘安钮夜蛾	*Ophiusa triphaenoides*	鳞翅目	夜蛾科			

序号	中文名	学名	目名	科名	濒危等级	保护等级	外来入侵种
943	胖夜蛾	*Orthogonia sera*	鳞翅目	夜蛾科			
944	东小眼夜蛾	*Panolis exquisita*	鳞翅目	夜蛾科			
945	弓巾夜蛾	*Parallelia arcuata*	鳞翅目	夜蛾科			
946	霉巾夜蛾	*Parallelia maturata*	鳞翅目	夜蛾科			
947	燎尾夜蛾	*Phlegetonia delatrix*	鳞翅目	夜蛾科			
948	美裙剑夜蛾	*Polyphaenis pulcherrima*	鳞翅目	夜蛾科			
949	粘虫	*Pseudaletia separata*	鳞翅目	夜蛾科			
950	显长角皮夜蛾	*Risoba prominens*	鳞翅目	夜蛾科			
951	锈血斑夜蛾	*Siglophora ferreilutea*	鳞翅目	夜蛾科			
952	胡桃豹夜蛾	*Sinna extrema*	鳞翅目	夜蛾科			
953	日月明夜蛾	*Sphragifera biplagiata*	鳞翅目	夜蛾科			
954	环夜蛾	*Spirama retorta*	鳞翅目	夜蛾科			
955	斜纹夜蛾	*Spodoptera litura*	鳞翅目	夜蛾科			
956	肖毛翅夜蛾	*Thyas honesta*	鳞翅目	夜蛾科			
957	庸肖毛翅夜蛾	*Thyas juno*	鳞翅目	夜蛾科			
958	掌夜蛾	*Tiracola plagiata*	鳞翅目	夜蛾科			
959	俊夜蛾	*Westermannia superba*	鳞翅目	夜蛾科			
960	犁敏黄夜蛾	*Xanthodes transversa*	鳞翅目	夜蛾科			
961	八字地老虎	*Xestia c-nigrum*	鳞翅目	夜蛾科			
962	木叶夜蛾	*Xylophylla punctifascia*	鳞翅目	夜蛾科			
963	花夜蛾	*Yepcalphis dilectissima*	鳞翅目	夜蛾科			
964	米织蛾	*Anchonoma xeraula*	鳞翅目	织蛾科			
965	大黄隐织蛾	*Cryptolechia malacobyrsa*	鳞翅目	织蛾科			
966	河南棱织蛾	*Deuterogonia henanensis*	鳞翅目	织蛾科			
967	原州锦织蛾	*Promalactis wonjuensis*	鳞翅目	织蛾科			
968	浙江锦织蛾	*Promalactis zhejiangensis*	鳞翅目	织蛾科			
969	饰纹展足蛾	*Stathmopoda commoda*	鳞翅目	织蛾科			
970	伪奇舟蛾	*Allata laticostalis*	鳞翅目	舟蛾科			
971	新奇舟蛾	*Allata sikkima*	鳞翅目	舟蛾科			
972	竹篦舟蛾	*Besaia goddrica*	鳞翅目	舟蛾科			
973	黑带二尾舟蛾	*Cerura felina*	鳞翅目	舟蛾科			
974	灰短扇舟蛾	*Clostera canesens*	鳞翅目	舟蛾科			
975	黑蕊舟蛾	*Dudusa sphingiformis*	鳞翅目	舟蛾科			
976	著蕊舟蛾	*Dudusa nobilis*	鳞翅目	舟蛾科			
977	黄二星舟蛾	*Euhampsonia cristata*	鳞翅目	舟蛾科			

序号	中文名	学名	目名	科名	濒危等级	保护等级	外来入侵种
978	斑纷舟蛾	*Fentonia baibarana*	鳞翅目	舟蛾科			
979	栎纷舟蛾	*Fentonia ocypete*	鳞翅目	舟蛾科			
980	甘舟蛾	*Gangaridopsis citrina*	鳞翅目	舟蛾科			
981	栎枝背舟蛾	*Harpyia umbrosa*	鳞翅目	舟蛾科			
982	丝舟蛾	*Higena trichosticha*	鳞翅目	舟蛾科			
983	同心舟蛾	*Homocentridia concentrica*	鳞翅目	舟蛾科			
984	间掌舟蛾	*Mesophalera sigmata*	鳞翅目	舟蛾科			
985	竖线舟蛾	*Mesophalera stigmata*	鳞翅目	舟蛾科			
986	竹拟皮舟蛾	*Mimopydna anaemica*	鳞翅目	舟蛾科			
987	明肩新奇舟蛾	*Necpbyta costais*	鳞翅目	舟蛾科			
988	大新二尾舟蛾	*Neocerura wisei*	鳞翅目	舟蛾科			
989	褐新林舟蛾	*Neodrymonia brunnea*	鳞翅目	舟蛾科			
990	新林舟蛾	*Neodrymonia delia*	鳞翅目	舟蛾科			
991	缘纹新林舟蛾	*Neodrymonia marginalis*	鳞翅目	舟蛾科			
992	云舟蛾	*Neopheosia fasciata*	鳞翅目	舟蛾科			
993	梭舟蛾	*Netria viridescens*	鳞翅目	舟蛾科			
994	刺桐掌舟蛾	*Phalera raya*	鳞翅目	舟蛾科			
995	栎掌舟蛾	*Phalera assimilis*	鳞翅目	舟蛾科			
996	苹掌舟蛾	*Phalera flavescens*	鳞翅目	舟蛾科			
997	榆掌舟蛾	*Phalera takasagoensis*	鳞翅目	舟蛾科			
998	白斑脖白舟蛾	*Quadricalarifera fasciata*	鳞翅目	舟蛾科			
999	枝舟蛾	*Ramesa tosta*	鳞翅目	舟蛾科			
1000	锈玫舟蛾	*Rosama ornata*	鳞翅目	舟蛾科			
1001	竹笋舟蛾	*Saliocleta retrofusca*	鳞翅目	舟蛾科			
1002	茅莓蚁舟蛾	*Stauropus basalis*	鳞翅目	舟蛾科			
1003	点舟蛾	*Stigmatophorina sericea*	鳞翅目	舟蛾科			
1004	白斑跨舟蛾	*Syntypistis comata*	鳞翅目	舟蛾科			
1005	糊脖舟蛾	*Syntypistis ambigua*	鳞翅目	舟蛾科			
1006	台湾银斑舟蛾	*Tarsolepis taiwana*	鳞翅目	舟蛾科			
1007	梨威舟蛾	*Wilemanus bidentatus*	鳞翅目	舟蛾科			
1008	大壳祝蛾	*Lecithocera megalopis*	鳞翅目	祝蛾科			
1009	桃小食心虫	*Carposina niporwnsis*	鳞翅目	蛀果蛾科			
1010	牯岭草蛉	*Chrysopa kulingensis*	脉翅目	草蛉科			
1011	松氏通草蛉	*Chrysoperla savioi*	脉翅目	草蛉科			
1012	锯角蝶角蛉	*Acheron trux*	脉翅目	蝶角蛉科			

序号	中文名	学名	目名	科名	濒危等级	保护等级	外来入侵种
1013	黄脊蝶角蛉	*Ascalohybris subjacens*	脉翅目	蝶角蛉科			
1014	全北褐蛉	*Hemerobius humuli*	脉翅目	褐蛉科			
1015	多支脉褐蛉	*Micromus ramosus*	脉翅目	褐蛉科			
1016	角纹脉褐蛉	*Micromus angulatus*	脉翅目	褐蛉科			
1017	黑点脉褐蛉	*Neuronema unipuncta*	脉翅目	褐蛉科			
1018	褐纹树蚁蛉	*Dendroleon pantherinus*	脉翅目	蚁蛉科			
1019	中华东蚁蛉	*Euroleon sinicus*	脉翅目	蚁蛉科			
1020	白云蚁蛉	*Paraglenurus japonicus*	脉翅目	蚁蛉科			
1021	追击大蚁蛉	*Synclisis japonica*	脉翅目	蚁蛉科			
1022	裂片斑石蛾	*Arctopsyche lobata*	毛翅目	斑石蛾科			
1023	长梳等翅石蛾	*Dolophilodes pectinata*	毛翅目	等翅石蛾科			
1024	中华等翅石蛾	*Wormadalia chinensis*	毛翅目	等翅石蛾科			
1025	贝氏角石蛾	*Stenopsyche banksi*	毛翅目	角石蛾科			
1026	天目山角石蛾	*Stenopsyche tienmushanensis*	毛翅目	角石蛾科			
1027	福建茎突鳞石蛾	*Dinarthrum fui*	毛翅目	鳞石蛾科			
1028	长翅鳞石蛾	*Lepidostoma arcuata*	毛翅目	鳞石蛾科			
1029	短叉瘤石蛾	*Goera ahofissura*	毛翅目	瘤石蛾科			
1030	中华舌石蛾	*Agapetus chinensis*	毛翅目	舌石蛾科			
1031	三带短脉纹石蛾	*Hydropsyche trifascia*	毛翅目	纹石蛾科			
1032	中庸离脉石蛾	*Hydromanicus intermedius*	毛翅目	纹石蛾科			
1033	福建侧枝纹石蛾	*Hydropsyche fukiensis*	毛翅目	纹石蛾科			
1034	格氏高原纹石蛾	*Hydropsyche grahami*	毛翅目	纹石蛾科			
1035	鳍茎纹石蛾	*Hydropsyche pellucidula*	毛翅目	纹石蛾科			
1036	三突侧枝纹石蛾	*Hydropsyche serpentina*	毛翅目	纹石蛾科			
1037	长角纹石蛾	*Macrostemum fastosum*	毛翅目	纹石蛾科			
1038	多型纹石蛾	*Polymorphanisus astictus*	毛翅目	纹石蛾科			
1039	长须长角石蛾	*Mystacides elongata*	毛翅目	长角石蛾科			
1040	黑斑栖长角石蛾	*Oecetis nigropunctata*	毛翅目	长角石蛾科			
1041	三指沼石蛾	*Apatania tridigitulus*	毛翅目	沼石蛾科			
1042	浙江沼石蛾	*Limnephilus zhejiangensis*	毛翅目	沼石蛾科			
1043	百山祖单爪螯蜂	*Anteon baishanzhuense*	膜翅目	螯蜂科			
1044	侨双距螯蜂	*Gonatopus hospes*	膜翅目	螯蜂科			
1045	棉虫分索赤眼蜂	*Trichogrammatoidea armigera*	膜翅目	赤眼蜂科			
1046	紫蓝丽锤角叶蜂	*Abia imperialis*	膜翅目	锤角叶蜂科			
1047	油茶地蜂	*Andrena camellia*	膜翅目	地蜂科			

序号	中文名	学名	目名	科名	濒危等级	保护等级	外来入侵种
1048	菲岛黑蜂	*Ceraphron manilae*	膜翅目	分盾细蜂科			
1049	切纹钩腹蜂	*Poecilogonalos intermedia*	膜翅目	钩腹蜂科			
1050	纹钩腹蜂	*Poecilogonalos magniftca*	膜翅目	钩腹蜂科			
1051	日本元蜾蠃	*Discoelius japonicus*	膜翅目	蜾蠃科			
1052	镶黄蜾蠃	*Eumenes decoratus*	膜翅目	蜾蠃科			
1053	中华唇蜾蠃	*Eumenes labiatus*	膜翅目	蜾蠃科			
1054	斯旁喙蜾蠃	*Pararrhynchium smithii*	膜翅目	蜾蠃科			
1055	变侧异腹胡蜂	*Parapolybia varia*	膜翅目	胡蜂科			
1056	印度侧异腹胡蜂	*Parapolybia indica*	膜翅目	胡蜂科			
1057	澳门马蜂	*Polistes macaensis*	膜翅目	胡蜂科			
1058	家马蜂	*Polistes jadwigae*	膜翅目	胡蜂科			
1059	陆马蜂	*Polistes rothneyi*	膜翅目	胡蜂科			
1060	畦马蜂	*Polistes sulcatus*	膜翅目	胡蜂科			
1061	约马蜂	*Polistes jokahamae*	膜翅目	胡蜂科			
1062	棕马蜂	*Polistes gigas*	膜翅目	胡蜂科			
1063	黑尾胡蜂	*Vespa ducalis*	膜翅目	胡蜂科			
1064	黄脚胡蜂	*Vespa velutina*	膜翅目	胡蜂科			
1065	黄腰胡蜂	*Vespa affinis*	膜翅目	胡蜂科			
1066	金环胡蜂	*Vespa mandarinia*	膜翅目	胡蜂科			
1067	墨胸胡蜂	*Vespa velutina nigrithorax*	膜翅目	胡蜂科			
1068	常见黄胡蜂	*Vespula vulgaris*	膜翅目	胡蜂科			
1069	细黄胡蜂	*Vespula flaviceps*	膜翅目	胡蜂科			
1070	棒腹方盾姬蜂	*Acerataspis clavata*	膜翅目	姬蜂科			
1071	螟虫顶姬蜂	*Acropimpla persimilis*	膜翅目	姬蜂科			
1072	纳库顶姬蜂	*Acropimpla nakula*	膜翅目	姬蜂科			
1073	台湾钩尾姬蜂	*Apechthis taiwanus*	膜翅目	姬蜂科			
1074	负泥虫沟姬蜂	*Bathythrix kuwanae*	膜翅目	姬蜂科			
1075	中华短硬姬蜂	*Brachyscleroma chinensis*	膜翅目	姬蜂科			
1076	稻纵卷叶螟凹眼姬蜂	*Casinaria simillima*	膜翅目	姬蜂科			
1077	螟蛉悬茧姬蜂	*Charops bicolor*	膜翅目	姬蜂科			
1078	稻纵卷叶螟黄脸姬蜂	*Chorinacus facialis*	膜翅目	姬蜂科			
1079	线角圆丘姬蜂	*Cobunus filicornis*	膜翅目	姬蜂科			
1080	日本黑瘤姬蜂	*Coccygomimus nipponicus*	膜翅目	姬蜂科			
1081	双条黑瘤姬蜂	*Coccygomimus bilineatus*	膜翅目	姬蜂科			
1082	黑斑嵌翅姬蜂	*Dicamptus nigropictus*	膜翅目	姬蜂科			

序号	中文名	学名	目名	科名	濒危等级	保护等级	外来入侵种
1083	网脊嵌翅姬蜂	*Dicamptus reticulatus*	膜翅目	姬蜂科			
1084	花胫蚜蝇姬蜂	*Diplazon laetatorius*	膜翅目	姬蜂科			
1085	朱色遏姬蜂	*Eccoptosage miniata*	膜翅目	姬蜂科			
1086	薄膜细颚姬蜂	*Enicospilus tenuinubeculus*	膜翅目	姬蜂科			
1087	茶毛虫细颚姬蜂	*Enicospilus pseudoconspersae*	膜翅目	姬蜂科			
1088	高氏细颚姬蜂	*Enicospilus gauldi*	膜翅目	姬蜂科			
1089	黑斑细颚姬蜂	*Enicospilus melanocarpus*	膜翅目	姬蜂科			
1090	红尾细颚姬蜂	*Enicospilus erythrocerus*	膜翅目	姬蜂科			
1091	假角细颚姬蜂	*Enicospilus pseudantennatus*	膜翅目	姬蜂科			
1092	苹毒蛾细颚姬蜂	*Enicospilus pudibundae*	膜翅目	姬蜂科			
1093	三阶细颚姬蜂	*Enicospilus tripartitus*	膜翅目	姬蜂科			
1094	索细颚姬蜂	*Enicospilus sauteri*	膜翅目	姬蜂科			
1095	台湾细颚姬蜂	*Enicospilus formosensis*	膜翅目	姬蜂科			
1096	同心细颗姬蜂	*Enicospilus concentralis*	膜翅目	姬蜂科			
1097	台湾长尾姬蜂	*Ephialtes taiwanus*	膜翅目	姬蜂科			
1098	纵卷叶螟钝唇姬蜂	*Eriborus vulgaris*	膜翅目	姬蜂科			
1099	相似外姬蜂	*Exenterus similis*	膜翅目	姬蜂科			
1100	中华外姬蜂	*Exenterus chinensis*	膜翅目	姬蜂科			
1101	缘盾凸脸姬蜂	*Exochus scutellatus*	膜翅目	姬蜂科			
1102	花胸姬蜂	*Gotra octocincta*	膜翅目	姬蜂科			
1103	颚甲腹姬蜂	*Hemigaster mandibularis*	膜翅目	姬蜂科			
1104	松毛虫异足姬蜂	*Heteropelma amictum*	膜翅目	姬蜂科			
1105	光爪等距姬蜂	*Hypsicera lita*	膜翅目	姬蜂科			
1106	台湾等距姬蜂	*Hypsicera formosana*	膜翅目	姬蜂科			
1107	桑螨聚瘤姬蜂	*Iseropus kuwanae*	膜翅目	姬蜂科			
1108	螟蛉埃姬蜂	*Itoptectis naranyae*	膜翅目	姬蜂科			
1109	青腹姬蜂	*Lareiga abdominalis*	膜翅目	姬蜂科			
1110	中华饰骨姬蜂	*Lophyroplectus chinensis*	膜翅目	姬蜂科			
1111	长尾曼姬蜂	*Mansa longicauda*	膜翅目	姬蜂科			
1112	蝙蛾角突姬蜂	*Megalomya hepialivora*	膜翅目	姬蜂科			
1113	金光盾脸姬蜂	*Metopius metallicus*	膜翅目	姬蜂科			
1114	福建畸脉姬蜂	*Neurogenia fujianensis*	膜翅目	姬蜂科			
1115	具瘤畸脉姬蜂	*Neurogenia tuberculuta*	膜翅目	姬蜂科			
1116	红胸短姬蜂	*Pachymelos rufithorax*	膜翅目	姬蜂科			
1117	白环黑瘤姬蜂	*Pimpla alboannulata*	膜翅目	姬蜂科			

序号	中文名	学名	目名	科名	濒危等级	保护等级	外来入侵种
1118	黄须黑瘤姬蜂	*Pimpla flavipalpis*	膜翅目	姬蜂科			
1119	脊额黑瘤姬蜂	*Pimpla carinifrons*	膜翅目	姬蜂科			
1120	满点黑瘤姬蜂	*Pimpla aethiops*	膜翅目	姬蜂科			
1121	乌黑瘤姬蜂	*Pimpla ereba*	膜翅目	姬蜂科			
1122	野蚕黑瘤姬蜂	*Pimpla luctuosus*	膜翅目	姬蜂科			
1123	广齿腿姬蜂	*Pristomenrus vulnerator*	膜翅目	姬蜂科			
1124	中华齿腿姬蜂	*Pristomenrus chinensis*	膜翅目	姬蜂科			
1125	黄褐齿胫姬蜂	*Scolobates testaceus*	膜翅目	姬蜂科			
1126	点尖腹姬蜂	*Stenichneiunon appropinquans*	膜翅目	姬蜂科			
1127	后斑尖腹姬蜂	*Stenichneiunon posticalis*	膜翅目	姬蜂科			
1128	螟黄抱缘姬蜂	*Temelucha biguttula*	膜翅目	姬蜂科			
1129	粘虫棘领姬蜂	*Therion circumflexum*	膜翅目	姬蜂科			
1130	仓蛾姬蜂	*Venturia canescens*	膜翅目	姬蜂科			
1131	稻纵卷叶螟白星姬蜂	*Vulgichneumon diminutus*	膜翅目	姬蜂科			
1132	广黑点瘤姬蜂	*Xanthopimpla punctata*	膜翅目	姬蜂科			
1133	白基多印姬蜂	*Zatypota albicoxa*	膜翅目	姬蜂科			
1134	长柄短颊姬小蜂	*Ckrysocharis chilo*	膜翅目	姬小蜂科			
1135	背毛姬小蜂	*Pnigalio soemias*	膜翅目	姬小蜂科			
1136	侧毛姬小蜂	*Pnigalio longulus*	膜翅目	姬小蜂科			
1137	黑脊茧蜂	*Aleiodes microculatus*	膜翅目	茧蜂科			
1138	脊腹脊茧蜂	*Aleiodes cariniventris*	膜翅目	茧蜂科			
1139	深色脊茧蜂	*Aleiodes tristis*	膜翅目	茧蜂科			
1140	松毛虫脊茧蜂	*Aleiodes esenbeckii*	膜翅目	茧蜂科			
1141	细足脊茧蜂	*Aleiodes gracilipes*	膜翅目	茧蜂科			
1142	眼蝶脊茧蜂	*Aleiodes coxalis*	膜翅目	茧蜂科			
1143	异脊茧蜂	*Aleiodes dispar*	膜翅目	茧蜂科			
1144	粘虫脊茧蜂	*Aleiodes mythimnae*	膜翅目	茧蜂科			
1145	折半脊茧蜂	*Aleiodes ruficornis*	膜翅目	茧蜂科			
1146	中华茧蜂	*Amyosoma chinensis*	膜翅目	茧蜂科			
1147	艾蚜茧蜂	*Aphidius commodus*	膜翅目	茧蜂科			
1148	燕麦蚜茧蜂	*Aphidius evenae*	膜翅目	茧蜂科			
1149	黑胸茧蜂	*Bracon nigrorufum*	膜翅目	茧蜂科			
1150	螟黑纹茧蜂	*Bracon onukii*	膜翅目	茧蜂科			
1151	毛肛宽鞘茧蜂	*Centistes chaetopygidium*	膜翅目	茧蜂科			
1152	红胸悦茧蜂	*Charmon rufithorax*	膜翅目	茧蜂科			

序号	中文名	学名	目名	科名	濒危等级	保护等级	外来入侵种
1153	百山祖横纹茧蜂	*Ciinocentrus baishanzuensis*	膜翅目	茧蜂科			
1154	皱额横纹茧蜂	*Ciinocentrus rugifrons*	膜翅目	茧蜂科			
1155	螟蛉盘绒茧蜂	*Cotesia ruficrus*	膜翅目	茧蜂科			
1156	麦蚜茧蜂	*Ephedrus plagiator*	膜翅目	茧蜂科			
1157	畲宽折茧蜂	*Eurycardiochiles shezu*	膜翅目	茧蜂科			
1158	钝鞘蚜茧蜂	*Fovephedrus palaestinensis*	膜翅目	茧蜂科			
1159	长鞘蚜茧蜂	*Fovephedrus longus*	膜翅目	茧蜂科			
1160	暗滑茧蜂	*Homolobus infumator*	膜翅目	茧蜂科			
1161	日本滑茧蜂	*Homolobus nipponensis*	膜翅目	茧蜂科			
1162	台湾缺沟茧蜂	*Laccagathis formosana*	膜翅目	茧蜂科			
1163	黄体毛室茧蜂	*Leiophron flavicorpus*	膜翅目	茧蜂科			
1164	山地常室茧蜂	*Peristenus montanus*	膜翅目	茧蜂科			
1165	两色合腹茧蜂	*Phanerotomella bicoloratus*	膜翅目	茧蜂科			
1166	浙江合腹茧蜂	*Phanerotomella zhejiangensis*	膜翅目	茧蜂科			
1167	褪色前眼茧蜂	*Proterops decoloratus*	膜翅目	茧蜂科			
1168	白螟叉齿茧蜂	*Pseudoshirakia jokohamensis*	膜翅目	茧蜂科			
1169	白螟黑纹茧蜂	*Stenobrocon nicebillei*	膜翅目	茧蜂科			
1170	钝长柄茧蜂	*Streblocera obtusa*	膜翅目	茧蜂科			
1171	三化螟茧蜂	*Tropobracon schoenobii*	膜翅目	茧蜂科			
1172	吴氏阔跗茧蜂	*Yelicones wui*	膜翅目	茧蜂科			
1173	红骗赛茧蜂	*Zele deceptor*	膜翅目	茧蜂科			
1174	绿眼赛茧蜂	*Zele chlorophthalmus*	膜翅目	茧蜂科			
1175	钝缘脊柄金小蜂	*Asaphes suspensus*	膜翅目	金小蜂科			
1176	长脉短颊金小蜂	*Cleonymus longinervus*	膜翅目	金小蜂科			
1177	璞隐后金小蜂	*Cyptoprymna pulla*	膜翅目	金小蜂科			
1178	泡金小蜂	*Cyrtogaster clavicornis*	膜翅目	金小蜂科			
1179	克里赘须金小蜂	*Halticoptera crius*	膜翅目	金小蜂科			
1180	长腹连褶金小蜂	*Lyubana longa*	膜翅目	金小蜂科			
1181	蚜虫楔缘金小蜂	*Pachyneuron aphidis*	膜翅目	金小蜂科			
1182	飞虱卵狭翅金小蜂	*Panstenon oxylus*	膜翅目	金小蜂科			
1183	蝶蛹金小蜂	*Pteromalus puparum*	膜翅目	金小蜂科			
1184	矩胸金小蜂	*Syntomopus thoracicus*	膜翅目	金小蜂科			
1185	长腹毛链金小蜂	*Systasis longula*	膜翅目	金小蜂科			
1186	绒茧克氏金小蜂	*Trichomalopsis apanteloctena*	膜翅目	金小蜂科			
1187	浙江锤举腹蜂	*Pristaulacus zhejiangensis*	膜翅目	举腹蜂科			

序号	中文名	学名	目名	科名	濒危等级	保护等级	外来入侵种
1188	东亚无垫蜂	*Amegilla parhypate*	膜翅目	蜜蜂科			
1189	东方蜜蜂	*Apis cerana*	膜翅目	蜜蜂科			
1190	西方蜜蜂	*Apis mellifera*	膜翅目	蜜蜂科			
1191	仿熊蜂	*Bombus imitator*	膜翅目	蜜蜂科			
1192	黑足熊蜂	*Bombus atripes*	膜翅目	蜜蜂科			
1193	三条熊蜂	*Bombus trifasciatus*	膜翅目	蜜蜂科			
1194	疏熊蜂	*Bombus emotus*	膜翅目	蜜蜂科			
1195	重黄熊蜂	*Bombus flavus*	膜翅目	蜜蜂科			
1196	中国芦蜂	*Ceratina chinensis*	膜翅目	蜜蜂科			
1197	角拟熊蜂	*Psithyrus cornutus*	膜翅目	蜜蜂科			
1198	忠拟熊蜂	*Psithyrus pieli*	膜翅目	蜜蜂科			
1199	多沙泥蜂	*Ammophila sabulosa*	膜翅目	泥蜂科			
1200	红足沙泥蜂	*Ammophila atripes*	膜翅目	泥蜂科			
1201	瘤额沙泥蜂	*Ammophila globifrontalis*	膜翅目	泥蜂科			
1202	日本蓝泥蜂	*Chalybion japonicum*	膜翅目	泥蜂科			
1203	壮足唇叶泥蜂	*Palmodesocdtanicus perplexus*	膜翅目	泥蜂科			
1204	普通短柄泥蜂	*Pemphredon inornata*	膜翅目	泥蜂科			
1205	形异短柄泥蜂	*Pemphredon lethifer*	膜翅目	泥蜂科			
1206	黑毛泥蜂	*Sphex haemorrhoidalis*	膜翅目	泥蜂科			
1207	百山祖三节叶蜂	*Arge baishanzua*	膜翅目	三节叶蜂科			
1208	半刃黑毛三节叶蜂	*Arge compar*	膜翅目	三节叶蜂科			
1209	扁角黑毛三节叶蜂	*Arge carinicomis*	膜翅目	三节叶蜂科			
1210	光唇黑毛三节叶蜂	*Arge similis*	膜翅目	三节叶蜂科			
1211	黑毛截唇三节叶蜂	*Arge nigropilosis*	膜翅目	三节叶蜂科			
1212	姬瓣黄腹三节叶蜂	*Arge pseudopagana*	膜翅目	三节叶蜂科			
1213	脊颜红胸三节叶蜂	*Arge vulnerata*	膜翅目	三节叶蜂科			
1214	脊颜混毛三节叶蜂	*Arge pseudosiluncula*	膜翅目	三节叶蜂科			
1215	刻颜黄腹三节叶蜂	*Arge obtusitheca*	膜翅目	三节叶蜂科			
1216	列斑黄腹三节叶蜂	*Arge xanthogaster*	膜翅目	三节叶蜂科			
1217	玫瑰黄腹三节叶蜂	*Arge pagana*	膜翅目	三节叶蜂科			
1218	日本黄腹三节叶蜂	*Arge nipponensis*	膜翅目	三节叶蜂科			
1219	震旦黄腹三节叶蜂	*Arge aurora*	膜翅目	三节叶蜂科			
1220	丽扁胫三节叶蜂	*Athermantus imperialis*	膜翅目	三节叶蜂科			
1221	金毛长腹土蜂	*Campsomeris prismatica*	膜翅目	土蜂科			
1222	四点土蜂	*Campsomeris pustulata*	膜翅目	土蜂科			

序号	中文名	学名	目名	科名	濒危等级	保护等级	外来入侵种
1223	眼斑土蜂	*Scolia oculata*	膜翅目	土蜂科			
1224	吴氏叉齿细蜂	*Exallonyx wuae*	膜翅目	细蜂科			
1225	广大腿小蜂	*Brachymeria lasus*	膜翅目	小蜂科			
1226	日本截胫小蜂	*Haltichella nipponensis*	膜翅目	小蜂科			
1227	双环钝颊叶蜂	*Aglaostigma pieli*	膜翅目	叶蜂科			
1228	尖刃狭背叶蜂	*Ametastegia acutiserrula*	膜翅目	叶蜂科			
1229	毛竹蓝片叶蜂	*Amonophadnus nigritus*	膜翅目	叶蜂科			
1230	黄带凹颚叶蜂	*Aneugmenus pteridii*	膜翅目	叶蜂科			
1231	日本凹颚叶蜂	*Aneugmenus japonicus*	膜翅目	叶蜂科			
1232	小膜凹颚叶蜂	*Aneugmenus cenchrus*	膜翅目	叶蜂科			
1233	刘氏狭背叶蜂	*Anietastegia liuzhiweii*	膜翅目	叶蜂科			
1234	黄盾亚室叶蜂	*Asiemphytus esakii*	膜翅目	叶蜂科			
1235	台湾亚室叶蜂	*Asiemphytus formosana*	膜翅目	叶蜂科			
1236	黑胫残青叶蜂	*Athalia proxima*	膜翅目	叶蜂科			
1237	钝颚基叶蜂	*Beleses atrofemorata*	膜翅目	叶蜂科			
1238	白鳞短唇叶蜂	*Birmindia gracilis*	膜翅目	叶蜂科			
1239	细齿粘叶蜂	*Caliroa minutidenta*	膜翅目	叶蜂科			
1240	圆刃粘叶蜂	*Caliroa pseudocerasi*	膜翅目	叶蜂科			
1241	东方狭蔺叶蜂	*Cladardis orientalis*	膜翅目	叶蜂科			
1242	短尾枝角叶蜂	*Cladius similis*	膜翅目	叶蜂科			
1243	中华小唇叶蜂	*Clypea sinica*	膜翅目	叶蜂科			
1244	斑股沟额叶蜂	*Corrugia femorata*	膜翅目	叶蜂科			
1245	中华沟额叶蜂	*Corrugia sinica*	膜翅目	叶蜂科			
1246	光额盉叶蜂	*Corymbas glabrifrons*	膜翅目	叶蜂科			
1247	副麦叶蜂	*Dolerus vulneraffis*	膜翅目	叶蜂科			
1248	丽毛麦叶蜂	*Dolerus poecilomallosis*	膜翅目	叶蜂科			
1249	浙江拟齿角叶蜂	*Edenticornia zhejiangensis*	膜翅目	叶蜂科			
1250	黑股类粘叶蜂	*Endemyolia tibialis*	膜翅目	叶蜂科			
1251	毛竹黑叶蜂	*Eutomostethus nigritus*	膜翅目	叶蜂科			
1252	三色真片叶蜂	*Eutomostethus tricolor*	膜翅目	叶蜂科			
1253	台湾真片叶蜂	*Eutomostethus formosanus*	膜翅目	叶蜂科			
1254	短柄直脉叶蜂	*Hemocla breuinervis*	膜翅目	叶蜂科			
1255	烟翅直脉叶蜂	*Hemocla infumata*	膜翅目	叶蜂科			
1256	歪唇隐斑叶蜂	*Lagidina trimaculata*	膜翅目	叶蜂科			
1257	格氏细锤角叶蜂	*Leptocimbex grahami*	膜翅目	叶蜂科			

序号	中文名	学名	目名	科名	濒危等级	保护等级	外来入侵种
1258	横斑丽叶蜂	*Linomorpha flava*	膜翅目	叶蜂科			
1259	大窝狭眶叶蜂	*Linorbita foveatinus*	膜翅目	叶蜂科			
1260	黑附狭眶叶蜂	*Linorbita nigritarsis*	膜翅目	叶蜂科			
1261	白环钩瓣叶蜂	*Macrophya albannulata*	膜翅目	叶蜂科			
1262	大别山钩瓣叶蜂	*Macrophya dabieshanica*	膜翅目	叶蜂科			
1263	副碟钩瓣叶蜂	*Macrophya paraminutifossa*	膜翅目	叶蜂科			
1264	寡斑钩瓣叶蜂	*Macrophya oligomaculella*	膜翅目	叶蜂科			
1265	深碟钩瓣叶蜂	*Macrophya coxalis*	膜翅目	叶蜂科			
1266	小碟钩瓣叶蜂	*Macrophya minutifossa*	膜翅目	叶蜂科			
1267	长腹钩瓣叶蜂	*Macrophya dolichogaster*	膜翅目	叶蜂科			
1268	马氏昧潜叶蜂	*Metallus mai*	膜翅目	叶蜂科			
1269	长柄耳鞘叶蜂	*Monardis pedicula*	膜翅目	叶蜂科			
1270	中华叶刀叶蜂	*Monophadnoides sinicus*	膜翅目	叶蜂科			
1271	邓氏突瓣叶蜂	*Nematus dengi*	膜翅目	叶蜂科			
1272	白唇侧齿叶蜂	*Neostromboceros tonkinensis*	膜翅目	叶蜂科			
1273	圆额侧齿叶蜂	*Neostromboceros circulofrons*	膜翅目	叶蜂科			
1274	长室侧齿叶蜂	*Neostromboceros dolichocellus*	膜翅目	叶蜂科			
1275	白肩平缝叶蜂	*Nesoselandria collaris*	膜翅目	叶蜂科			
1276	黄氏平缝叶蜂	*Nesoselandria huangi*	膜翅目	叶蜂科			
1277	结铗平缝叶蜂	*Nesoselandria nodalisa*	膜翅目	叶蜂科			
1278	聂氏平缝叶蜂	*Nesoselandria nieae*	膜翅目	叶蜂科			
1279	条跗平缝叶蜂	*Nesoselandria metotarsis*	膜翅目	叶蜂科			
1280	细拉方颜叶蜂	*Pachyprotasis sellata*	膜翅目	叶蜂科			
1281	吴氏拟栉叶蜂	*Priophorus wui*	膜翅目	叶蜂科			
1282	长踵锤缘叶蜂	*Pristiphora longitangia*	膜翅目	叶蜂科			
1283	浙江锉叶蜂	*Pristiphora zhejiangensis*	膜翅目	叶蜂科			
1284	中华浅沟叶蜂	*Pseudostromboceros sinensis*	膜翅目	叶蜂科			
1285	斑腹狭鞘叶蜂	*Strongylogaster macula*	膜翅目	叶蜂科			
1286	白基元叶蜂	*Taxonus leucocoxus*	膜翅目	叶蜂科			
1287	黑唇元叶蜂	*Taxonus attenata*	膜翅目	叶蜂科			
1288	红环元叶蜂	*Taxonus annulicomis*	膜翅目	叶蜂科			
1289	开室元叶蜂	*Taxonus immarginatus*	膜翅目	叶蜂科			
1290	竹内元叶蜂	*Taxonus takeuchii*	膜翅目	叶蜂科			
1291	侧斑槌腹叶蜂	*Tenthredo mortivaga*	膜翅目	叶蜂科			
1292	短条短角叶蜂	*Tenthredo vittipleuris*	膜翅目	叶蜂科			

序号	中文名	学名	目名	科名	濒危等级	保护等级	外来入侵种
1293	分附顺角叶蜂	*Tenthredo malimilova*	膜翅目	叶蜂科			
1294	脊盾横斑叶蜂	*Tenthredo pompilina*	膜翅目	叶蜂科			
1295	玛丽环角叶蜂	*Tenthredo margareteua*	膜翅目	叶蜂科			
1296	室带槌腹叶蜂	*Tenthredo nubipennis*	膜翅目	叶蜂科			
1297	突刃槌腹叶蜂	*Tenthredo fortunei*	膜翅目	叶蜂科			
1298	弯条斑翅叶蜂	*Tenthredo shunhuangensis*	膜翅目	叶蜂科			
1299	小顶斑黄叶蜂	*Tenthredo microvertexis*	膜翅目	叶蜂科			
1300	长柄槌腹叶蜂	*Tenthredo cylindrica*	膜翅目	叶蜂科			
1301	中华平斑叶蜂	*Tenthredo sinensis*	膜翅目	叶蜂科			
1302	纵脊绿斑叶蜂	*Tenthredo longitudicarina*	膜翅目	叶蜂科			
1303	台岛合叶蜂	*Tertihredopsis insularis*	膜翅目	叶蜂科			
1304	集刃简栉叶蜂	*Trichiocampus pruni*	膜翅目	叶蜂科			
1305	光柄双节行军蚁	*Aenictus laeviceps*	膜翅目	蚁科			
1306	西福氏钝猛蚁	*Amblyopone silvestrii*	膜翅目	蚁科			
1307	长足捷蚁	*Anoplolepis gracilipes*	膜翅目	蚁科			
1308	史氏盘腹蚁	*Aphaenogaster smythiesii*	膜翅目	蚁科			
1309	黄足短猛蚁	*Bmchyponem iuteipes*	膜翅目	蚁科			
1310	平和弓背蚁	*Camponotus mitis*	膜翅目	蚁科			
1311	日本弓背蚁	*Camponotus japonicus*	膜翅目	蚁科			
1312	少毛弓背蚁	*Camponotus spanis*	膜翅目	蚁科			
1313	伊东弓背蚁	*Camponotus itoi*	膜翅目	蚁科			
1314	上海举腹蚁	*Crematogaster zoceensis*	膜翅目	蚁科			
1315	游举腹蚁	*Crematogaster vagula*	膜翅目	蚁科			
1316	邵氏隐猛蚁	*Cryptopone sauteri*	膜翅目	蚁科			
1317	黑腹臭蚁	*Dolichoderus taprobanae*	膜翅目	蚁科			
1318	西北利亚臭蚁	*Dolichoderus sibiricus*	膜翅目	蚁科			
1319	东方行军蚁	*Dorylus orientalis*	膜翅目	蚁科			
1320	埃氏真结蚁	*Euprenolepis emmae*	膜翅目	蚁科			
1321	日本黑褐蚁	*Formica japonica*	膜翅目	蚁科			
1322	红曲颊猛蚁	*Gnamptogenys coccina*	膜翅目	蚁科			
1323	四川曲颊猛蚁	*Gnamptogenys panda*	膜翅目	蚁科			
1324	黑毛蚁	*Lasius niger*	膜翅目	蚁科			
1325	奇异毛蚁	*Lasius alienus*	膜翅目	蚁科			
1326	褐斑细胸蚁	*Leptothorax galeatus*	膜翅目	蚁科			
1327	黄细胸蚁	*Leptothorax indra*	膜翅目	蚁科			

序号	中文名	学名	目名	科名	濒危等级	保护等级	外来入侵种
1328	中华光胸臭蚁	*Liometopum sinense*	膜翅目	蚁科			
1329	玛格丽特氏红蚁	*Myrmica margaritae*	膜翅目	蚁科			
1330	大齿猛蚁	*Odontomachus haematodus*	膜翅目	蚁科			
1331	山大齿猛蚁	*Odontomachus monticola*	膜翅目	蚁科			
1332	高结稀切叶蚁	*Oligomyrmex altinodus*	膜翅目	蚁科			
1333	江西稀切叶蚁	*Oligomyrmex jiangxiensis*	膜翅目	蚁科			
1334	黄足厚结猛蚁	*Pachycondyla luteipes*	膜翅目	蚁科			
1335	敏捷厚结蚁	*Pachycondyla astuta*	膜翅目	蚁科			
1336	布立毛蚁	*Paratrechina bourbonica*	膜翅目	蚁科			
1337	黄立毛蚁	*Paratrechina flaviceps*	膜翅目	蚁科			
1338	亮立毛蚁	*Paratrechina vividula*	膜翅目	蚁科			
1339	邵氏立丰蚁	*Paratrechina sauteri*	膜翅目	蚁科			
1340	长角立毛蚁	*Paratrechina longicornis*	膜翅目	蚁科			
1341	宽结大头蚁	*Pheidole noda*	膜翅目	蚁科			
1342	哈氏刺蚁	*Polyrhachis halidayi*	膜翅目	蚁科			
1343	江华刺蚁	*Polyrhachis jianghuaensis*	膜翅目	蚁科			
1344	结刺蚁	*Polyrhachis rastellata*	膜翅目	蚁科			
1345	梅氏多刺蚁	*Polyrhachis illaudata*	膜翅目	蚁科			
1346	双齿多刺蚁	*Polyrhachis dives*	膜翅目	蚁科			
1347	叶形多刺蚁	*Polyrhachis lamellidens*	膜翅目	蚁科			
1348	阿里山猛蚁	*Ponera alisana*	膜翅目	蚁科			
1349	勐腊猛蚁	*Ponera menglana*	膜翅目	蚁科			
1350	南贡山猛蚁	*Ponera nangongshana*	膜翅目	蚁科			
1351	内氏前结蚁	*Prenolepis naoroji*	膜翅目	蚁科			
1352	双针棱胸切叶蚁	*Pristomyrmex pungens*	膜翅目	蚁科			
1353	飘细长蚁	*Tetraponera allaborans*	膜翅目	蚁科			
1354	埃氏扁胸切叶蚁	*Vollenhovia emeryi*	膜翅目	蚁科			
1355	斑足窄腹细蜂	*Ropronia pectipes*	膜翅目	窄腹细蜂科			
1356	阿长尾小蜂	*Torymus armotos*	膜翅目	长尾小蜂科			
1357	丽长尾小蜂	*Torymus calcaratus*	膜翅目	长尾小蜂科			
1358	竹长尾小蜂	*Torymus aiolomorphi*	膜翅目	长尾小蜂科			
1359	环带纹蛛蜂	*Batozonellus annulatus*	膜翅目	蛛蜂科			
1360	乌苏里指沟蛛蜂	*Calicurgus ussuriensis*	膜翅目	蛛蜂科			
1361	傲埃皮蛛蜂	*Episyron arrogans*	膜翅目	蛛蜂科			
1362	台湾半沟蛛蜂	*Hemipepsis taiwanus*	膜翅目	蛛蜂科			

序号	中文名	学名	目名	科名	濒危等级	保护等级	外来入侵种
1363	阳彩臂金龟	*Cheirotonus jansoni*	鞘翅目	臂金龟科	易危（VU）	二级	
1364	艳大步甲	*Carabus lafossei*	鞘翅目	步甲科			
1365	毛婪步甲	*Harpalus griseus*	鞘翅目	步甲科			
1366	壶速步甲	*Lebidromius hauseri*	鞘翅目	步甲科			
1367	广屁步甲	*Pheropsophus occipitalis*	鞘翅目	步甲科			
1368	耶气步甲	*Pheropsophus jessoensis*	鞘翅目	步甲科			
1369	中华屁步甲	*Pheropsophus chinensis*	鞘翅目	步甲科			
1370	黑蝶步甲	*Scarites sulcatus*	鞘翅目	步甲科			
1371	双齿蝶步甲	*Scarites acutidens*	鞘翅目	步甲科			
1372	棕角狭胸步甲	*Stenolophus fulvicomis*	鞘翅目	步甲科			
1373	东方豉甲	*Dineutus orientalis*	鞘翅目	豉甲科			
1374	蚕豆象	*Bruchus rufimanus*	鞘翅目	豆象科			是
1375	赤颈郭公虫	*Necrobia ruficollis*	鞘翅目	郭公甲科			是
1376	金斑虎甲	*Cicindela aurulenla*	鞘翅目	虎甲科			
1377	深山虎甲	*Cicindela sachalinensis*	鞘翅目	虎甲科			
1378	中华虎甲	*Cicindela chinenesis*	鞘翅目	虎甲科			
1379	捧角树虎甲	*Collyris crassicomis*	鞘翅目	虎甲科			
1380	离斑虎甲	*Cosmodela separate*	鞘翅目	虎甲科			
1381	钳端虎甲	*Cylindera lobipennis*	鞘翅目	虎甲科			
1382	光端缺翅虎甲	*Tricondyla macrodera*	鞘翅目	虎甲科			
1383	毛胸异花萤	*Lycocerus pubicollis*	鞘翅目	花萤科			
1384	黄花萤	*Rhagonycha japonica*	鞘翅目	花萤科			
1385	地下丽花萤	*Themus hypopelius*	鞘翅目	花萤科			
1386	华丽花萤	*Themus imperialis*	鞘翅目	花萤科			
1387	利氏丽花萤	*Themus leechianus*	鞘翅目	花萤科			
1388	日本脊吉丁	*Chalcophora japonica*	鞘翅目	吉丁虫科			
1389	柑橘星吉丁	*Chrysobothris succedanea*	鞘翅目	吉丁虫科			
1390	华长丽金龟	*Adoretosoma chinense*	鞘翅目	丽金龟科			
1391	毛斑喙丽金龟	*Adoretus tenuimaculatus*	鞘翅目	丽金龟科			
1392	中华喙丽金龟	*Adoretus sinicus*	鞘翅目	丽金龟科			
1393	红脚异丽金龟	*Anomala cupripes*	鞘翅目	丽金龟科			
1394	黄胫异丽金龟	*Anomala rufipes*	鞘翅目	丽金龟科			
1395	绿脊异丽金龟	*Anomala aulax*	鞘翅目	丽金龟科			
1396	毛褐异丽金龟	*Anomala hirsutula*	鞘翅目	丽金龟科			
1397	铜绿异丽金龟	*Anomala corpulenta*	鞘翅目	丽金龟科			

序号	中文名	学名	目名	科名	濒危等级	保护等级	外来入侵种
1398	黄裙彩丽金龟	*Mimela flavocincta*	鞘翅目	丽金龟科			
1399	墨绿彩丽金龟	*Mimela splendens*	鞘翅目	丽金龟科			
1400	棉花弧丽金龟	*Popillia mutans*	鞘翅目	丽金龟科			
1401	曲带弧丽金龟	*Popillia pustulata*	鞘翅目	丽金龟科			
1402	中华弧丽金龟	*Popillia quadriuttata*	鞘翅目	丽金龟科			
1403	尾歪鳃金龟	*Cyphochiclus apicalis*	鞘翅目	鳃金龟科			
1404	暗黑鳃金龟	*Holotrichia parallela*	鞘翅目	鳃金龟科			
1405	大云鳃金龟	*Polyphylla laticollis*	鞘翅目	鳃金龟科			
1406	华武粪金龟	*Enoplotrupes sinensis*	鞘翅目	粪金龟科			
1407	婪嗡蜣螂	*Onthophagus lenzi*	鞘翅目	金龟科			
1408	斑青花金龟	*Oxycetonia bealiae*	鞘翅目	花金龟科			
1409	小青花金龟	*Oxycetonia jucunda*	鞘翅目	花金龟科			
1410	白星花金龟	*Protaetia brevitarsis*	鞘翅目	花金龟科			
1411	双斑金龟	*Trichius bifasciatus*	鞘翅目	斑金龟科			
1412	双叉犀金龟	*Trypoxylus dichotomus*	鞘翅目	犀金龟科			
1413	丽距甲	*Poecilomorpha pretiosa*	鞘翅目	距甲科			
1414	枥细胫卷象	*Apoderus jekelii*	鞘翅目	卷象科			
1415	黑尾卷象	*Apoderus nigroapicatus*	鞘翅目	卷象科			
1416	蓝丽叩甲	*Campsosternus mirabilis*	鞘翅目	叩甲科			
1417	丽叩甲	*Campsosternus auratus*	鞘翅目	叩甲科			
1418	直角瘤盾叩甲	*Gnatodicrus perpendicularis*	鞘翅目	叩甲科			
1419	朱腹梳爪叩甲	*Melanotus ventralis*	鞘翅目	叩甲科			
1420	粒翅土叩甲	*Xanthopenthes granulipennis*	鞘翅目	叩甲科			
1421	日本缢颈梨象	*Piezotrachelus japonicus*	鞘翅目	梨象科			
1422	稻田龙虱	*Cybister ventralis*	鞘翅目	龙虱科			
1423	东方龙虱	*Cybister tripunctatus*	鞘翅目	龙虱科			
1424	灰龙虱	*Eretes sticticus*	鞘翅目	龙虱科			
1425	黄条龙虱	*Hydaticus bowringi*	鞘翅目	龙虱科			
1426	长尾露尾甲	*Carpophilus nitidus*	鞘翅目	露尾甲科			
1427	红胸葬甲	*Calosilpha brunneicollis*	鞘翅目	埋葬甲科			
1428	黑角尸葬甲	*Necrodes nigricornis*	鞘翅目	埋葬甲科			
1429	亚洲尸葬甲	*Necrodes littoralis*	鞘翅目	埋葬甲科			
1430	点额覆葬甲	*Nicrophorus maculifrons*	鞘翅目	埋葬甲科			
1431	黑覆葬甲	*Nicrophorus concolor*	鞘翅目	埋葬甲科			
1432	尼覆葬甲	*Nicrophorus nepalensis*	鞘翅目	埋葬甲科			

序号	中文名	学名	目名	科名	濒危等级	保护等级	外来入侵种
1433	中国覆葬甲	*Nicrophorus sinensis*	鞘翅目	埋葬甲科			
1434	黑朽木甲	*Allecula melanaria*	鞘翅目	拟步甲科			
1435	尖角阿垫甲	*Anaedus mroczkowskii*	鞘翅目	拟步甲科			
1436	短颈朽木甲	*Allecula brachyolera*	鞘翅目	拟步甲科			
1437	齿沟伪叶甲	*Bothynogria calcarata*	鞘翅目	拟步甲科			
1438	暗色拱轴甲	*Campsiomorpha lata*	鞘翅目	拟步甲科			
1439	方角伪叶甲	*Cerogria quadrimaculata*	鞘翅目	拟步甲科			
1440	中国彩菌甲	*Ceropria chinensis*	鞘翅目	拟步甲科			
1441	黑腹栉甲	*Cteniopinus nigroventrus*	鞘翅目	拟步甲科			
1442	红色栉甲	*Cteniopinus ruber*	鞘翅目	拟步甲科			
1443	黄须栉甲	*Cteniopinus flavipalpulus*	鞘翅目	拟步甲科			
1444	色伪叶甲	*Lagria picta*	鞘翅目	拟步甲科			
1445	齿胸大伪叶甲	*Macrolagria denticollis*	鞘翅目	拟步甲科			
1446	金绿邻烁甲	*Plesiophthalmus metallicus*	鞘翅目	拟步甲科			
1447	蓝色邻烁甲	*Plesiophthalmus caendeus*	鞘翅目	拟步甲科			
1448	深黑邻烁甲	*Plesiophthalmus ater*	鞘翅目	拟步甲科			
1449	弯股邻烁甲	*Plesiophthalmus cruralis*	鞘翅目	拟步甲科			
1450	弯背树甲	*Strongylium gibbosulum*	鞘翅目	拟步甲科			
1451	黄粉虫	*Tenebrio molitor*	鞘翅目	拟步甲科			
1452	多齿齿甲	*Uloma mulidenta*	鞘翅目	拟步甲科			
1453	栗色齿甲	*Uloma castanea*	鞘翅目	拟步甲科			
1454	梁氏齿甲	*Uloma liangi*	鞘翅目	拟步甲科			
1455	链纹裸瓢虫	*Calvia sicardi*	鞘翅目	瓢虫科			
1456	宽缘唇瓢虫	*Chilocorus rufitarsus*	鞘翅目	瓢虫科			
1457	七星瓢虫	*Coccinella septempunctata*	鞘翅目	瓢虫科			
1458	二十八星瓢虫	*Epilachna vigintioctopunctata*	鞘翅目	瓢虫科			
1459	黑缘光瓢虫	*Exochomus nigromarginatus*	鞘翅目	瓢虫科			
1460	蒙古光瓢虫	*Exochomus mongol*	鞘翅目	瓢虫科			
1461	异色瓢虫	*Harmonia axyridis*	鞘翅目	瓢虫科			
1462	马铃薯瓢虫	*Henosepilachna vigitioctomaculata*	鞘翅目	瓢虫科			
1463	四星盾瓢虫	*Hyperaspis repensis*	鞘翅目	瓢虫科			
1464	素鞘瓢虫	*Illeis cincta*	鞘翅目	瓢虫科			
1465	黄缘巧瓢虫	*Oenopia sauzeti*	鞘翅目	瓢虫科			
1466	巨锯锹甲	*Dorcus titanus*	鞘翅目	锹甲科			
1467	红缘新锹甲	*Neolucanus pallescens*	鞘翅目	锹甲科			

序号	中文名	学名	目名	科名	濒危等级	保护等级	外来入侵种
1468	西光胫锹甲	*Odontolabis siva*	鞘翅目	锹甲科			
1469	三锥象	*Primitive weevil*	鞘翅目	三锥象甲科			
1470	中水龟虫	*Hydrophilus hastatus*	鞘翅目	水龟甲科			
1471	黑水龟虫	*Stemolophus rufipes*	鞘翅目	水龟甲科			
1472	栗灰锦天牛	*Acalolepta degener*	鞘翅目	天牛科			
1473	南方锦天牛	*Acalolepta speciosa*	鞘翅目	天牛科			
1474	丝锦天牛	*Acalolepta vitalisi*	鞘翅目	天牛科			
1475	无芒锦天牛	*Acalolepta floculata*	鞘翅目	天牛科			
1476	双斑锦天牛	*Acalolepta sublusca*	鞘翅目	天牛科			
1477	山茶连突天牛	*Anastheths parva*	鞘翅目	天牛科			
1478	光肩星天牛	*Anoplophora glabripennis*	鞘翅目	天牛科			
1479	拟绿绒星天牛	*Anoplophora bowringii*	鞘翅目	天牛科			
1480	拟星天牛	*Anoplophora imitatrix*	鞘翅目	天牛科			
1481	星天牛	*Anoplophora chinensis*	鞘翅目	天牛科			
1482	纹胸柄天牛	*Aphrodisium neoxenum*	鞘翅目	天牛科			
1483	凹胸梗天牛	*Arhopalus oberthuri*	鞘翅目	天牛科			
1484	赤梗天牛	*Arhopalus unicolor*	鞘翅目	天牛科			
1485	褐梗天牛	*Arhopalus rusticus*	鞘翅目	天牛科			
1486	瘤胸簇天牛	*Aristobia hispida*	鞘翅目	天牛科			
1487	桃红颈天牛	*Aromia bungii*	鞘翅目	天牛科			
1488	杨红颈天牛	*Aromia moschata*	鞘翅目	天牛科			
1489	黄荆重突天牛	*Astathes episcopalis*	鞘翅目	天牛科			
1490	云斑白条天牛	*Batocera horsfieldi*	鞘翅目	天牛科			
1491	深斑灰天牛	*Blepephaeus succinctor*	鞘翅目	天牛科			
1492	棕扁胸天牛	*Callidium villosulum*	鞘翅目	天牛科			
1493	弧纹绿虎天牛	*Chlorophorus miwai*	鞘翅目	天牛科			
1494	黑角伞花天牛	*Corymbia succedanea*	鞘翅目	天牛科			
1495	瘦天牛	*Distenia gracilis*	鞘翅目	天牛科			
1496	二斑黑绒天牛	*Embrikstrandia bimaculata*	鞘翅目	天牛科			
1497	海南额象天牛	*Fabomesosella hakka*	鞘翅目	天牛科			
1498	榆并脊天牛	*Glenea relicta*	鞘翅目	天牛科			
1499	黄纹花天牛	*Leptura ochraceofasciata*	鞘翅目	天牛科			
1500	金绒花天牛	*Leptura auratopilosa*	鞘翅目	天牛科			
1501	金丝花天牛	*Leptura aurosericans*	鞘翅目	天牛科			
1502	十二斑花天牛	*Leptura duodecimguttata*	鞘翅目	天牛科			

序号	中文名	学名	目名	科名	濒危等级	保护等级	外来入侵种
1503	小黄斑花天牛	*Leptura ambulatrix*	鞘翅目	天牛科			
1504	异色花天牛	*Leptura thoracica*	鞘翅目	天牛科			
1505	顶斑瘤筒天牛	*Linda fraterna*	鞘翅目	天牛科			
1506	黑角瘤筒天牛	*Linda atricomis*	鞘翅目	天牛科			
1507	瘤筒天牛	*Linda femorata*	鞘翅目	天牛科			
1508	中华薄翅天牛	*Megopis sinica*	鞘翅目	天牛科			
1509	宽带象天牛	*Mesosa latifasciata*	鞘翅目	天牛科			
1510	红翅拟瘦花天牛	*Mimostrangalia dulcis*	鞘翅目	天牛科			
1511	松墨天牛	*Monochaznus abernaftzs*	鞘翅目	天牛科			
1512	樱红肿角天牛	*Neocerambyx oenochrous*	鞘翅目	天牛科			
1513	黄腹脊筒天牛	*Nupserha testaceipes*	鞘翅目	天牛科			
1514	南亚脊筒天牛	*Nupserha clypealis*	鞘翅目	天牛科			
1515	暗翅筒天牛	*Oberea fuscipennis*	鞘翅目	天牛科			
1516	凹尾筒天牛	*Oberea walkeri*	鞘翅目	天牛科			
1517	粗点筒天牛	*Oberea nigriceps*	鞘翅目	天牛科			
1518	黑盾筒天牛	*Oberea bisbipunctata*	鞘翅目	天牛科			
1519	日本筒天牛	*Oberea japonica*	鞘翅目	天牛科			
1520	八星粉天牛	*Olenecamptus octopustulatus*	鞘翅目	天牛科			
1521	蜡斑齿胫天牛	*Parafeprodera carobna*	鞘翅目	天牛科			
1522	芒麻双脊天牛	*Paraglenea fortunei*	鞘翅目	天牛科			
1523	密点异花天牛	*Parastrangalis crebrepunctata*	鞘翅目	天牛科			
1524	橘狭胸天牛	*Philus antennatus*	鞘翅目	天牛科			
1525	蔗狭胸天牛	*Philus pallescens*	鞘翅目	天牛科			
1526	黄纹小筒天牛	*Phytoecia comes*	鞘翅目	天牛科			
1527	黄带多带天牛	*Polyzonus fasciatus*	鞘翅目	天牛科			
1528	锯天牛	*Prionus insularis*	鞘翅目	天牛科			
1529	桔根接眼天牛	*Priotyranus closteroides*	鞘翅目	天牛科			
1530	脊突坡天牛	*Pterolophia granulata*	鞘翅目	天牛科			
1531	天目长尾花天牛	*Pygostrangalia tienmushana*	鞘翅目	天牛科			
1532	暗红折天牛	*Pyrestes haematica*	鞘翅目	天牛科			
1533	粗鞘双条杉天牛	*Semanotus sinoauster*	鞘翅目	天牛科			
1534	天目华草天牛	*Sinodorcadion punctulatum*	鞘翅目	天牛科			
1535	池田氏华花天牛	*Sinostrangalis ikedai*	鞘翅目	天牛科			
1536	椎天牛	*Spondylis buprestoides*	鞘翅目	天牛科			
1537	福建狭天牛	*Stenhomalus coomani*	鞘翅目	天牛科			

序号	中文名	学名	目名	科名	濒危等级	保护等级	外来入侵种
1538	拟蜡天牛	*Stenygrinum quadrinotatum*	鞘翅目	天牛科			
1539	蚤瘦花天牛	*Strangalia fortunei*	鞘翅目	天牛科			
1540	赭腿瘦花天牛	*Strangalia linsleyi*	鞘翅目	天牛科			
1541	黄带刺楔天牛	*Thermistis croceocincta*	鞘翅目	天牛科			
1542	黄斑锥背天牛	*Thranius signatus*	鞘翅目	天牛科			
1543	核桃脊虎天牛	*Xylotrechus contortus*	鞘翅目	天牛科			
1544	合欢双条天牛	*Xystrocera globosa*	鞘翅目	天牛科			
1545	疏毛准铁甲	*Rhadinosa lebongensis*	鞘翅目	铁甲科			
1546	毛束象	*Desmidophorus hebes*	鞘翅目	象甲科			
1547	褐足角胸肖叶甲	*Basilepta fulvipes*	鞘翅目	肖叶甲科			
1548	隆基角胸肖叶甲	*Basilepta leechi*	鞘翅目	肖叶甲科			
1549	瘤鞘茶肖叶甲	*Demotina tuberosa*	鞘翅目	肖叶甲科			
1550	双带方额肖叶甲	*Physauchenia bifasciata*	鞘翅目	肖叶甲科			
1551	红胸扁角肖叶甲	*Platycorynus igneicollis*	鞘翅目	肖叶甲科			
1552	黑额光肖叶甲	*Smaragdina nigrifrons*	鞘翅目	肖叶甲科			
1553	短翅豆芫菁	*Epicauta aptera*	鞘翅目	芫菁科			
1554	红头豆芫菁	*Epicauta ruficeps*	鞘翅目	芫菁科			
1555	锯角豆芫菁	*Epicauta gorhami*	鞘翅目	芫菁科			
1556	毛角豆芫菁	*Epicauta hirticomis*	鞘翅目	芫菁科			
1557	中国豆芫菁	*Epicauta chinensis*	鞘翅目	芫菁科			
1558	大斑芫菁	*Mylabris phalerata*	鞘翅目	芫菁科			
1559	眼斑芫菁	*Mylabris cichotii*	鞘翅目	芫菁科			
1560	扭清亮阎甲	*Atholus torquatus*	鞘翅目	阎甲科			
1561	简胸阎甲	*Hister simplicisternus*	鞘翅目	阎甲科			
1562	日本阎甲	*Hister japonicus*	鞘翅目	阎甲科			
1563	阿葛歧阎甲	*Margarinotus agnatus*	鞘翅目	阎甲科			
1564	大泽歧阎甲	*Margarinotus osawai*	鞘翅目	阎甲科			
1565	蓝跳甲	*Altica cyanea*	鞘翅目	叶甲科			
1566	黄小胸萤叶甲	*Arthrotidea ruficollis*	鞘翅目	叶甲科			
1567	黑足黑守瓜	*Aulacophora nigripennis*	鞘翅目	叶甲科			
1568	印度黄守瓜	*Aulacophora indica*	鞘翅目	叶甲科			
1569	黄腹丽萤叶甲	*Clitenella fulminans*	鞘翅目	叶甲科			
1570	菜无缘叶甲	*Colaphellus bowringii*	鞘翅目	叶甲科			
1571	甘薯肖叶甲	*Colasposoma dauricum*	鞘翅目	叶甲科			
1572	黄斑德萤叶甲	*Dercetina flavocincta*	鞘翅目	叶甲科			

序号	中文名	学名	目名	科名	濒危等级	保护等级	外来入侵种
1573	菊攸萤叶甲	*Euliroetis omata*	鞘翅目	叶甲科			
1574	金绿里叶甲	*Linaeidea aeneipennis*	鞘翅目	叶甲科			
1575	竹长附萤叶甲	*Monolepta pallidula*	鞘翅目	叶甲科			
1576	日榕萤叶甲	*Morphaera japonica*	鞘翅目	叶甲科			
1577	蓝翅瓢萤叶甲	*Oides bowringii*	鞘翅目	叶甲科			
1578	十星瓢萤叶甲	*Oides decempunctatus*	鞘翅目	叶甲科			
1579	枫香凹翅萤叶甲	*Paleosepharia liquidambara*	鞘翅目	叶甲科			
1580	大毛肖叶甲	*Trichochrysea imperialis*	鞘翅目	叶甲科			
1581	多刺毒隐翅虫	*Paederus describendus*	鞘翅目	隐翅虫科			
1582	小黑菲隐翅虫	*Philonthus varius*	鞘翅目	隐翅虫科			
1583	中国齿隐翅虫	*Priochirus chinensis*	鞘翅目	隐翅虫科			
1584	比桑颊脊隐翅虫	*Quedius beesoni*	鞘翅目	隐翅虫科			
1585	台湾微隐翅虫	*Thoracostrongylus formosanus*	鞘翅目	隐翅虫科			
1586	异炯目象	*Ommatolampes paratasioides*	鞘翅目	隐颏象科			
1587	松瘤象	*Sipalinus gigas*	鞘翅目	隐颏象科			
1588	大端黑萤	*Abscondita anceyi*	鞘翅目	萤科			
1589	日本黄萤	*Lucidina japonica*	鞘翅目	萤科			
1590	中华黄萤	*Luciola chinensis*	鞘翅目	萤科			
1591	咖啡豆象	*Araecerus fasciculatus*	鞘翅目	长角象科			是
1592	帕纬长足春蜓	*Merogomphus pavici*	蜻蜓目	春蜓科			
1593	巨圆臀大蜓	*Anotogaster sieboldii*	蜻蜓目	大蜓科			
1594	蓝额疏脉蜻	*Brachydiplax chalybea*	蜻蜓目	蜻科			
1595	黄翅蜻	*Brachythemis contaminate*	蜻蜓目	蜻科			
1596	红蜻	*Crocothemis servilia*	蜻蜓目	蜻科			
1597	白尾灰蜻	*Orthetrum albistylum*	蜻蜓目	蜻科			
1598	赤褐灰蜻	*Orthetrum pruinosum*	蜻蜓目	蜻科			
1599	黄翅灰蜻	*Orthetrum testaceum*	蜻蜓目	蜻科			
1600	异色灰蜻	*Orthetrum melania*	蜻蜓目	蜻科			
1601	六斑曲缘蜻	*Palpopleura sexmaculata*	蜻蜓目	蜻科			
1602	黄蜻	*Pantala flavescens*	蜻蜓目	蜻科			
1603	大赤蜻	*Sympetrum baccha*	蜻蜓目	蜻科			
1604	褐顶赤蜻	*Sympetrum infuscatum*	蜻蜓目	蜻科			
1605	竖眉赤蜻	*Sympetrum eroticum*	蜻蜓目	蜻科			
1606	小黄赤靖	*Sympetrum kunckeli*	蜻蜓目	蜻科			
1607	晓褐蜻	*Trithemis aurora*	蜻蜓目	蜻科			

序号	中文名	学名	目名	科名	濒危等级	保护等级	外来入侵种
1608	闪蓝丽大伪蜻	*Epophthalmia elegans*	蜻蜓目	大伪蜻科			
1609	黑纹伟蜓	*Anax nigrofasciatus*	蜻蜓目	蜓科			
1610	黑暗色蟌	*Atrocalopteryx atrata*	蜻蜓目	色蟌科			
1611	赤基色蟌	*Archineura incarnata*	蜻蜓目	色蟌科			
1612	绿闪色蟌	*Caliphaea onfiise*	蜻蜓目	色蟌科			
1613	紫闪色蟌	*Caliphaea consimilis*	蜻蜓目	色蟌科			
1614	透顶单脉色蟌	*Matrona basilaris*	蜻蜓目	色蟌科			
1615	透翅黄细色蟌	*Vestalaria smaragdina*	蜻蜓目	色蟌科			
1616	水鬼扇山蟌	*Rhipidolestes nectans*	蜻蜓目	山蟌科			
1617	华丽扇蟌	*Calicnemia sinensis*	蜻蜓目	扇蟌科			
1618	黄纹长腹扇蟌	*Coeliccia cyanomelas*	蜻蜓目	扇蟌科			
1619	白狭扇蟌	*Copera annulata*	蜻蜓目	扇蟌科			
1620	长尾黄蟌	*Ceriagrion fallax*	蜻蜓目	蟌科			
1621	针尾狭翅蟌	*Aciagrion migratum*	蜻蜓目	蟌科			
1622	东亚异痣蟌	*Ischnura asiatica*	蜻蜓目	蟌科			
1623	捷尾蟌	*Paracercion v-nigrum*	蜻蜓目	蟌科			
1624	线纹鼻蟌	*Rhinocypha drusilla*	蜻蜓目	犀蟌科			
1625	巨齿尾溪蟌	*Bayadera melanopteryx*	蜻蜓目	溪蟌科			
1626	黄腹绿综蟌	*Megalestes heros*	蜻蜓目	综蟌科			
1627	非显长角菌蚊	*Macrocera inconspicua*	双翅目	扁角菌蚊科			
1628	黄褐长角菌蚊	*Macrocera tawnia*	双翅目	扁角菌蚊科			
1629	交互长角菌蚊	*Macrocera alternata*	双翅目	扁角菌蚊科			
1630	辛汉长角菌蚊	*Macrocera simhanjangana*	双翅目	扁角菌蚊科			
1631	雅长角菌蚊	*Macrocera elegantula*	双翅目	扁角菌蚊科			
1632	稻芒蝇	*Atherigona oryzae*	双翅目	厕蝇科			
1633	白纹厕蝇	*Fannia leucosticta*	双翅目	厕蝇科			
1634	宽厕蝇	*Fannia ampla*	双翅目	厕蝇科			
1635	瘤胫厕蝇	*Fannia scalaris*	双翅目	厕蝇科			
1636	双毛厕蝇	*Fannia aethiops*	双翅目	厕蝇科			
1637	夏厕蝇	*Fannia canicularis*	双翅目	厕蝇科			
1638	元厕蝇	*Fannia prisca*	双翅目	厕蝇科			
1639	黄背芒角臭虻	*Dialysis flava*	双翅目	臭虻科			
1640	细刺隆缘大蚊	*Brithura fractisigma*	双翅目	大蚊科			
1641	中华叉烛大蚊	*Diogma sinensis*	双翅目	大蚊科			
1642	棒突棘膝大蚊	*Holorusia clavipes*	双翅目	大蚊科			

序号	中文名	学名	目名	科名	濒危等级	保护等级	外来入侵种
1643	多突短柄大蚊	*Nephrotoma virgata*	双翅目	大蚊科			
1644	黑突短柄大蚊	*Nephrotoma nigrostylata*	双翅目	大蚊科			
1645	黄盾短柄大蚊	*Nephrotoma flavonota*	双翅目	大蚊科			
1646	尖突短柄大蚊	*Nephrotoma impigra*	双翅目	大蚊科			
1647	双叶短柄大蚊	*Nephrotoma biarmigera*	双翅目	大蚊科			
1648	浙江短柄大蚊	*Nephrotoma zhejiangensis*	双翅目	大蚊科			
1649	中突短柄大蚊	*Nephrotoma medioproducta*	双翅目	大蚊科			
1650	短尾窗大蚊	*Pedicia subfalcata*	双翅目	大蚊科			
1651	比氏普大蚊	*Tipula pieli*	双翅目	大蚊科			
1652	宽刺尖大蚊	*Tipula platycantha*	双翅目	大蚊科			
1653	双尾普大蚊	*Tipula biaciculifera*	双翅目	大蚊科			
1654	细刺尖大蚊	*Tipula stenacantha*	双翅目	大蚊科			
1655	新雅大蚊	*Tipula nova*	双翅目	大蚊科			
1656	中华日大蚊	*Tipula sinica*	双翅目	大蚊科			
1657	长足裸粪蚊	*Apiloscatopse longipes*	双翅目	粪蚊科			
1658	广粪蚊	*Coboldia fuscipes*	双翅目	粪蚊科			
1659	珠角粪蚊	*Colobostema torulosa*	双翅目	粪蚊科			
1660	华联脉粪蚊	*Holoplagia sinica*	双翅目	粪蚊科			
1661	乳突粪蚊	*Scatopse mastoidea*	双翅目	粪蚊科			
1662	齿突姬蜂虻	*Systropus serratus*	双翅目	蜂虻科			
1663	古田山姬蜂虻	*Systropus gutianshanus*	双翅目	蜂虻科			
1664	黄翅姬蜂虻	*Systropus flavalatus*	双翅目	蜂虻科			
1665	箭尾姬蜂虻	*Systropus oestrus*	双翅目	蜂虻科			
1666	金刺姬蜂虻	*Systropus aurantispinus*	双翅目	蜂虻科			
1667	长刺姬蜂虻	*Systropus dolichochaetaus*	双翅目	蜂虻科			
1668	狷秆蝇	*Anatrichus pygmaeus*	双翅目	秆蝇科			
1669	中华粉秆蝇	*Anthracophagella sinensis*	双翅目	秆蝇科			
1670	中华突距秆蝇	*Discadrema sinica*	双翅目	秆蝇科			
1671	普通瘤秆蝇	*Elachiptera sibirica*	双翅目	秆蝇科			
1672	圆角颜脊秆蝇	*Eurina rotunda*	双翅目	秆蝇科			
1673	长芒平胸秆蝇	*Mepachymerus elongates*	双翅目	秆蝇科			
1674	浙江宽头秆蝇	*Platycephala zhejiangensis*	双翅目	秆蝇科			
1675	齿腿锥秆蝇	*Rhodesiella scutellata*	双翅目	秆蝇科			
1676	角突剑芒秆蝇	*Steleocerellus cornifer*	双翅目	秆蝇科			
1677	中黄剑芒秆蝇	*Steleocerellus ensifer*	双翅目	秆蝇科			

序号	中文名	学名	目名	科名	濒危等级	保护等级	外来入侵种
1678	棘鬃秆蝇	*Togeciphus katoi*	双翅目	秆蝇科			
1679	钝隆额缟蝇	*Cestrotus obtusus*	双翅目	缟蝇科			
1680	多斑同脉缟蝇	*Homoneura picta*	双翅目	缟蝇科			
1681	后斑同脉缟蝇	*Homoneura occipitalis*	双翅目	缟蝇科			
1682	六斑双鬃缟蝇	*Sapromyza sexpunctata*	双翅目	缟蝇科			
1683	甘氏果蝇	*Drosophila gani*	双翅目	果蝇科			
1684	黑腹果蝇	*Drosophila melanogaster*	双翅目	果蝇科			
1685	刘氏果蝇	*Drosophila lini*	双翅目	果蝇科			
1686	双条果蝇	*Drosophila bifasciata*	双翅目	果蝇科			
1687	弯头果蝇	*Drosophila curviceps*	双翅目	果蝇科			
1688	森林地禾蝇	*Geomyza silvatica*	双翅目	禾蝇科			
1689	单叶粪种蝇	*Adia danieli*	双翅目	花蝇科			
1690	小灰粪种蝇	*Adia cinerella*	双翅目	花蝇科			
1691	灰地种蝇	*Delia platura*	双翅目	花蝇科			
1692	乡隰蝇	*Hydrophoria ruralis*	双翅目	花蝇科			
1693	四条泉蝇	*Pegomya quadrivittata*	双翅目	花蝇科			
1694	蚕饰腹寄蝇	*Blepharipa zebina*	双翅目	寄蝇科			
1695	杰克饰腹寄蝇	*Blepharipa jacobsoni*	双翅目	寄蝇科			
1696	梳胫饰腹寄蝇	*Blepharipa schineri*	双翅目	寄蝇科			
1697	织卷蛾寄蝇	*Blondelia hyphantriae*	双翅目	寄蝇科			
1698	刺腹短须寄蝇	*Linnaemya microchaeta*	双翅目	寄蝇科			
1699	萨毛瓣寄蝇	*Nemoraea sapporensis*	双翅目	寄蝇科			
1700	毒蛾蜉寄蝇	*Phorocera agilis*	双翅目	寄蝇科			
1701	榆毒蛾嗜寄蝇	*Schineria tergestina*	双翅目	寄蝇科			
1702	艳斑茸毛寄蝇	*Servillia lateromaculata*	双翅目	寄蝇科			
1703	冠毛长唇寄蝇	*Siphona cristata*	双翅目	寄蝇科			
1704	长角髭寄蝇	*Vibrissina turrita*	双翅目	寄蝇科			
1705	叉甲蝇	*Celyphus forcipus*	双翅目	甲蝇科			
1706	华毛狭甲蝇	*Spaniocelphus papposus*	双翅目	甲蝇科			
1707	凹腿尖翅蝇	*Lonchoptera excavata*	双翅目	尖翅蝇科			
1708	古田山尖翅蝇	*Lonchoptera gutianshana*	双翅目	尖翅蝇科			
1709	尾翼尖翅蝇	*Lonchoptera caudala*	双翅目	尖翅蝇科			
1710	浙江阿菌蚊	*Aglaomyia zhejiangensis*	双翅目	菌蚊科			
1711	草菇折翅菌蚊	*Allactoneura volvoceae*	双翅目	菌蚊科			
1712	科氏亚菌蚊	*Anatella coheri*	双翅目	菌蚊科			

序号	中文名	学名	目名	科名	濒危等级	保护等级	外来入侵种
1713	淡色布菌蚊	*Boletina pallidula*	双翅目	菌蚊科			
1714	何氏布菌蚊	*Boletina hei*	双翅目	菌蚊科			
1715	长尾布菌蚊	*Boletina longicauda*	双翅目	菌蚊科			
1716	百山祖埃菌蚊	*Epicypta baishanzuensis*	双翅目	菌蚊科			
1717	波曲巧菌蚊	*Epicypta sinuosa*	双翅目	菌蚊科			
1718	陈氏埃菌蚊	*Epicypta cheni*	双翅目	菌蚊科			
1719	东方埃菌蚊	*Epicypta orientalia*	双翅目	菌蚊科			
1720	简单埃菌蚊	*Epicypta simplex*	双翅目	菌蚊科			
1721	居山埃菌蚊	*Epicypta monticola*	双翅目	菌蚊科			
1722	林茂埃菌蚊	*Epicypta silviabunda*	双翅目	菌蚊科			
1723	龙栖埃菌蚊	*Epicypta longqishana*	双翅目	菌蚊科			
1724	杨氏埃菌蚊	*Epicypta yangi*	双翅目	菌蚊科			
1725	中华埃菌蚊	*Epicypta sinica*	双翅目	菌蚊科			
1726	毕氏真菌蚊	*Mycomya byersi*	双翅目	菌蚊科			
1727	反曲真菌蚊	*Mycomya recurvata*	双翅目	菌蚊科			
1728	贵州真菌蚊	*Mycomya guizhouana*	双翅目	菌蚊科			
1729	华丽真菌蚊	*Mycomya aureola*	双翅目	菌蚊科			
1730	极乐真菌蚊	*Mycomya paradisa*	双翅目	菌蚊科			
1731	弯肢真菌蚊	*Mycomya procurva*	双翅目	菌蚊科			
1732	沃氏真菌蚊	*Mycomya wuorentausi*	双翅目	菌蚊科			
1733	隐真菌蚊	*Mycomya occultans*	双翅目	菌蚊科			
1734	北京新菌蚊	*Neoempheria beijingana*	双翅目	菌蚊科			
1735	扁角新菌蚊	*Neoempheria platycera*	双翅目	菌蚊科			
1736	普通新菌蚊	*Neoempheria pervulgata*	双翅目	菌蚊科			
1737	中华新菌蚊	*Neoempheria sinica*	双翅目	菌蚊科			
1738	二叉巧菌蚊	*Phronia diplocladia*	双翅目	菌蚊科			
1739	湖北巧菌蚊	*Phronia hubeiana*	双翅目	菌蚊科			
1740	莫干巧菌蚊	*Phronia moganshanana*	双翅目	菌蚊科			
1741	威氏巧菌蚊	*Phronia willistoni*	双翅目	菌蚊科			
1742	武当巧菌蚊	*Phronia wudangana*	双翅目	菌蚊科			
1743	百山祖粘菌蚊	*Sciophila baishanzua*	双翅目	菌蚊科			
1744	多毛粘菌蚊	*Sciophila pilusolenta*	双翅目	菌蚊科			
1745	庆元粘菌蚊	*Sciophila qingyuanensis*	双翅目	菌蚊科			
1746	杂色粘菌蚊	*Sciophila nebulosa*	双翅目	菌蚊科			
1747	巨尾阿丽蝇	*Aldrichina grahami*	双翅目	丽蝇科			

序号	中文名	学名	目名	科名	濒危等级	保护等级	外来入侵种
1748	大头金蝇	*Chrysomya megacephala*	双翅目	丽蝇科			
1749	拟黄胫等彩蝇	*Isomyia pseudoviridana*	双翅目	丽蝇科			
1750	亮绿蝇	*Lucilia illustris*	双翅目	丽蝇科			
1751	浙江拟粉蝇	*Polleniopsis zhejianga*	双翅目	丽蝇科			
1752	鬃尾鼻彩蝇	*Rhyncomya setipyga*	双翅目	丽蝇科			
1753	叉丽蝇	*Triceratopyga calliphoroides*	双翅目	丽蝇科			
1754	线纹折麻蝇	*Blaesoxipha redempta*	双翅目	麻蝇科			
1755	黑鳞须麻蝇	*Dinemomyia nigribasicosta*	双翅目	麻蝇科			
1756	上海细麻蝇	*Pierretia ugamskii*	双翅目	麻蝇科			
1757	黄山叉麻蝇	*Robineauella huangshanensis*	双翅目	麻蝇科			
1758	暗黑毛蚊	*Bibio tenebrosus*	双翅目	毛蚊科			
1759	百山祖毛蚊	*Bibio baishanzunus*	双翅目	毛蚊科			
1760	棒足毛蚊	*Bibio bacilliformis*	双翅目	毛蚊科			
1761	短脉毛蚊	*Bibio brevineurus*	双翅目	毛蚊科			
1762	钩毛蚊	*Bibio aduncatus*	双翅目	毛蚊科			
1763	环凹毛蚊	*Bibio subrotundus*	双翅目	毛蚊科			
1764	透翅毛蚊	*Bibio hyalipterus*	双翅目	毛蚊科			
1765	小距毛蚊	*Bibio parvispinalis*	双翅目	毛蚊科			
1766	泛叉毛蚊	*Penthetria japonica*	双翅目	毛蚊科			
1767	浙叉毛蚊	*Penthetria zheana*	双翅目	毛蚊科			
1768	斜襀毛蚊	*Plecia clina*	双翅目	毛蚊科			
1769	直襀毛蚊	*Plecia stys*	双翅目	毛蚊科			
1770	宽角黄虻	*Atylotus fulvus*	双翅目	虻科			
1771	日本斑虻	*Chrysops japonicus*	双翅目	虻科			
1772	晨螯虻	*Tabannus matutirnimordicus*	双翅目	虻科			
1773	浙江虻	*Tabanus chekiangensis*	双翅目	虻科			
1774	中国奇蝇	*Teratomyza chinica*	双翅目	奇蝇科			
1775	斑腿食虫虻	*Asilius maculifemorata*	双翅目	食虫虻科			
1776	残低颜食虫虻	*Cerdistus debilis*	双翅目	食虫虻科			
1777	黄毛切突食虫虻	*Eutolmus rufibarbis*	双翅目	食虫虻科			
1778	毛腹鬃腿食虫虻	*Hoplopheromerus hirtiventris*	双翅目	食虫虻科			
1779	黑纹棒腹食虫虻	*Lagynogaster fuliginosa*	双翅目	食虫虻科			
1780	阿姆毛腹食虫虻	*Laphria amurensis*	双翅目	食虫虻科			
1781	埃毛食虫虻	*Laphria ephippium*	双翅目	食虫虻科			
1782	盾圆突食虫虻	*Machimus scutellaris*	双翅目	食虫虻科			

序号	中文名	学名	目名	科名	濒危等级	保护等级	外来入侵种
1783	粉微芒食虫虻	*Microstylum trimelas*	双翅目	食虫虻科			
1784	微芒食虫虻	*Microstylum dux*	双翅目	食虫虻科			
1785	靴弯顶毛食虫虻	*Neoitamus cothurnatus*	双翅目	食虫虻科			
1786	灿弯顶毛食虫虻	*Neoitamus splendidus*	双翅目	食虫虻科			
1787	红腿弯毛食虫虻	*Neoitamus rubrofemoratus*	双翅目	食虫虻科			
1788	蓝弯顶毛食虫虻	*Neoitamus cyanurus*	双翅目	食虫虻科			
1789	黑羽芒食虫虻	*Ommatius nigripes*	双翅目	食虫虻科			
1790	坎邦羽芒食虫虻	*Ommatius kambangensis*	双翅目	食虫虻科			
1791	中华基径食虫虻	*Philodius chinensis*	双翅目	食虫虻科			
1792	白毛叉胫食虫虻	*Promachus albopilosus*	双翅目	食虫虻科			
1793	斑叉胫食虫虻	*Promachus maculatus*	双翅目	食虫虻科			
1794	印叉径食虫虻	*Promachus indigenus*	双翅目	食虫虻科			
1795	中华叉胫食虫虻	*Promachus chinensis*	双翅目	食虫虻科			
1796	黑缘异巴蚜蝇	*Allobaccha nigricosta*	双翅目	食蚜蝇科			
1797	爪哇异蚜蝇	*Allograpta javana*	双翅目	食蚜蝇科			
1798	黄腹狭口蚜蝇	*Asarkina porcina*	双翅目	食蚜蝇科			
1799	纤细巴蚜蝇	*Baccha maculata*	双翅目	食蚜蝇科			
1800	狭带贝蚜蝇	*Betasyrphus serarius*	双翅目	食蚜蝇科			
1801	日本短毛蚜蝇	*Blera japonica*	双翅目	食蚜蝇科			
1802	黑腹脊木蚜蝇	*Brachypalpus laphriformis*	双翅目	食蚜蝇科			
1803	浙江突角蚜蝇	*Ceriana chekiangensis*	双翅目	食蚜蝇科			
1804	侧斑直脉蚜蝇	*Dideoides latus*	双翅目	食蚜蝇科			
1805	黑带蚜蝇	*Episyrphus balteatus*	双翅目	食蚜蝇科			
1806	绿黑斑眼蚜蝇	*Eristalinus viridis*	双翅目	食蚜蝇科			
1807	灰带管蚜蝇	*Eristalis cerealis*	双翅目	食蚜蝇科			
1808	长尾管蚜蝇	*Eristalis tenax*	双翅目	食蚜蝇科			
1809	凹带优蚜蝇	*Eupeodes nitens*	双翅目	食蚜蝇科			
1810	台湾缺伪蚜蝇	*Graptomyza formosana*	双翅目	食蚜蝇科			
1811	东方黑蚜蝇	*Melanostoma orientate*	双翅目	食蚜蝇科			
1812	方斑蚜蝇	*Melanostoma mellinum*	双翅目	食蚜蝇科			
1813	梯斑蚜蝇	*Melanostoma scalare*	双翅目	食蚜蝇科			
1814	黄带狭腹蚜蝇	*Meliscaeva cinctella*	双翅目	食蚜蝇科			
1815	宽带狭腹蚜蝇	*Meliscaeva latifasciata*	双翅目	食蚜蝇科			
1816	羽芒宽盾蚜蝇	*Phytomia zonata*	双翅目	食蚜蝇科			
1817	印度细腹蚜蝇	*Sphaerophoria indiana*	双翅目	食蚜蝇科			

序号	中文名	学名	目名	科名	濒危等级	保护等级	外来入侵种
1818	三色棒腹蚜蝇	*Sphegina tricoloripes*	双翅目	食蚜蝇科			
1819	黑蜂蚜蝇	*Volucella nigricans*	双翅目	食蚜蝇科			
1820	短角宽扁蚜蝇	*Xanthandrus talamaui*	双翅目	食蚜蝇科			
1821	尖突星水虻	*Actina acutula*	双翅目	水虻科			
1822	亮斑扁角水虻	*Hermetia illucens*	双翅目	水虻科			
1823	金黄指突水虻	*Ptecticus aurifer*	双翅目	水虻科			
1824	南方指突水虻	*Ptecticus australis*	双翅目	水虻科			
1825	浙江指突水虻	*Ptecticus zhejiangensis*	双翅目	水虻科			
1826	齿腿短毛水蝇	*Chaetomosillus dentifemur*	双翅目	水蝇科			
1827	贝克寡毛水蝇	*Ditrichophora pernigra*	双翅目	水蝇科			
1828	日本伊水蝇	*Ilythea japonica*	双翅目	水蝇科			
1829	长突多毛水蝇	*Polytrichophora canora*	双翅目	水蝇科			
1830	凸形优头蝇	*Eudorylas lentiger*	双翅目	头蝇科			
1831	圆膜光优头蝇	*Eudorylas orbiculatus*	双翅目	头蝇科			
1832	平曲突眼蝇	*Cyrtodiopsis plauta*	双翅目	突眼蝇科			
1833	中国华突眼蝇	*Eosiopsis sinensis*	双翅目	突眼蝇科			
1834	四斑泰突眼蝇	*Teleopsis quadriguttata*	双翅目	突眼蝇科			
1835	白纹伊蚊	*Aedes albopictus*	双翅目	蚊科			
1836	日本伊蚊	*Aedes japonicus*	双翅目	蚊科			
1837	多斑按蚊	*Anopheles maculatus*	双翅目	蚊科			
1838	淡色库蚊	*Culex pipiens*	双翅目	蚊科			
1839	褐尾库蚊	*Culex fuscanus*	双翅目	蚊科			
1840	中华近溪舞虻	*Aclinocera sinica*	双翅目	舞虻科			
1841	普通细腿舞虻	*Bicellaria spuria*	双翅目	舞虻科			
1842	淡侧裸螳舞虻	*Chelifera lateralis*	双翅目	舞虻科			
1843	中华裸螳舞虻	*Chelifera sinensis*	双翅目	舞虻科			
1844	钩突鬃螳舞虻	*Chelipoda forcipata*	双翅目	舞虻科			
1845	广东溪舞虻	*Clinocera guangdongensis*	双翅目	舞虻科			
1846	南岭优驼舞虻	*Euhybus nanlingensis*	双翅目	舞虻科			
1847	褐芒螳舞虻	*Hemerodromia nigrescens*	双翅目	舞虻科			
1848	条背螳舞虻	*Hemerodromia elongata*	双翅目	舞虻科			
1849	无斑短胫喜舞虻	*Hilarigona unmaculata*	双翅目	舞虻科			
1850	斑翅驼舞虻	*Hybos alamaculatus*	双翅目	舞虻科			
1851	背鬃驼舞虻	*Hybos dorsalis*	双翅目	舞虻科			
1852	端钩驼舞虻	*Hybos apicihamatus*	双翅目	舞虻科			

序号	中文名	学名	目名	科名	濒危等级	保护等级	外来入侵种
1853	端黄驼舞虻	*Hybos apiciflavus*	双翅目	舞虻科			
1854	短板驼舞虻	*Hybos brevis*	双翅目	舞虻科			
1855	灰翅驼舞虻	*Hybos griseus*	双翅目	舞虻科			
1856	建阳驼舞虻	*Hybos jianyangensis*	双翅目	舞虻科			
1857	近截驼舞虻	*Hybos similaris*	双翅目	舞虻科			
1858	吴氏驼舞虻	*Hybos wui*	双翅目	舞虻科			
1859	中华驼舞虻	*Hybos chinensis*	双翅目	舞虻科			
1860	浙江准驼舞虻	*Parahybos zhejiangensis*	双翅目	舞虻科			
1861	淡翅宽喜舞虻	*Platyhilara pallala*	双翅目	舞虻科			
1862	中华隐脉驼舞虻	*Syndyas sinensis*	双翅目	舞虻科			
1863	冷杉细蚊	*Dixa abiettica*	双翅目	细蚊科			
1864	岔腹索小粪蝇	*Minilimosina furculisterna*	双翅目	小粪蝇科			
1865	叠突欧小粪蝇	*Opacifron pseudimpudica*	双翅目	小粪蝇科			
1866	赤膊眼蕈蚊	*Brachisia calva*	双翅目	眼蕈蚊科			
1867	百山祖迟眼蕈蚊	*Bradysia baishanzuna*	双翅目	眼蕈蚊科			
1868	草履迟眼蕈蚊	*Bradysia sandalimorpha*	双翅目	眼蕈蚊科			
1869	侧棘迟眼蕈蚊	*Bradysia latispinosa*	双翅目	眼蕈蚊科			
1870	茶梅迟眼蕈蚊	*Bradysia chamei*	双翅目	眼蕈蚊科			
1871	春贵迟眼蕈蚊	*Bradysia chunguii*	双翅目	眼蕈蚊科			
1872	大尾迟眼蕈蚊	*Bradysia macrura*	双翅目	眼蕈蚊科			
1873	淡刺迟眼蕈蚊	*Bradysia pallespina*	双翅目	眼蕈蚊科			
1874	鼎刺迟眼蕈蚊	*Bradysia trigonospina*	双翅目	眼蕈蚊科			
1875	独刺迟眼蕈蚊	*Bradysia monacantha*	双翅目	眼蕈蚊科			
1876	短鞭迟眼蕈蚊	*Bradysia brachytoma*	双翅目	眼蕈蚊科			
1877	耳尾迟眼蕈蚊	*Bradysia auriculata*	双翅目	眼蕈蚊科			
1878	方尾迟眼蕈蚊	*Bradysia quadrata*	双翅目	眼蕈蚊科			
1879	肥迟眼蕈蚊	*Bradysia obesa*	双翅目	眼蕈蚊科			
1880	钩菇迟眼蕈蚊	*Bradysia uncipleuroti*	双翅目	眼蕈蚊科			
1881	喙尾迟眼蕈蚊	*Bradysia rostrata*	双翅目	眼蕈蚊科			
1882	基中迟眼蕈蚊	*Bradysia basalimedia*	双翅目	眼蕈蚊科			
1883	荚黑迟眼蕈蚊	*Bradysia siliquaris*	双翅目	眼蕈蚊科			
1884	节刺迟眼蕈蚊	*Bradysia noduspina*	双翅目	眼蕈蚊科			
1885	开化迟眼蕈蚊	*Bradysia kaihuana*	双翅目	眼蕈蚊科			
1886	六刺迟眼蕈蚊	*Bradysia hexacantha*	双翅目	眼蕈蚊科			
1887	毛瘤迟眼蕈蚊	*Bradysia verruca*	双翅目	眼蕈蚊科			

序号	中文名	学名	目名	科名	濒危等级	保护等级	外来入侵种
1888	毛脉迟眼蕈蚊	*Bradysia lasiphlepia*	双翅目	眼蕈蚊科			
1889	彭尾迟眼蕈蚊	*Bradysia tumidicauda*	双翅目	眼蕈蚊科			
1890	球尾迟眼蕈蚊	*Bradysia bulbiformis*	双翅目	眼蕈蚊科			
1891	曲尾迟眼蕈蚊	*Bradysia introflexa*	双翅目	眼蕈蚊科			
1892	梳胫迟眼蕈蚊	*Bradysia pectibia*	双翅目	眼蕈蚊科			
1893	束刺迟眼蕈蚊	*Bradysia sarcinispina*	双翅目	眼蕈蚊科			
1894	威宁迟眼蕈蚊	*Bradysia weiningana*	双翅目	眼蕈蚊科			
1895	膝尾迟眼蕈蚊	*Bradysia gonata*	双翅目	眼蕈蚊科			
1896	肖叉刺迟眼蕈蚊	*Bradysia furcatina*	双翅目	眼蕈蚊科			
1897	斜颈迟眼蕈蚊	*Bradysia yungata*	双翅目	眼蕈蚊科			
1898	长鞭迟眼蕈蚊	*Bradysia longitoma*	双翅目	眼蕈蚊科			
1899	指尾迟眼蕈蚊	*Bradysia dactylina*	双翅目	眼蕈蚊科			
1900	珠角迟眼蕈蚊	*Bradysia phalerata*	双翅目	眼蕈蚊科			
1901	白孔翼眼蕈蚊	*Corynoptera albistigmata*	双翅目	眼蕈蚊科			
1902	尖尾翼眼蕈蚊	*Corynoptera acutula*	双翅目	眼蕈蚊科			
1903	百山祖厉眼蕈蚊	*Lycoriella baishanzuna*	双翅目	眼蕈蚊科			
1904	等刺厉眼蕈蚊	*Lycoriella isoacantha*	双翅目	眼蕈蚊科			
1905	双瓣厉眼蕈蚊	*Lycoriella dipetala*	双翅目	眼蕈蚊科			
1906	硕厉眼蕈蚊	*Lycoriella maxima*	双翅目	眼蕈蚊科			
1907	吴鸿厉眼蕈蚊	*Lycoriella wuhongi*	双翅目	眼蕈蚊科			
1908	下刺厉眼蕈蚊	*Lycoriella hypacantha*	双翅目	眼蕈蚊科			
1909	异宽尾眼蕈蚊	*Lycoriella abrevicaudata*	双翅目	眼蕈蚊科			
1910	长喙厉眼蕈蚊	*Lycoriella longirostris*	双翅目	眼蕈蚊科			
1911	四指手眼蕈蚊	*Manusciara quadridigitata*	双翅目	眼蕈蚊科			
1912	圆尾齿眼蕈蚊	*Phorodonta cyclota*	双翅目	眼蕈蚊科			
1913	八刺植眼蕈蚊	*Phytosciara octospina*	双翅目	眼蕈蚊科			
1914	内三刺植眼蕈蚊	*Phytosciara endotriacantha*	双翅目	眼蕈蚊科			
1915	庆元植眼蕈蚊	*Phytosciara qingyuana*	双翅目	眼蕈蚊科			
1916	梳尾植眼蕈蚊	*Phytosciara pectinata*	双翅目	眼蕈蚊科			
1917	吴氏植眼蕈蚊	*Phytosciara wui*	双翅目	眼蕈蚊科			
1918	武夷植眼蕈蚊	*Phytosciara wuyiana*	双翅目	眼蕈蚊科			
1919	狭尾植眼蕈蚊	*Phytosciara stenura*	双翅目	眼蕈蚊科			
1920	长节植眼蕈蚊	*Phytosciara dolichotoma*	双翅目	眼蕈蚊科			
1921	锥尾植眼蕈蚊	*Phytosciara conicudata*	双翅目	眼蕈蚊科			
1922	浙粪眼蕈蚊	*Scatopsciara zheana*	双翅目	眼蕈蚊科			

序号	中文名	学名	目名	科名	濒危等级	保护等级	外来入侵种
1923	钩臂眼蕈蚊	*Sciara harmatilis*	双翅目	眼蕈蚊科			
1924	宽桥毛眼蕈蚊	*Trichosia latissima*	双翅目	眼蕈蚊科			
1925	梯鞭毛眼蕈蚊	*Trichosia trapezia*	双翅目	眼蕈蚊科			
1926	歪毛眼蕈蚊	*Trichosia obliquicapilli*	双翅目	眼蕈蚊科			
1927	小毛眼蕈蚊	*Trichosia pumila*	双翅目	眼蕈蚊科			
1928	项圈旋刺摇蚊	*Ablabsmyia monilis*	双翅目	摇蚊科			
1929	楔铗苔摇蚊	*Bryophaenocladius cuneiformis*	双翅目	摇蚊科			
1930	冲绳摇蚊	*Chironomus okinawanus*	双翅目	摇蚊科			
1931	萨摩亚摇蚊	*Chironomus samoensis*	双翅目	摇蚊科			
1932	爪哇摇蚊	*Chironomus javanus*	双翅目	摇蚊科			
1933	平铗枝角摇蚊	*Cladopelma edwardsi*	双翅目	摇蚊科			
1934	十斑菱摇蚊	*Clinotanypus decempuctatus*	双翅目	摇蚊科			
1935	蒙塔努斯环足摇蚊	*Cricotopus montanus*	双翅目	摇蚊科			
1936	三带环足摇蚊	*Cricotopus trifasciatus*	双翅目	摇蚊科			
1937	线环足摇蚊	*Cricotopus similis*	双翅目	摇蚊科			
1938	喙隐摇蚊	*Cryptochironomus rostratus*	双翅目	摇蚊科			
1939	亮铗真凯氏摇蚊	*Eukiefferilla claripennis*	双翅目	摇蚊科			
1940	斑翅毛胸摇蚊	*Heleniella osarumaculata*	双翅目	摇蚊科			
1941	微小沼摇蚊	*Limnophyes minimus*	双翅目	摇蚊科			
1942	细麦捶摇蚊	*Metriocnemus gracei*	双翅目	摇蚊科			
1943	软铗小摇蚊	*Microchironomus trner*	双翅目	摇蚊科			
1944	百山祖小突摇蚊	*Micropsectra baishanzua*	双翅目	摇蚊科			
1945	灯蕊小突摇蚊	*Micropsectra junci*	双翅目	摇蚊科			
1946	刺拟中足摇蚊	*Parametriocnemus stylatus*	双翅目	摇蚊科			
1947	白间摇蚊	*Paratendipes albimanus*	双翅目	摇蚊科			
1948	斑带多足摇蚊	*Polypedilum medivittatum*	双翅目	摇蚊科			
1949	冲绳多足摇蚊	*Polypedilum benokiense*	双翅目	摇蚊科			
1950	独毛多足摇蚊	*Polypedilum henicurum*	双翅目	摇蚊科			
1951	二色多足摇蚊	*Polypedilum acutum*	双翅目	摇蚊科			
1952	九斑多足摇蚊	*Polypedilum masudai*	双翅目	摇蚊科			
1953	日本多足摇蚊	*Polypedilum japonicum*	双翅目	摇蚊科			
1954	双鬃多足摇蚊	*Polypedilum bisetosum*	双翅目	摇蚊科			
1955	霞甫多足摇蚊	*Polypedilum convexum*	双翅目	摇蚊科			
1956	强脉前突摇蚊	*Procladius crassinevis*	双翅目	摇蚊科			
1957	箭前突摇蚊	*Procladius sagitalis*	双翅目	摇蚊科			

序号	中文名	学名	目名	科名	濒危等级	保护等级	外来入侵种
1958	黑趋流摇蚊	*Rheocricotopus nigrus*	双翅目	摇蚊科			
1959	草地施密摇蚊	*Smittia pratorum*	双翅目	摇蚊科			
1960	黑施密摇蚊	*Smittia aterrima*	双翅目	摇蚊科			
1961	塞特狭摇蚊	*Stenochironomus satorui*	双翅目	摇蚊科			
1962	刺铁长足摇蚊	*Tanypus punctipennis*	双翅目	摇蚊科			
1963	中国长足摇蚊	*Tanypus chinensis*	双翅目	摇蚊科			
1964	台湾长跗摇蚊	*Tanytarsus formosanus*	双翅目	摇蚊科			
1965	华鬃眼蕈蚊	*Trichosiopsis sinica*	双翅目	摇蚊科			
1966	大叶芒蝇	*Atherigona falcata*	双翅目	蝇科			
1967	钝突芒蝇	*Atherigona crassibifurca*	双翅目	蝇科			
1968	高粱芒蝇	*Atherigona soccata*	双翅目	蝇科			
1969	花裸圆蝇	*Brontaea tonitrui*	双翅目	蝇科			
1970	铜腹重毫蝇	*Dichaetomyia bibax*	双翅目	蝇科			
1971	绯胫纹蝇	*Graphomya rufitibia*	双翅目	蝇科			
1972	刺血喙蝇	*Haematobosca sanguinolenta*	双翅目	蝇科			
1973	隐齿股蝇	*Hydrotaea floccosa*	双翅目	蝇科			
1974	隐斑池蝇	*Limnophora fallax*	双翅目	蝇科			
1975	东方溜蝇	*Lispe orientalis*	双翅目	蝇科			
1976	北栖家蝇	*Musca bezzii*	双翅目	蝇科			
1977	黑边家蝇	*Musca hervei*	双翅目	蝇科			
1978	亮家蝇	*Musca cassara*	双翅目	蝇科			
1979	骚家蝇	*Musca tempestiva*	双翅目	蝇科			
1980	突额家蝇	*Musca convexifrons*	双翅目	蝇科			
1981	逐畜家蝇	*Musca conducens*	双翅目	蝇科			
1982	狭额腐蝇	*Muscina angustifrons*	双翅目	蝇科			
1983	欧妙蝇	*Myospila meditabunda*	双翅目	蝇科			
1984	蓝翠蝇	*Neomyia timorensis*	双翅目	蝇科			
1985	紫翠蝇	*Neomyia gavisa*	双翅目	蝇科			
1986	斑蹠黑蝇	*Ophyra chalcogaster*	双翅目	蝇科			
1987	琉球棘蝇	*Phaonia ryukyuensis*	双翅目	蝇科			
1988	印度螫蝇	*Stomoxys indicus*	双翅目	蝇科			
1989	四斑盾刺水虻	*Oxycera quadripartita*	双翅目	鹬虻科			
1990	南方鹬虻	*Rhagio meridionalis*	双翅目	鹬虻科			
1991	浙江鹬虻	*Rhagio zhejiangensis*	双翅目	鹬虻科			
1992	中华鹬虻	*Rhagio sinensis*	双翅目	鹬虻科			

序号	中文名	学名	目名	科名	濒危等级	保护等级	外来入侵种
1993	丽瘦腹水虻	*Sargus metallinus*	双翅目	鹬虻科			
1994	高帽裂蚤蝇	*Metopina grandimitralis*	双翅目	蚤蝇科			
1995	中华奇蚤蝇	*Teratophora sinica*	双翅目	蚤蝇科			
1996	中华张翅菌蚊	*Diadocidia sinica*	双翅目	张翅菌蚊科			
1997	云南长须长足虻	*Acropsilus yunnanensis*	双翅目	长足虻科			
1998	粗须雅长足虻	*Amblypsilopus crassatus*	双翅目	长足虻科			
1999	基雅长足虻	*Amblypsilopus basalis*	双翅目	长足虻科			
2000	雅长足虻	*Amblypsilopus ampliatus*	双翅目	长足虻科			
2001	指突雅长足虻	*Amblypsilopus digitatus*	双翅目	长足虻科			
2002	黑端银长足虻	*Argyra arrogans*	双翅目	长足虻科			
2003	车八岭短跗长足虻	*Chaetogonopteron chebalingense*	双翅目	长足虻科			
2004	黄斑短跗长足虻	*Chaetogonopteron luteicinctum*	双翅目	长足虻科			
2005	尖角短跗长足虻	*Chaetogonopteron acutatum*	双翅目	长足虻科			
2006	背芒黄鬃长足虻	*Chrysotimus dorsalis*	双翅目	长足虻科			
2007	云龙黄鬃长足虻	*Chrysotimus yunlonganus*	双翅目	长足虻科			
2008	短跗小异长足虻	*Chrysotus pulchellus*	双翅目	长足虻科			
2009	短须小异长足虻	*Chrysotus brevicercus*	双翅目	长足虻科			
2010	黄基毛瘤长足虻	*Condylostylus luteicoxa*	双翅目	长足虻科			
2011	雾斑毛瘤长足虻	*Condylostylus nebulosus*	双翅目	长足虻科			
2012	基黄长足虻	*Dolichopus simulator*	双翅目	长足虻科			
2013	大行脉长足虻	*Gymnopternus grandis*	双翅目	长足虻科			
2014	毛盾行脉长足虻	*Gymnopternus congruens*	双翅目	长足虻科			
2015	百山祖寡长足虻	*Hercostomus baishanzuensis*	双翅目	长足虻科			
2016	大寡长足虻	*Hercostomus grandis*	双翅目	长足虻科			
2017	钩寡长足虻	*Hercostomus takagii*	双翅目	长足虻科			
2018	钩头寡长足虻	*Hercostomus ancistrus*	双翅目	长足虻科			
2019	尖须寡长足虻	*Hercostomus cuspidicercus*	双翅目	长足虻科			
2020	近新寡长足虻	*Hercostomus subnovus*	双翅目	长足虻科			
2021	长突寡长足虻	*Hercostomus prolongatus*	双翅目	长足虻科			
2022	长须寡长足虻	*Hercostomus longicercus*	双翅目	长足虻科			
2023	伊文聚脉长足虻	*Medetera evenhuisi*	双翅目	长足虻科			
2024	异鬃聚脉长足虻	*Medetera abnormis*	双翅目	长足虻科			
2025	浙江聚脉长足虻	*Medetera zhejiangensis*	双翅目	长足虻科			
2026	多毛跗距长足虻	*Nepalomyia pilifera*	双翅目	长足虻科			
2027	长鬃跗距长足虻	*Nepalomyia longiseta*	双翅目	长足虻科			

序号	中文名	学名	目名	科名	濒危等级	保护等级	外来入侵种
2028	中华跗距长足虻	*Nepalomyia chinensis*	双翅目	长足虻科			
2029	腹鬃脉长足虻	*Neurigona ventralis*	双翅目	长足虻科			
2030	异突锥长足虻	*Rhaphium dispar*	双翅目	长足虻科			
2031	天目山华丽长足虻	*Sinosciapus tianmushanus*	双翅目	长足虻科			
2032	畸跗嵌长足虻	*Syntormon miritarsus*	双翅目	长足虻科			
2033	奉承脉胝长足虻	*Teuchophorus gratiosus*	双翅目	长足虻科			
2034	杂谱隐大蚊	*Crypteria spectralis*	双翅目	沼大蚊科			
2035	苏氏原大蚊	*Eloeophila suensoni*	双翅目	沼大蚊科			
2036	弱艾大蚊	*Epiphragma evanescens*	双翅目	沼大蚊科			
2037	基纹亮大蚊	*Libnotes basistrigata*	双翅目	沼大蚊科			
2038	丽眼斑螳	*Creobroter gemmata*	螳螂目	花螳科			
2039	浙江巨腿螳	*Hestiasula zhejiangensis*	螳螂目	花螳科			
2040	广斧螳	*Hierodula patellifera*	螳螂目	螳科			
2041	台湾斧螳	*Hierodula formosana*	螳螂目	螳科			
2042	薄翅螳	*Mantis religiosa*	螳螂目	螳科			
2043	短额华小翅螳	*Sinomiopteryx brevifrons*	螳螂目	螳科			
2044	短胸刀螳	*Tenodera brevicollis*	螳螂目	螳科			
2045	枯叶刀螳	*Tenodera aridifolia*	螳螂目	螳科			
2046	拟大刀螳	*Tenodera capitata*	螳螂目	螳科			
2047	狭翅大刀螳	*Tenodera angustipennis*	螳螂目	螳科			
2048	中华大刀螳	*Tenodera sinensis*	螳螂目	螳科			
2049	中华屏扇螳	*Kishinouyeum sinensae*	螳螂目	长颈螳科			
2050	华简管蓟马	*Haplothrips chinensis*	缨翅目	管蓟马科			
2051	花蓟马	*Frankliniella intonsa*	缨翅目	蓟马科			
2052	黄胸蓟马	*Thrips hawaiiensis*	缨翅目	蓟马科			
2053	盲潜蚤	*Tunga caccigena*	蚤目	蚤科			
2054	云斑车蝗	*Gastrimargus marmoratus*	直翅目	斑翅蝗科			
2055	黄胫小车蝗	*Oedaleus infernalis*	直翅目	斑翅蝗科			
2056	亚洲小车蝗	*Oedaleus asiaticus*	直翅目	斑翅蝗科			
2057	疣蝗	*Trilophidia annulata*	直翅目	斑翅蝗科			
2058	中华稻蝗	*Oxya chinensis*	直翅目	斑腿蝗科			
2059	日本黄脊蝗	*Patanga japonica*	直翅目	斑腿蝗科			
2060	棉蝗	*Chondracris rosea*	直翅目	蝗科			
2061	中华佛蝗	*Phlaeoba sinensis*	直翅目	剑角蝗科			
2062	东方凸额蝗	*Traulia orientalis*	直翅目	斑腿蝗科			

序号	中文名	学名	目名	科名	濒危等级	保护等级	外来入侵种
2063	中华剑角蝗	*Acrida cinerea*	直翅目	剑角蝗科			
2064	笨蝗	*Haplotropis brunneriana*	直翅目	癞蝗科			
2065	东方蝼蛄	*Gryllotalpa orientalis*	直翅目	蝼蛄科			
2066	歧异条螽	*Alloducetia bifurcata*	直翅目	露螽科			
2067	歧尾鼓鸣螽	*Bulbistridulous furcatus*	直翅目	露螽科			
2068	端圆斜缘螽	*Deflortia apicalis*	直翅目	露螽科			
2069	日本条螽	*Ducetia japonica*	直翅目	露螽科			
2070	贝氏掩耳螽	*Elimaea berezovskii*	直翅目	露螽科			
2071	小掩耳螽	*Elimaea parva*	直翅目	露螽科			
2072	叶肛掩耳螽	*Elimaea foliata*	直翅目	露螽科			
2073	长裂掩耳螽	*Elimaea longifissa*	直翅目	露螽科			
2074	中华半掩螽	*Hemielimaea chinensis*	直翅目	露螽科			
2075	细齿平背螽	*Isopsera denticulata*	直翅目	露螽科			
2076	显沟平背螽	*Isopsera sulcata*	直翅目	露螽科			
2077	赤褐环螽	*Letana rubescens*	直翅目	露螽科			
2078	日本纺织娘	*Mecopoda niponensis*	直翅目	露螽科			
2079	中华褶缘螽	*Xantia sinica*	直翅目	露螽科			
2080	青脊竹蝗	*Ceracris nigricornis*	直翅目	网翅蝗科			
2081	油葫芦	*Cryllus testaceus*	直翅目	蟋蟀科			
2082	暗黑优兰蟋	*Duolandrevus infuscatus*	直翅目	蟋蟀科			
2083	斗蟋	*Scaptipedus micado*	直翅目	蟋蟀科			
2084	指突疾螽	*Apotrechus digitatus*	直翅目	蟋螽科			
2085	瘦悠背蚱	*Euparatettix variabilis*	直翅目	蚱科			
2086	秦岭台蚱	*Formosatettix qinglingensis*	直翅目	蚱科			
2087	云南台蚱	*Formosatettix yunnanensis*	直翅目	蚱科			
2088	日本蚱	*Tetrix japonica*	直翅目	蚱科			
2089	乳源蚱	*Tetrix ruyuanensis*	直翅目	蚱科			
2090	黑膝疾螽	*Apotrechus nigrigeniculatus*	直翅目	蟋螽科			
2091	近似疾螽	*Apotrechus fallax*	直翅目	蟋螽科			
2092	悦鸣草螽	*Conocephalus melaenus*	直翅目	螽斯科			
2093	华南突灶螽	*Diestramima austrosinensis*	直翅目	螽斯科			
2094	凹板原栖螽	*Eoxizicus concavilamina*	直翅目	螽斯科			
2095	陈氏原栖螽	*Eoxizicus cheni*	直翅目	螽斯科			
2096	贺氏原栖螽	*Eoxizicus howardi*	直翅目	螽斯科			
2097	格尼优剑螽	*Euxiphidiopsis gurneyi*	直翅目	螽斯科			

序号	中文名	学名	目名	科名	濒危等级	保护等级	外来入侵种
2098	勺尾优剑螽	*Euxiphidiopsis spathulata*	直翅目	螽斯科			
2099	犀尾优剑螽	*Euxiphidiopsis capricercus*	直翅目	螽斯科			
2100	巨叉大畸螽	*Macroteratura megafumda*	直翅目	螽斯科			
2101	黑膝巨蝈螽	*Megoconema gereiculata*	直翅目	螽斯科			
2102	山陵丽叶螽	*Orophyllus montanus*	直翅目	露螽科			
2103	柯氏翡螽	*Phyllomimus klapperichi*	直翅目	螽斯科			
2104	中华翡螽	*Phyllomimus sinicus*	直翅目	露螽科			
2105	凸翅糙颈螽	*Ruidocollaris convexipennis*	直翅目	螽斯科			
2106	切叶糙颈螽	*Ruidocollaris truncate-lobata*	直翅目	螽斯科			
2107	四川华绿螽	*Sinochlora szechwanensis*	直翅目	露螽科			
2108	长裂华绿螽	*Sinochlora longifissa*	直翅目	露螽科			
2109	双突副栖螽	*Xizicus biprocera*	直翅目	螽斯科			
2110	疏齿短肛䗛	*Baculum sparsidentatum*	竹节虫目	䗛科			
2111	百山祖长肛䗛	*Entoria baishanzuensis*	竹节虫目	䗛科			
2112	双线短足异䗛	*Dixippus bilineatus*	竹节虫目	异䗛科			
2113	浙江异䗛	*Micadina zhejiangensis*	竹节虫目	异䗛科			
2114	黑背脊皮䗛	*Phraortes nigricarinatus*	竹节虫目	异䗛科			
2115	异尾华枝䗛	*Sinophasma mirabile*	竹节虫目	枝䗛科			
2116	突翅细颈枝䗛	*Sipyloidea obvius*	竹节虫目	枝䗛科			

注：未标注濒危等级的物种表示该物种未予评估。

7. 淡水鱼类名录

序号	中文名	学名	目名	科名	濒危等级	保护等级	中国特有种	外来入侵种
1	花鳗鲡	*Anguilla marmorata*	鳗鲡目	鳗鲡科	濒危（EN）	二级		
2	日本鳗鲡	*Anguilla japonica*	鳗鲡目	鳗鲡科	濒危（EN）			
3	青鱼	*Mylopharyngodon piceus*	鲤形目	鲤科	无危（LC）			
4	草鱼	*Ctenopharyngodon idella*	鲤形目	鲤科	无危（LC）			
5	鲢	*Hypophthalmichthys molitrix*	鲤形目	鲤科	无危（LC）			
6	鳙	*Hypophthalmichthys nobilis*	鲤形目	鲤科	无危（LC）			
7	马口鱼	*Opsariichthys bidens*	鲤形目	鲤科	无危（LC）			
8	长鳍马口鱼	*Opsariichthys evolans*	鲤形目	鲤科	无危（LC）			
9	圆吻鲴	*Distoechodon tumirostris*	鲤形目	鲤科	无危（LC）			
10	高体鳑鲏	*Rhodeus ocellatus*	鲤形目	鲤科	无危（LC）			

序号	中文名	学名	目名	科名	濒危等级	保护等级	中国特有种	外来入侵种
11	中华鳑鲏	*Rhodeus sinensis*	鲤形目	鲤科	无危（LC）		是	
12	大鳍鱊	*Acheilognathus macropterus*	鲤形目	鲤科	无危（LC）			
13	兴凯鱊	*Acheilognathus chankaensis*	鲤形目	鲤科	无危（LC）			
14	齐氏副田中鱊	*Paratanakia chii*	鲤形目	鲤科	无危（LC）		是	
15	刺鲃	*Spinibarbus caldwelli*	鲤形目	鲤科	数据缺乏（DD）		是	
16	温州光唇鱼	*Acrossocheilus wenchowensis*	鲤形目	鲤科	无危（LC）		是	
17	台湾白甲鱼	*Onychostoma barbatulum*	鲤形目	鲤科	近危（NT）		是	
18	鲫	*Carassius auratus*	鲤形目	鲤科	无危（LC）			
19	鲤	*Cyprinus carpio*	鲤形目	鲤科	无危（LC）			
20	唇鲭	*Hemibarbus labeo*	鲤形目	鲤科	无危（LC）			
21	小鳈	*Sarcocheilichthys parvus*	鲤形目	鲤科	无危（LC）		是	
22	麦穗鱼	*Pseudorasbora parva*	鲤形目	鲤科	无危（LC）			
23	似鮈	*Pseudogobio vaillanti*	鲤形目	鲤科	无危（LC）			
24	点纹银鮈	*Squalidus wolterstorff*	鲤形目	鲤科	无危（LC）		是	
25	福建小鳔鮈	*Microphysogobio fukiensis*	鲤形目	鲤科	数据缺乏（DD）		是	
26	建德小鳔鮈	*Microphysogobio tafangensis*	鲤形目	鲤科	数据缺乏（DD）		是	
27	小口小鳔鮈	*Microphysogobio microstomus*	鲤形目	鲤科	数据缺乏（DD）		是	
28	浙江花鳅	*Cobitis zhejiangensis*	鲤形目	鲤科	无危（LC）			
29	斑条花鳅	*Cobitis laterimaculata*	鲤形目	鲤科	数据缺乏（DD）		是	
30	大鳞副泥鳅	*Paramisgurnus dabryanus*	鲤形目	鲤科	无危（LC）			
31	尖头鱥	*Rhynchocypris oxycephalus*	鲤形目	鲤科	数据缺乏（DD）		是	
32	拟腹吸鳅	*Pseudogastromyzon fasciatus*	鲤形目	平鳍鳅科	数据缺乏（DD）		是	
33	原缨口鳅	*Vanmanenia stenosoma*	鲤形目	平鳍鳅科	数据缺乏（DD）		是	
34	亮斑缨口鳅	*Crossostoma galericula*	鲤形目	平鳍鳅科	数据缺乏（DD）		是	
35	斑纹缨口鳅	*Crossostoma stigmata*	鲤形目	平鳍鳅科	数据缺乏（DD）		是	
36	鲶	*Silurus asotus*	鲶形目	鲶科	无危（LC）			
37	南方大口鲶	*Silurus meridionalis*	鲶形目	鲶科	无危（LC）			
38	黄颡鱼	*Tachyurus fulvidraco*	鲶形目	鲿科	无危（LC）			
39	白边拟鲿	*Pseudobagrus albomarginatus*	鲶形目	鲿科	无危（LC）		是	
40	鳗尾鮠	*Liobagrus anguillicauda*	鲶形目	钝头鮠科	无危（LC）		是	
41	福建纹胸鮡	*Glyptothorax fokiensis*	鲶形目	鮡科	无危（LC）		是	
42	食蚊鱼	*Gambusia affinis*	鳉形目	胎鳉科	—			是
43	黄鳝	*Monopterus albus*	合鳃鱼目	合鳃鱼科	无危（LC）			
44	大眼鳜	*Siniperca kneri*	鲈形目	鳜科	无危（LC）			
45	斑鳜	*Siniperca scherzeri*	鲈形目	鳜科	无危（LC）			

序号	中文名	学名	目名	科名	濒危等级	保护等级	中国特有种	外来入侵种
46	波纹鳜	*Siniperca undulata*	鲈形目	鳜科	近危（NT）		是	
47	暗鳜	*Siniperca obscura*	鲈形目	鳜科	近危（NT）		是	
48	子陵吻虾虎鱼	*Rhinogobius similis*	鲈形目	虾虎鱼科	无危（LC）			
49	波氏吻虾虎鱼	*Rhinogobius cliffordpopei*	鲈形目	虾虎鱼科	无危（LC）		是	
50	无斑吻虾虎鱼	*Rhinogobius immaculatus*	鲈形目	虾虎鱼科	无危（LC）		是	
51	长汀吻虾虎鱼	*Rhinogobius cheni*	鲈形目	虾虎鱼科	数据缺乏（DD）		是	
52	网纹吻虾虎鱼	*Rhinogobius reticulatus*	鲈形目	虾虎鱼科	数据缺乏（DD）		是	
53	黑吻虾虎鱼	*Rhinogobius niger*	鲈形目	虾虎鱼科	数据缺乏（DD）		是	
54	戴氏吻虾虎鱼	*Rhinogobius davidi*	鲈形目	虾虎鱼科	数据缺乏（DD）		是	
55	密点吻虾虎鱼	*Rhinogobius multimaculatus*	鲈形目	虾虎鱼科	数据缺乏（DD）		是	
56	李氏吻虾虎鱼	*Rhinogobius leavelli*	鲈形目	虾虎鱼科	无危（LC）		是	
57	雀斑吻虾虎鱼	*Rhinogobius maculafasciatus*	鲈形目	虾虎鱼科	无危（LC）		是	
58	绿太阳鱼	*Lepomis macrochirus*	鲈形目	日鲈科	—			是
59	乌鳢	*Channa argus*	鲈形目	鳢科	无危（LC）			
60	齐氏罗非鱼	*Coptodon zillii*	鲈形目	丽鱼科	—			是
61	中华刺鳅	*Sinobdella sinensis*	鲈形目	刺鳅科	无危（LC）		是	
62	圆尾斗鱼	*Macropodus ocellatus*	鲈形目	斗鱼科	近危（NT）			

8. 大型底栖无脊椎动物名录

序号	中文名	学名	门名	纲名	目名
1	三角涡虫科一种	Dugesiidae sp.	扁形动物门	涡虫纲	三肠目
2	铁线虫科一种	Gordiidae sp.	线形动物门	铁线虫纲	铁线虫目
3	夹杂带丝蚓	*Lumbriculus variegatus*	环节动物门	寡毛纲	带丝蚓目
4	正蚓科一种	Lumbricidae sp.	环节动物门	寡毛纲	颤蚓目
5	颤蚓科一种	Tubificidae sp.	环节动物门	寡毛纲	颤蚓目
6	金线蛭属一种	*Whitmania* sp.	环节动物门	蛭纲	无吻蛭目
7	巴蛭	*Barbronia weberi*	环节动物门	蛭纲	无吻蛭目
8	湖沼股蛤	*Limnoperna lacustris*	软体动物门	双壳纲	贻贝目
9	河蚬	*Corbicula fluminea*	软体动物门	双壳纲	帘蛤目
10	小土蜗	*Galba jervia*	软体动物门	腹足纲	基眼目
11	萝卜螺属一种	*Radix* sp.	软体动物门	腹足纲	基眼目
12	尖口圆扁螺	*Hippeutis cantori*	软体动物门	腹足纲	基眼目
13	尖膀胱螺	*Physa acuta*	软体动物门	腹足纲	基眼目
14	福寿螺	*Pomacea canaliculata*	软体动物门	腹足纲	中腹足目

序号	中文名	学名	门名	纲名	目名
15	豆螺属一种	*Bithynia* sp.	软体动物门	腹足纲	中腹足目
16	肋蜷科一种	Pleuroseridae sp.	软体动物门	腹足纲	中腹足目
17	放逸短沟蜷	*Semisulcospira libertina*	软体动物门	腹足纲	中腹足目
18	狭口螺属一种	*Stenothyra* sp.	软体动物门	腹足纲	中腹足目
19	环棱螺属一种	*Bellamya* sp.	软体动物门	腹足纲	中腹足目
20	中国圆田螺	*Cipangopaludina cathayensis*	软体动物门	腹足纲	中腹足目
21	牙甲科一种	Chasmogenus sp.	节肢动物门	昆虫纲	鞘翅目
22	黑毛跗牙甲	*Hydrobius fuscipes*	节肢动物门	昆虫纲	鞘翅目
23	丽龙虱属一种	*Hydaticus* sp.	节肢动物门	昆虫纲	鞘翅目
24	狭溪泥甲属一种	*Stenelmis* sp.	节肢动物门	昆虫纲	鞘翅目
25	日本溪泥甲	*Stenelmis nipponica*	节肢动物门	昆虫纲	鞘翅目
26	豉甲科一种	Gyrinidae sp.	节肢动物门	昆虫纲	鞘翅目
27	沼甲科一种	Hydrocyphon sp.	节肢动物门	昆虫纲	鞘翅目
28	六鳃扁泥甲属一种	*Mataeopsephus* sp.	节肢动物门	昆虫纲	鞘翅目
29	伪鹬虻科一种	Athericidae sp.	节肢动物门	昆虫纲	双翅目
30	蠓科一种	Ceratopogonidae sp.	节肢动物门	昆虫纲	双翅目
31	摇蚊科一种	Chironomidae sp.	节肢动物门	昆虫纲	双翅目
32	缺损拟隐摇蚊	*Demicryptochironomus vulneratu*	节肢动物门	昆虫纲	双翅目
33	亚洲矮突摇蚊	*Nanocladius asiaticus*	节肢动物门	昆虫纲	双翅目
34	绿倒毛摇蚊	*Microtendipes chloris*	节肢动物门	昆虫纲	双翅目
35	光铗直突摇蚊	*Orthocladius glabripennis*	节肢动物门	昆虫纲	双翅目
36	直帕摇蚊	*Pagastia orthogonia*	节肢动物门	昆虫纲	双翅目
37	多足摇蚊属一种	*Polypedilum* sp.	节肢动物门	昆虫纲	双翅目
38	筑波多足摇蚊	*Polypedilum tsukubaense*	节肢动物门	昆虫纲	双翅目
39	双角波摇蚊	*Potthastia montium*	节肢动物门	昆虫纲	双翅目
40	趋流摇蚊属一种	*Rheocricotopus* sp.	节肢动物门	昆虫纲	双翅目
41	特长足摇蚊属一种	*Thienemannimyia* sp.	节肢动物门	昆虫纲	双翅目
42	长细蚊属一种	*Dixella* sp.	节肢动物门	昆虫纲	双翅目
43	长足虻科一种1	Dolichopodidae sp.1	节肢动物门	昆虫纲	双翅目
44	长足虻科一种2	Dolichopodidae sp.2	节肢动物门	昆虫纲	双翅目
45	四斑滨水蝇	*Parydra quadripunctata*	节肢动物门	昆虫纲	双翅目
46	朝大蚊属一种	*Antocha* sp.	节肢动物门	昆虫纲	双翅目
47	原大蚊属一种	*Eloeophila* sp.	节肢动物门	昆虫纲	双翅目
48	黑大蚊属一种1	*Hexatoma* sp.1	节肢动物门	昆虫纲	双翅目
49	黑大蚊属一种2	*Hexatoma* sp.2	节肢动物门	昆虫纲	双翅目
50	黑大蚊属一种3	*Hexatoma* sp.3	节肢动物门	昆虫纲	双翅目
51	—	*Simulium asakoae*	节肢动物门	昆虫纲	双翅目
52	—	*Simulium feuerborni*	节肢动物门	昆虫纲	双翅目

序号	中文名	学名	门名	纲名	目名
53	—	*Simulium intermedium*	节肢动物门	昆虫纲	双翅目
54	虻科一种	Tabanidae sp.	节肢动物门	昆虫纲	双翅目
55	亚角黄虻	*Atylotus sublunaticornis*	节肢动物门	昆虫纲	双翅目
56	双大蚊属一种 1	*Dicranota* sp.1	节肢动物门	昆虫纲	双翅目
57	双大蚊属一种 2	*Dicranota* sp.2	节肢动物门	昆虫纲	双翅目
58	双大蚊属一种 3	*Dicranota* sp.3	节肢动物门	昆虫纲	双翅目
59	—	*Dicranota bimaculata*	节肢动物门	昆虫纲	双翅目
60	大蚊属一种 1	*Tipula* sp.1	节肢动物门	昆虫纲	双翅目
61	大蚊属一种 2	*Tipula* sp.2	节肢动物门	昆虫纲	双翅目
62	大蚊属一种 3	*Tipula* sp.3	节肢动物门	昆虫纲	双翅目
63	大蚊属一种 4	*Tipula* sp.4	节肢动物门	昆虫纲	双翅目
64	狭翅蜉属一种	*Acentrella* sp.	节肢动物门	昆虫纲	蜉蝣目
65	丽翅蜉属一种	*Alainites* sp.	节肢动物门	昆虫纲	蜉蝣目
66	花翅蜉属一种	*Baetiella* sp.	节肢动物门	昆虫纲	蜉蝣目
67	二刺花翅蜉	*Baetiella bispinosa*	节肢动物门	昆虫纲	蜉蝣目
68	三刺花翅蜉	*Baetiella trispinata*	节肢动物门	昆虫纲	蜉蝣目
69	四节蜉属一种 1	*Baetis* sp.1	节肢动物门	昆虫纲	蜉蝣目
70	四节蜉属一种 2	*Baetis* sp.2	节肢动物门	昆虫纲	蜉蝣目
71	红柱四节蜉	*Baetis rutilocylindratus*	节肢动物门	昆虫纲	蜉蝣目
72	船形蜉属一种	*Bungona* sp.	节肢动物门	昆虫纲	蜉蝣目
73	突唇蜉属一种	*Labiobaetis* sp.	节肢动物门	昆虫纲	蜉蝣目
74	黑四节蜉属一种	*Nigrobaetis* sp.	节肢动物门	昆虫纲	蜉蝣目
75	紫眼黑四节蜉	*Nigrobaetis purpurata*	节肢动物门	昆虫纲	蜉蝣目
76	扁四节蜉属一种	*Platybaetis* sp.	节肢动物门	昆虫纲	蜉蝣目
77	原二翅蜉属一种	*Procloeon* sp.	节肢动物门	昆虫纲	蜉蝣目
78	细蜉属一种	*Caenis* sp.	节肢动物门	昆虫纲	蜉蝣目
79	中华细蜉	*Caenis sinensis*	节肢动物门	昆虫纲	蜉蝣目
80	御氏带肋蜉	*Cincticostella gosei*	节肢动物门	昆虫纲	蜉蝣目
81	弯握蜉属一种	*Drunella* sp.	节肢动物门	昆虫纲	蜉蝣目
82	尼泊尔大鳃蜉	*Torleya nepalica*	节肢动物门	昆虫纲	蜉蝣目
83	膨铗大鳃蜉	*Torleya tumiforceps*	节肢动物门	昆虫纲	蜉蝣目
84	刺毛亮蜉	*Teloganopsis punctisetae*	节肢动物门	昆虫纲	蜉蝣目
85	景洪亮蜉	*Teloganopsis jinghongensis*	节肢动物门	昆虫纲	蜉蝣目
86	锐利蜉属一种	*Ephacerella* sp.	节肢动物门	昆虫纲	蜉蝣目
87	小蜉属一种	*Ephemerella* sp.	节肢动物门	昆虫纲	蜉蝣目
88	景洪小蜉	*Ephemerella jingongensis*	节肢动物门	昆虫纲	蜉蝣目
89	蜉蝣属一种	*Ephemera* sp.	节肢动物门	昆虫纲	蜉蝣目
90	梧州蜉	*Ephemera wuchowensis*	节肢动物门	昆虫纲	蜉蝣目

序号	中文名	学名	门名	纲名	目名
91	长茎蜉	*Ephemera pictipennis*	节肢动物门	昆虫纲	蜉蝣目
92	扁蜉科一种	Heptageniidae sp.	节肢动物门	昆虫纲	蜉蝣目
93	斜纹亚非蜉	*Afronurus obliquistriatus*	节肢动物门	昆虫纲	蜉蝣目
94	宜兴亚非蜉	*Afronurus yixingensis*	节肢动物门	昆虫纲	蜉蝣目
95	宜兴似动蜉	*Cinygmina yixingensis*	节肢动物门	昆虫纲	蜉蝣目
96	何氏高翔蜉	*Epeorus herklotsi*	节肢动物门	昆虫纲	蜉蝣目
97	脊突高翔蜉	*Epeorus gibbus*	节肢动物门	昆虫纲	蜉蝣目
98	美丽高翔蜉	*Epeorus melli*	节肢动物门	昆虫纲	蜉蝣目
99	黑扁蜉	*Heptagenia ngi*	节肢动物门	昆虫纲	蜉蝣目
100	桶形赞蜉	*Paegniodes cupulatus*	节肢动物门	昆虫纲	蜉蝣目
101	尤氏拟亚非蜉	*Parafronurus youi*	节肢动物门	昆虫纲	蜉蝣目
102	小舌似溪颏蜉	*Rhithrogeniella ligulata*	节肢动物门	昆虫纲	蜉蝣目
103	溪颏蜉属一种	*Rhithrogena* sp.	节肢动物门	昆虫纲	蜉蝣目
104	等蜉属一种	*Isonychia* sp.	节肢动物门	昆虫纲	蜉蝣目
105	宽基蜉属一种	*Choroterpes* sp.	节肢动物门	昆虫纲	蜉蝣目
106	面宽基蜉	*Choroterpes facialis*	节肢动物门	昆虫纲	蜉蝣目
107	宜兴宽基蜉	*Choroterpes yixingensis*	节肢动物门	昆虫纲	蜉蝣目
108	紫金柔裳蜉	*Habrophlebiodes zijinensis*	节肢动物门	昆虫纲	蜉蝣目
109	中国小河蜉	*Potamanthellus chinensis*	节肢动物门	昆虫纲	蜉蝣目
110	河花蜉属一种	*Potamanthus* sp.	节肢动物门	昆虫纲	蜉蝣目
111	中国古丝蜉	*Siphluriscus chinensis*	节肢动物门	昆虫纲	蜉蝣目
112	黾蝽科一种	Gerridae sp.	节肢动物门	昆虫纲	半翅目
113	仰泳蝽科一种	Notonectidae sp.	节肢动物门	昆虫纲	半翅目
114	星齿蛉属一种	*Protohermes* sp.	节肢动物门	昆虫纲	广翅目
115	蜓科一种	Aeschnidae sp.	节肢动物门	昆虫纲	蜻蜓目
116	细腰蜓属一种 1	*Boyeria* sp.1	节肢动物门	昆虫纲	蜻蜓目
117	细腰蜓属一种 2	*Boyeria* sp.2	节肢动物门	昆虫纲	蜻蜓目
118	细腰蜓属一种 3	*Boyeria* sp.3	节肢动物门	昆虫纲	蜻蜓目
119	色蟌科一种 1	Cakopterygoidea sp.1	节肢动物门	昆虫纲	蜻蜓目
120	色蟌科一种 2	Cakopterygoidea sp.2	节肢动物门	昆虫纲	蜻蜓目
121	色蟌属一种	*Calopteryx* sp.	节肢动物门	昆虫纲	蜻蜓目
122	蟌科一种	Coenagrionidae sp.	节肢动物门	昆虫纲	蜻蜓目
123	圆臀大蜓属一种 1	*Anotogaster* sp.1	节肢动物门	昆虫纲	蜻蜓目
124	圆臀大蜓属一种 2	*Anotogaster* sp.2	节肢动物门	昆虫纲	蜻蜓目
125	华丽溪蟌	*Euphaea superba*	节肢动物门	昆虫纲	蜻蜓目
126	溪蟌属一种 1	*Euphaea* sp.1	节肢动物门	昆虫纲	蜻蜓目
127	溪蟌属一种 2	*Euphaea* sp.2	节肢动物门	昆虫纲	蜻蜓目
128	春蜓科一种 1	Gomphidae sp.1	节肢动物门	昆虫纲	蜻蜓目

序号	中文名	学名	门名	纲名	目名
129	春蜓科一种 2	Gomphidae sp.2	节肢动物门	昆虫纲	蜻蜓目
130	双峰弯尾春蜓	*Melligomphus ardens*	节肢动物门	昆虫纲	蜻蜓目
131	蛇纹春蜓属一种	*Ophiogomphus* sp.	节肢动物门	昆虫纲	蜻蜓目
132	大伪蜻科一种	Macromiidae sp.	节肢动物门	昆虫纲	蜻蜓目
133	大伪蜻属一种	*Macromia* sp.	节肢动物门	昆虫纲	蜻蜓目
134	蜻科一种	Libellulidae sp.	节肢动物门	昆虫纲	蜻蜓目
135	黄翅蜻	*Brachythemis contaminata*	节肢动物门	昆虫纲	蜻蜓目
136	大溪螅	*Philoganga vetusta*	节肢动物门	昆虫纲	蜻蜓目
137	拟卷襀属一种	Leuctridae sp.	节肢动物门	昆虫纲	襀翅目
138	倍叉襀属一种	*Amphinemura* sp.	节肢动物门	昆虫纲	襀翅目
139	叉襀属一种	*Nemoura* sp.	节肢动物门	昆虫纲	襀翅目
140	襀科一种 1	Perlidae sp.1	节肢动物门	昆虫纲	襀翅目
141	襀科一种 2	Perlidae sp.2	节肢动物门	昆虫纲	襀翅目
142	襀科一种 3	Perlidae sp.3	节肢动物门	昆虫纲	襀翅目
143	锤襀属一种	*Claassenia* sp.	节肢动物门	昆虫纲	襀翅目
144	新襀属一种	*Neoperla* sp.	节肢动物门	昆虫纲	襀翅目
145	竖毛螯石蛾属一种	*Apsilochorema* sp.	节肢动物门	昆虫纲	毛翅目
146	具钩竖毛螯石蛾	*Apsilochorema unculatum*	节肢动物门	昆虫纲	毛翅目
147	短脉纹石蛾属一种	*Cheumatopsyche* sp.	节肢动物门	昆虫纲	毛翅目
148	腺纹石蛾属一种	*Diplectrona* sp.	节肢动物门	昆虫纲	毛翅目
149	纹石蛾属一种 1	*Hydorpsyche* sp.1	节肢动物门	昆虫纲	毛翅目
150	纹石蛾属一种 2	*Hydorpsyche* sp.2	节肢动物门	昆虫纲	毛翅目
151	纹石蛾属一种 3	*Hydorpsyche* sp.3	节肢动物门	昆虫纲	毛翅目
152	缺距纹石蛾属一种	*Potamyia* sp.	节肢动物门	昆虫纲	毛翅目
153	鳞石蛾属一种 1	*Lepidostoma* sp.1	节肢动物门	昆虫纲	毛翅目
154	鳞石蛾属一种 2	*Lepidostoma* sp.2	节肢动物门	昆虫纲	毛翅目
155	短室等翅石蛾属一种 1	*Dolophilodes* sp.1	节肢动物门	昆虫纲	毛翅目
156	短室等翅石蛾属一种 2	*Dolophilodes* sp.2	节肢动物门	昆虫纲	毛翅目
157	纽多距石蛾属一种	*Neucentropus* sp.	节肢动物门	昆虫纲	毛翅目
158	原石蛾属一种	*Rhyacophia* sp.1	节肢动物门	昆虫纲	毛翅目
159	原石蛾属一种	*Rhyacophia* sp.2	节肢动物门	昆虫纲	毛翅目
160	角石蛾属一种	*Stenopsyche* sp.	节肢动物门	昆虫纲	毛翅目
161	水栉水虱	*Asellus aquaticus*	节肢动物门	软甲纲	等足目
162	米虾属一种	*Caridina* sp.	节肢动物门	软甲纲	十足目
163	福建博特溪蟹	*Bottapotamon fukienense*	节肢动物门	软甲纲	十足目
164	南安博特溪蟹	*Bottapotamon nanan*	节肢动物门	软甲纲	十足目
165	浙江华溪蟹	*Sinopotamon chekiangense*	节肢动物门	软甲纲	十足目

9. 大型真菌名录

序号	中文名	学名	目名	科名	濒危等级	中国特有种
1	润滑锤舌菌	*Leotia lubrica*	锤舌菌目	锤舌菌科	无危（LC）	
2	红棕小舌菌	*Microglossum rufum*	锤舌菌目	锤舌菌科	数据缺乏（DD）	
3	厚集毛菌	*Coltricia crassa*	刺革菌目	刺革菌科	数据缺乏（DD）	是
4	微集毛孔菌	*Coltricia minima*	刺革菌目	刺革菌科	数据缺乏（DD）	是
5	铁色集毛孔菌	*Coltricia sideroides*	刺革菌目	刺革菌科	数据缺乏（DD）	
6	刺柄集毛孔菌	*Coltricia strigosipes*	刺革菌目	刺革菌科	数据缺乏（DD）	
7	悬垂小集毛孔菌	*Coltriciella dependens*	刺革菌目	刺革菌科	无危（LC）	
8	小集毛孔菌	*Coltriciella pusilla*	刺革菌目	刺革菌科	数据缺乏（DD）	
9	瘦藓菇	*Rickenella fibula*	刺革菌目	藓菇科	无危（LC）	
10	栗色褐孔菌	*Fuscoporia senex*	刺革菌目	锈革孔菌科	数据缺乏（DD）	
11	库克地舌菌	*Geoglossum cookeanum*	地舌菌目	地舌菌科	无危（LC）	
12	荫蔽地舌菌	*Geoglossum umbratile*	地舌菌目	地舌菌科	无危（LC）	
13	袋形地星	*Geastrum saccatum*	地星目	地星科	无危（LC）	
14	烟色枝瑚菌	*Ramaria fumigata*	钉菇目	钉菇科	无危（LC）	
15	四川灵芝	*Ganoderma sichuanense*	多孔菌目	多孔菌科	近危（NT）	是
16	新棱孔菌属待拟	*Neofavolus cremeoalbidus*	多孔菌目	多孔菌科	数据缺乏（DD）	
17	赭白多年卧孔菌	*Perenniporia ochroleuca*	多孔菌目	多孔菌科	无危（LC）	
18	漏斗多孔菌	*Polyporus arcularius*	多孔菌目	多孔菌科	无危（LC）	
19	朱红密孔菌	*Pycnoporus cinnabarinus*	多孔菌目	多孔菌科	无危（LC）	
20	血红密孔菌	*Pycnoporus sanguineus*	多孔菌目	多孔菌科	无危（LC）	
21	硬毛栓菌	*Trametes hirsuta*	多孔菌目	多孔菌科	无危（LC）	
22	变色栓菌	*Trametes versicolor*	多孔菌目	多孔菌科	无危（LC）	
23	薄皮干酪菌	*Tyromyces chioneus*	多孔菌目	多孔菌科	无危（LC）	
24	贝壳状革耳	*Panus conchatus*	多孔菌目	革耳科	无危（LC）	
25	厚拟射脉菌	*Phlebiopsis crassa*	多孔菌目	原毛平革菌科	数据缺乏（DD）	
26	深红鬼笔	*Phallus rubicundus*	鬼笔目	鬼笔科	无危（LC）	
27	中国胶角耳	*Calocera sinensis*	花耳目	花耳科	无危（LC）	
28	粘胶角耳	*Calocera viscosa*	花耳目	花耳科	无危（LC）	
29	头状花耳	*Dacrymyces capitatus*	花耳目	花耳科	无危（LC）	
30	匙盖假花耳	*Dacryopinax spathularia*	花耳目	花耳科	无危（LC）	
31	阿巴拉契亚鸡油菌	*Cantharellus appalachiensis*	鸡油菌目	齿菌科	数据缺乏（DD）	
32	喇叭菌	*Craterellus cornucopioides*	鸡油菌目	齿菌科	无危（LC）	
33	亚洲丽烛衣	*Lepidostroma asianum*	莲叶衣目	莲叶衣科	数据缺乏（DD）	
34	中华丽烛衣	*Sulzbacheromyces sinensis*	莲叶衣目	莲叶衣科	数据缺乏（DD）	
35	花瓣状亚侧耳	*Hohenbuehelia petaloides*	蘑菇目	侧耳科	无危（LC）	

序号	中文名	学名	目名	科名	濒危等级	中国特有种
36	毛伏褶菌	*Resupinatus trichotis*	蘑菇目	侧耳科	无危（LC）	
37	冠状裸盖菇	*Psilocybe coronilla*	蘑菇目	层腹菌科	无危（LC）	
38	喀拉拉邦裸盖菇	*Psilocybe keralensis*	蘑菇目	层腹菌科	数据缺乏（DD）	
39	越南裸盖菇	*Psilocybe yungensis*	蘑菇目	层腹菌科	数据缺乏（DD）	
40	小托柄鹅膏	*Amanita farinosa*	蘑菇目	鹅膏科	无危（LC）	
41	金黄鹅膏	*Amanita flavipes*	蘑菇目	鹅膏科	无危（LC）	
42	长条棱鹅膏	*Amanita longistriata*	蘑菇目	鹅膏科	无危（LC）	
43	隐花青鹅膏	*Amanita manginiana*	蘑菇目	鹅膏科	无危（LC）	
44	东方褐盖鹅膏	*Amanita orientifulva*	蘑菇目	鹅膏科	无危（LC）	
45	鹅膏属待拟	*Amanita pinophila*	蘑菇目	鹅膏科	数据缺乏（DD）	
46	假褐云斑鹅膏	*Amanita pseudoporphyria*	蘑菇目	鹅膏科	无危（LC）	
47	赭盖鹅膏	*Amanita rubescens*	蘑菇目	鹅膏科	无危（LC）	
48	红托鹅膏	*Amanita rubrovolvata*	蘑菇目	鹅膏科	无危（LC）	
49	角鳞灰鹅膏	*Amanita spissacea*	蘑菇目	鹅膏科	无危（LC）	
50	残托鹅膏	*Amanita sychnopyramis*	蘑菇目	鹅膏科	数据缺乏（DD）	
51	脐状斜盖伞	*Clitopilus umbilicatus*	蘑菇目	粉褶蕈科	数据缺乏（DD）	是
52	细齿粉褶红盖菇	*Entocybe nitida*	蘑菇目	粉褶蕈科	无危（LC）	
53	粉褶蕈的一种	*Entoloma callidermum*	蘑菇目	粉褶蕈科	数据缺乏（DD）	
54	粉褶蕈的一种	*Entoloma conchatum*	蘑菇目	粉褶蕈科	数据缺乏（DD）	
55	栗红粉褶蕈	*Entoloma conferendum*	蘑菇目	粉褶蕈科	无危（LC）	
56	久住粉褶蕈	*Entoloma kujuense*	蘑菇目	粉褶蕈科	数据缺乏（DD）	
57	粉褶蕈的一种	*Entoloma minutum*	蘑菇目	粉褶蕈科	数据缺乏（DD）	
58	默里粉褶蕈	*Entoloma murrayi*	蘑菇目	粉褶蕈科	数据缺乏（DD）	
59	黄条纹粉褶蕈	*Entoloma omiense*	蘑菇目	粉褶蕈科	无危（LC）	
60	光盖粉褶蕈	*Entoloma politum*	蘑菇目	粉褶蕈科	数据缺乏（DD）	
61	方形粉褶蕈	*Entoloma quadratum*	蘑菇目	粉褶蕈科	无危（LC）	
62	粉褶蕈的一种	*Entoloma queletii*	蘑菇目	粉褶蕈科	数据缺乏（DD）	
63	近杯伞状粉褶蕈	*Entoloma subclitocyboides*	蘑菇目	粉褶蕈科	易危（VU）	是
64	喇叭状粉褶蕈	*Entoloma tubaeforme*	蘑菇目	粉褶蕈科	数据缺乏（DD）	
65	长条纹光柄菇	*Pluteus longistriatus*	蘑菇目	光柄菇科	无危（LC）	
66	黑边乳菇	*Lactarius atromarginatus*	蘑菇目	红菇科	数据缺乏（DD）	
67	乳菇属待拟	*Lactarius austrozonarius*	蘑菇目	红菇科	数据缺乏（DD）	
68	暗褐乳菇	*Lactarius fuliginosus*	蘑菇目	红菇科	无危（LC）	
69	鳞皮乳菇	*Lactarius furfuraceus*	蘑菇目	红菇科	数据缺乏（DD）	是
70	宽囊乳菇	*Lactarius pinguis*	蘑菇目	红菇科	数据缺乏（DD）	
71	亮丽乳菇	*Lactarius vividus*	蘑菇目	红菇科	数据缺乏（DD）	
72	热带中华多汁乳菇	*Lactifluus rubrobrunnescens*	蘑菇目	红菇科	数据缺乏（DD）	
73	乳菇属待拟	*Lactifluus tropicosinicus*	蘑菇目	红菇科	数据缺乏（DD）	

序号	中文名	学名	目名	科名	濒危等级	中国特有种
74	鼎湖红菇	*Russula dinghuensis*	蘑菇目	红菇科	数据缺乏（DD）	是
75	臭味红菇	*Russula nauseosa*	蘑菇目	红菇科	无危（LC）	
76	美红菇	*Russula puellaris*	蘑菇目	红菇科	无危（LC）	
77	血红菇	*Russula sanguinea*	蘑菇目	红菇科	无危（LC）	
78	菱红菇	*Russula vesca*	蘑菇目	红菇科	无危（LC）	
79	紫柄红菇	*Russula violeipes*	蘑菇目	红菇科	无危（LC）	
80	头状秃马勃	*Calvatia craniiformis*	蘑菇目	灰包科	数据缺乏（DD）	
81	雅薄伞	*Delicatula integrella*	蘑菇目	口蘑科	无危（LC）	
82	实心鸟巢菌	*Nidularia farcta*	蘑菇目	口蘑科	数据缺乏（DD）	
83	亚脐菇属待拟	*Omphalina chionophila*	蘑菇目	口蘑科	数据缺乏（DD）	
84	亚脐菇属待拟	*Omphalina pyxidata*	蘑菇目	口蘑科	数据缺乏（DD）	
85	赭红拟口蘑	*Tricholomopsis rutilans*	蘑菇目	口蘑科	无危（LC）	
86	湿果伞	*Gliophorus psittacinus*	蘑菇目	蜡伞科	无危（LC）	
87	湿伞属待拟	*Hygrocybe aurantiosplendens*	蘑菇目	蜡伞科	数据缺乏（DD）	
88	舟湿伞	*Hygrocybe cantharellus*	蘑菇目	蜡伞科	无危（LC）	
89	绯红湿伞	*Hygrocybe coccinea*	蘑菇目	蜡伞科	无危（LC）	
90	绯红齿湿伞	*Hygrocybe coccineocrenata*	蘑菇目	蜡伞科	数据缺乏（DD）	
91	变黑湿伞	*Hygrocybe conica*	蘑菇目	蜡伞科	无危（LC）	
92	浅黄褐湿伞	*Hygrocybe flavescens*	蘑菇目	蜡伞科	无危（LC）	
93	朱红湿伞	*Hygrocybe miniata*	蘑菇目	蜡伞科	无危（LC）	
94	里德湿伞	*Hygrocybe reidii*	蘑菇目	蜡伞科	数据缺乏（DD）	
95	湿伞属待拟	*Hygrophorus scabrellus*	蘑菇目	蜡伞科	数据缺乏（DD）	
96	小丝纹裸柄伞	*Gymnopus brassicolens*	蘑菇目	类脐菇科	数据缺乏（DD）	
97	小果蚁巢伞	*Termitomyces microcarpus*	蘑菇目	离褶伞科	无危（LC）	
98	裂褶菌	*Schizophyllum commune*	蘑菇目	裂褶菌科	无危（LC）	
99	蘑菇属待拟	*Agaricus parvibicolor*	蘑菇目	蘑菇科	数据缺乏（DD）	
100	蘑菇属待拟	*Agaricus wariatodes*	蘑菇目	蘑菇科	数据缺乏（DD）	
101	厚壁黑蛋巢菌	*Cyathus crassimurus*	蘑菇目	蘑菇科	无危（LC）	
102	隆纹黑蛋巢菌	*Cyathus striatus*	蘑菇目	蘑菇科	无危（LC）	
103	刺鳞鳞环柄菇	*Echinoderma echinaceum*	蘑菇目	蘑菇科	数据缺乏（DD）	
104	冠状环柄菇	*Lepiota cristata*	蘑菇目	蘑菇科	无危（LC）	
105	红盖白环蘑	*Leucoagaricus rubrotinctus*	蘑菇目	蘑菇科	无危（LC）	
106	二瓣小蘑菇	*Micropsalliota bifida*	蘑菇目	蘑菇科	数据缺乏（DD）	
107	糠鳞小腹蕈	*Micropsalliota furfuracea*	蘑菇目	蘑菇科	无危（LC）	
108	球囊小蘑菇	*Micropsalliota globocystis*	蘑菇目	蘑菇科	数据缺乏（DD）	
109	黄包红蛋巢菌	*Nidula shingbaensis*	蘑菇目	蘑菇科	数据缺乏（DD）	
110	*Cryptomarasmius* 属待拟	*Cryptomarasmius thwaitesii*	蘑菇目	膨瑚菌科	数据缺乏（DD）	

序号	中文名	学名	目名	科名	濒危等级	中国特有种
111	卵孢长根菇	*Hymenopellis raphanipes*	蘑菇目	膨瑚菌科	数据缺乏（DD）	
112	喜粪黄囊菇	*Deconica coprophila*	蘑菇目	球盖菇科	无危（LC）	
113	脆珊瑚菌	*Clavaria fragilis*	蘑菇目	珊瑚菌科	无危（LC）	
114	佐林格珊瑚菌	*Clavaria zollingeri*	蘑菇目	珊瑚菌科	无危（LC）	
115	宫部拟锁瑚菌	*Clavulinopsis miyabeana*	蘑菇目	珊瑚菌科	无危（LC）	
116	环沟拟锁瑚菌	*Clavulinopsis sulcata*	蘑菇目	珊瑚菌科	无危（LC）	
117	*Ramariopsis* 属待拟	*Ramariopsis gilibertoi*	蘑菇目	珊瑚菌科	数据缺乏（DD）	
118	孔策拟枝瑚菌	*Ramariopsis kunzei*	蘑菇目	珊瑚菌科	无危（LC）	
119	密褶丝盖伞	*Inocybe angustifolia*	蘑菇目	丝盖伞科	数据缺乏（DD）	
120	星孢丝盖伞	*Inocybe asterospora*	蘑菇目	丝盖伞科	无危（LC）	
121	小刺丝盖伞	*Inocybe babruka*	蘑菇目	丝盖伞科	数据缺乏（DD）	
122	丽孢丝盖伞	*Inocybe calospora*	蘑菇目	丝盖伞科	无危（LC）	
123	绵毛丝盖伞	*Inocybe curvipes*	蘑菇目	丝盖伞科	无危（LC）	
124	星洲丝盖伞	*Inocybe hydrocybiformis*	蘑菇目	丝盖伞科	数据缺乏（DD）	
125	紫绿丝盖伞	*Inocybe ionochlora*	蘑菇目	丝盖伞科	数据缺乏（DD）	
126	黑丝盖伞	*Inocybe melanopoda*	蘑菇目	丝盖伞科	数据缺乏（DD）	
127	暗囊丝盖伞	*Inocybe phaeocystidiosa*	蘑菇目	丝盖伞科	数据缺乏（DD）	
128	瞭望丝盖伞	*Inocybe praetervisa*	蘑菇目	丝盖伞科	无危（LC）	
129	亚密褶丝盖伞	*Inocybe subangustifolia*	蘑菇目	丝盖伞科	数据缺乏（DD）	
130	烟草丝盖伞	*Inocybe tabacina*	蘑菇目	丝盖伞科	数据缺乏（DD）	
131	云南丝盖伞	*Inocybe yunnanensis*	蘑菇目	丝盖伞科	数据缺乏（DD）	是
132	突变岐盖伞	*Inosperma mutatum*	蘑菇目	丝盖伞科	数据缺乏（DD）	
133	姊妹裂盖伞	*Pseudosperma sororium*	蘑菇目	丝盖伞科	数据缺乏（DD）	
134	掷丝膜菌	*Cortinarius bolaris*	蘑菇目	丝膜菌科	数据缺乏（DD）	
135	蝶形斑褶菇	*Panaeolus papilionaceus*	蘑菇目	未定科	无危（LC）	
136	辐毛小鬼伞	*Coprinellus radians*	蘑菇目	小脆柄菇科	无危（LC）	
137	肥白鬼伞	*Leucocoprinus cepistipes*	蘑菇目	小脆柄菇科	无危（LC）	
138	黄盖小脆柄菇	*Psathyrella candolleana*	蘑菇目	小脆柄菇科	无危（LC）	
139	沟纹小菇	*Mycena abramsii*	蘑菇目	小菇科	无危（LC）	
140	红顶小菇	*Mycena acicula*	蘑菇目	小菇科	无危（LC）	
141	紫萁小菇	*Mycena alphitophora*	蘑菇目	小菇科	无危（LC）	
142	橙盖小菇	*Mycena aurantiidisca*	蘑菇目	小菇科	数据缺乏（DD）	
143	洁小菇	*Mycena pura*	蘑菇目	小菇科	无危（LC）	
144	粉色小菇	*Mycena rosea*	蘑菇目	小菇科	无危（LC）	
145	黏柄小菇	*Roridomyces roridus*	蘑菇目	小菇科	无危（LC）	
146	老伞	*Gerronema nemorale*	蘑菇目	小皮伞科	数据缺乏（DD）	
147	二型微皮伞	*Marasmiellus biformis*	蘑菇目	小皮伞科	数据缺乏（DD）	
148	梅内胡微皮伞	*Marasmiellus menehune*	蘑菇目	小皮伞科	数据缺乏（DD）	

序号	中文名	学名	目名	科名	濒危等级	中国特有种
149	雀稗丝盖伞	*Marasmiellus paspali*	蘑菇目	小皮伞科	数据缺乏（DD）	
150	假根微皮伞	*Marasmiellus rhizomorphigenus*	蘑菇目	小皮伞科	数据缺乏（DD）	
151	褐小皮伞	*Marasmius ferrugineus*	蘑菇目	小皮伞科	数据缺乏（DD）	
152	茉莉小皮伞	*Marasmius indojasminodorus*	蘑菇目	小皮伞科	数据缺乏（DD）	
153	紫沟条小皮伞	*Marasmius purpureostriatus*	蘑菇目	小皮伞科	无危（LC）	
154	沙氏小皮伞	*Marasmius sullivantii*	蘑菇目	小皮伞科	数据缺乏（DD）	
155	黑柄四角孢伞	*Tetrapyrgos nigripes*	蘑菇目	小皮伞科	数据缺乏（DD）	
156	胶质假齿菌	*Pseudohydnum gelatinosum*	木耳目	未定科	无危（LC）	
157	臧氏金牛肝菌	*Aureoboletus zangii*	牛肝菌目	牛肝菌科	数据缺乏（DD）	是
158	黑斑厚瓢牛肝菌	*Hourangia nigropunctata*	牛肝菌目	牛肝菌科	无危（LC）	是
159	红柄新牛肝菌	*Neoboletus erythropus*	牛肝菌目	牛肝菌科	数据缺乏（DD）	
160	深褐新牛肝菌	*Neoboletus obscureumbrinus*	牛肝菌目	牛肝菌科	数据缺乏（DD）	
161	美丽褶孔菌	*Phylloporus bellus*	牛肝菌目	牛肝菌科	无危（LC）	
162	褐盖褶孔菌	*Phylloporus brunneiceps*	牛肝菌目	牛肝菌科	数据缺乏（DD）	是
163	斑盖褶孔菌	*Phylloporus maculatus*	牛肝菌目	牛肝菌科	数据缺乏（DD）	是
164	黄疸粉末牛肝菌	*Pulveroboletus icterinus*	牛肝菌目	牛肝菌科	无危（LC）	
165	混淆松塔牛肝菌	*Strobilomyces confusus*	牛肝菌目	牛肝菌科	无危（LC）	
166	新苦粉孢牛肝菌	*Tylopilus neofelleus*	牛肝菌目	牛肝菌科	数据缺乏（DD）	
167	紫褐粉孢牛肝菌	*Tylopilus vinosobrunneus*	牛肝菌目	牛肝菌科	数据缺乏（DD）	
168	亚小绒盖牛肝菌	*Xerocomus subparvus*	牛肝菌目	牛肝菌科	数据缺乏（DD）	是
169	黏盖乳牛肝菌	*Suillus bovinus*	牛肝菌目	乳牛肝菌科	无危（LC）	
170	点柄乳牛肝菌	*Suillus granulatus*	牛肝菌目	乳牛肝菌科	无危（LC）	
171	琥珀乳牛肝菌	*Suillus placidus*	牛肝菌目	乳牛肝菌科	无危（LC）	
172	耳状小塔氏菌	*Tapinella panuoides*	牛肝菌目	网褶菌科	无危（LC）	
173	东方豆马勃	*Pisolithus orientalis*	牛肝菌目	硬皮马勃科	数据缺乏（DD）	
174	长囊体圆孔牛肝菌	*Gyroporus longicystidiatus*	牛肝菌目	圆孢牛肝菌科	无危（LC）	
175	灰褐马鞍菌	*Helvella ephippium*	盘菌目	马鞍菌科	无危（LC）	
176	粗柄马鞍菌	*Helvella macropus*	盘菌目	马鞍菌科	无危（LC）	
177	橙红二头孢盘菌	*Dicephalospora rufocornea*	柔膜菌目	柔膜菌科	数据缺乏（DD）	
178	细脚虫草	*Cordyceps tenuipes*	肉座菌目	虫草科	数据缺乏（DD）	
179	菌寄生属待拟	*Hypomyces boletiphagus*	肉座菌目	肉座菌科	数据缺乏（DD）	
180	下垂线虫草	*Ophiocordyceps nutans*	肉座菌目	线虫草科	无危（LC）	
181	蜂头线虫草	*Ophiocordyceps sphecocephala*	肉座菌目	线虫草科	无危（LC）	
182	奇异弯颈霉	*Tolypocladium paradoxum*	肉座菌目	线虫草科	数据缺乏（DD）	
183	截头炭团菌	*Annulohypoxylon annulatum*	炭角菌目	炭角菌科	数据缺乏（DD）	
184	黑柄炭角菌	*Podosordaria nigripes*	炭角菌目	炭角菌科	数据缺乏（DD）	
185	污白炭角菌	*Xylaria escharoidea*	炭角菌目	炭角菌科	数据缺乏（DD）	
186	结节胶瑚菌	*Tremellodendropsis tuberosa*	银耳目	胶瑚菌科	数据缺乏（DD）	

附图 1　龙泉市生态系统类型

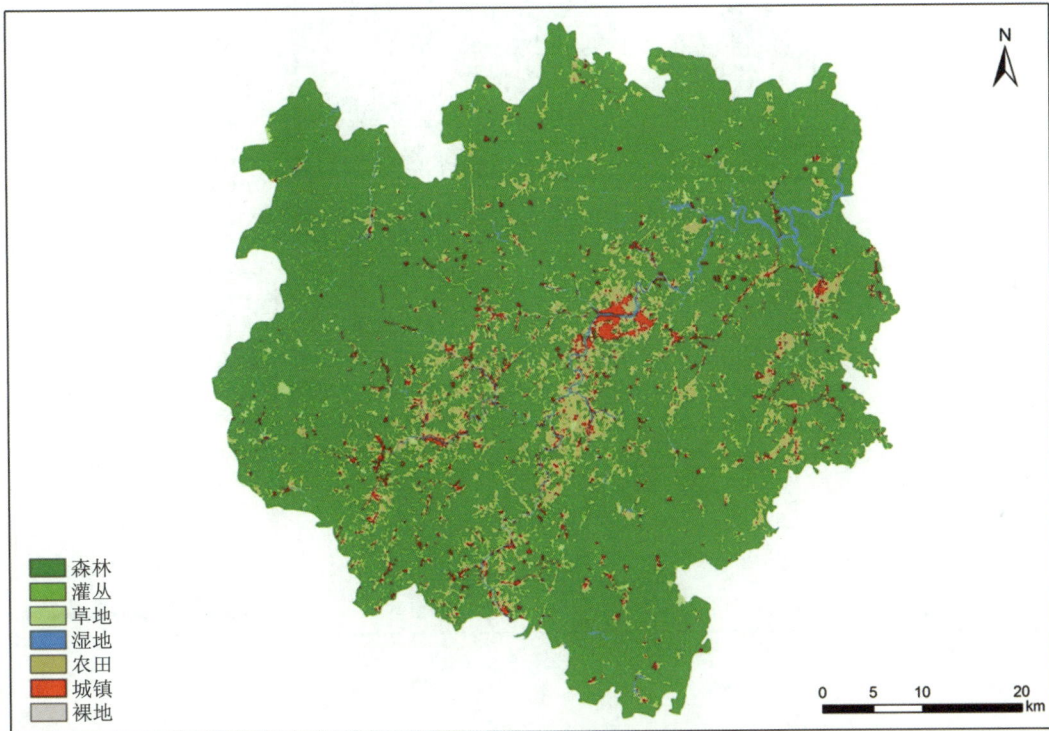

森林
灌丛
草地
湿地
农田
城镇
裸地

0　5　10　　20
km

2010 年一级生态系统

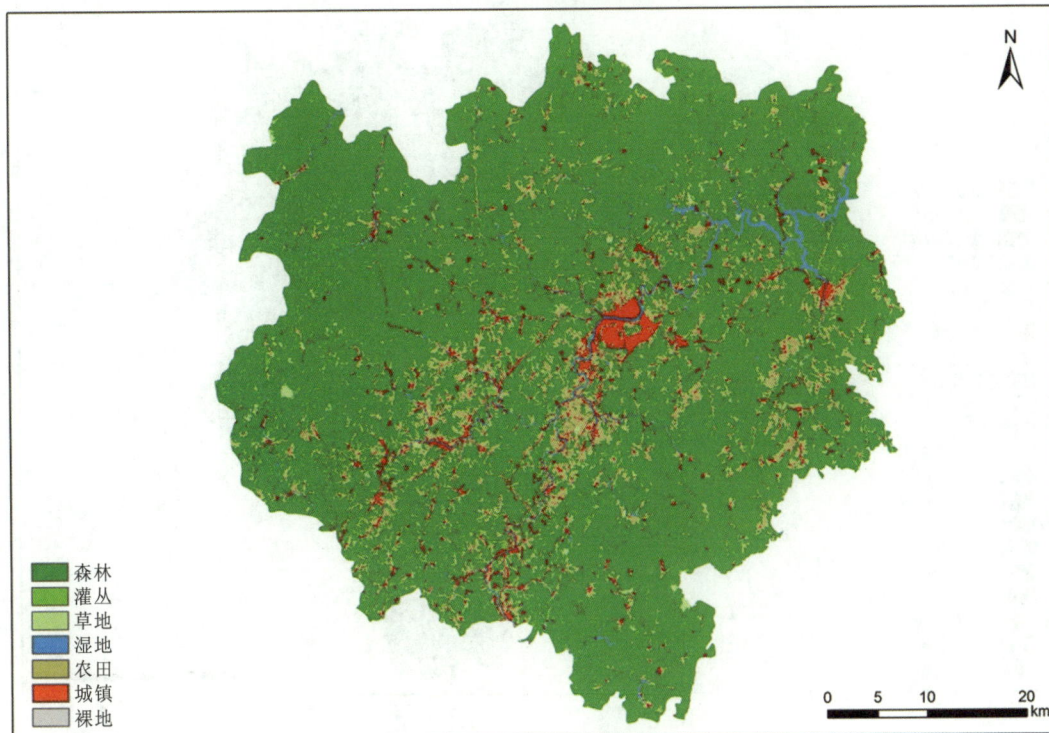

森林
灌丛
草地
湿地
农田
城镇
裸地

0　5　10　　20
km

2019 年一级生态系统

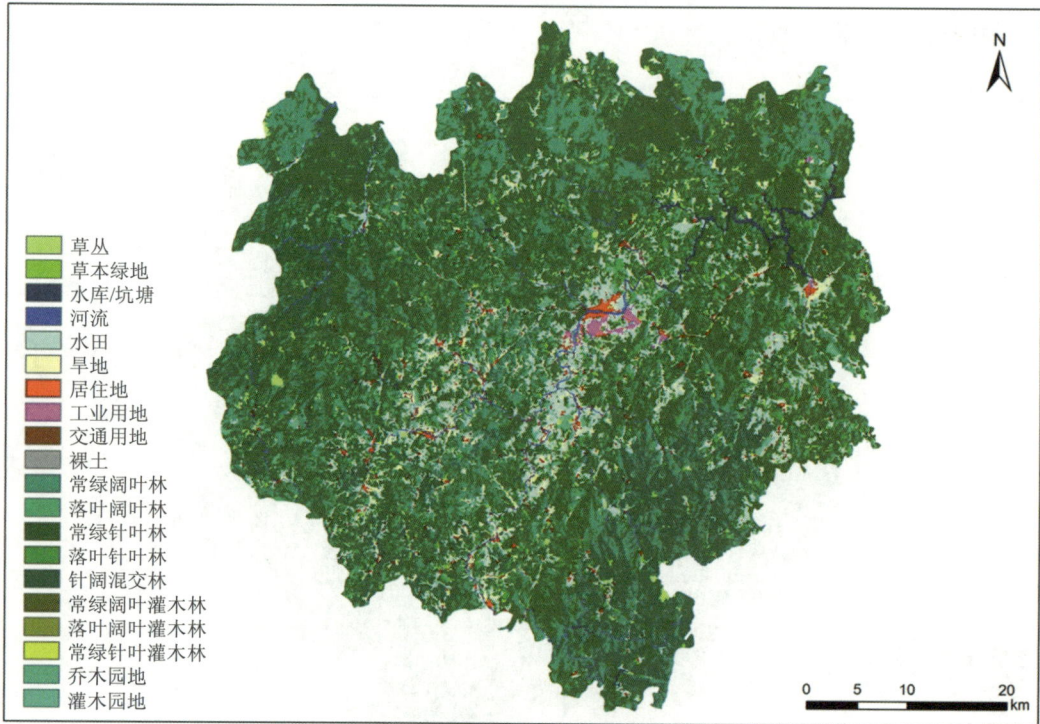

草丛
草本绿地
水库/坑塘
河流
水田
旱地
居住地
工业用地
交通用地
裸土
常绿阔叶林
落叶阔叶林
常绿针叶林
落叶针叶林
针阔混交林
常绿阔叶灌木林
落叶阔叶灌木林
常绿针叶灌木林
乔木园地
灌木园地

2010 年三级生态系统

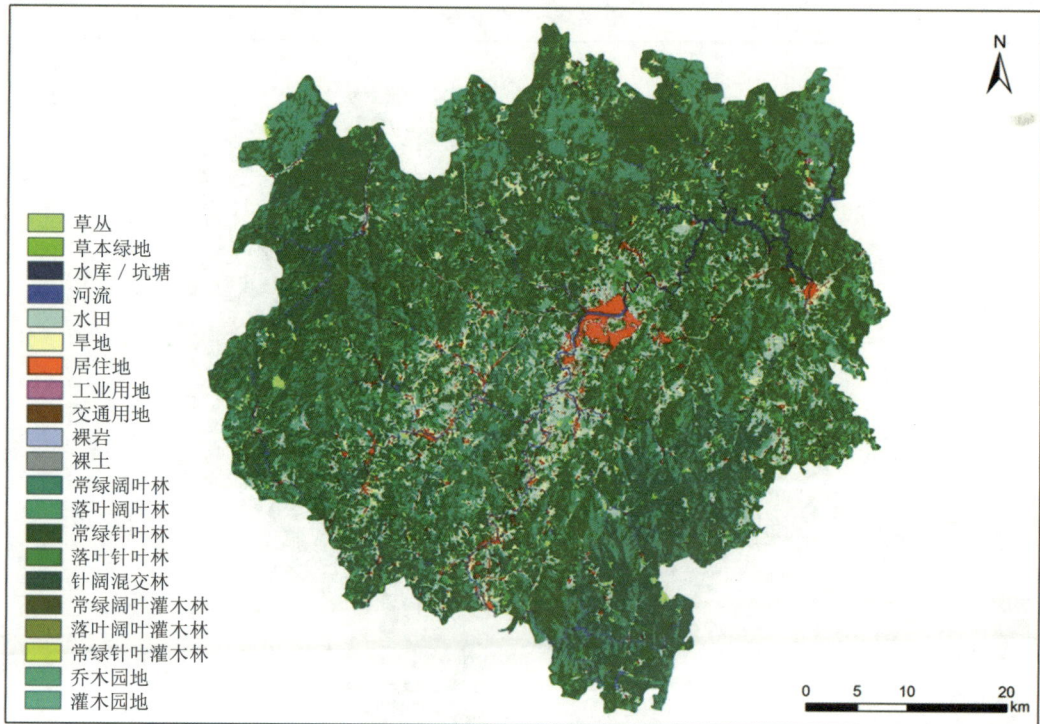

草丛
草本绿地
水库 / 坑塘
河流
水田
旱地
居住地
工业用地
交通用地
裸岩
裸土
常绿阔叶林
落叶阔叶林
常绿针叶林
落叶针叶林
针阔混交林
常绿阔叶灌木林
落叶阔叶灌木林
常绿针叶灌木林
乔木园地
灌木园地

2019 年三级生态系统

附图 2　龙泉市陆生维管植物

长柄石杉

福建柏

水杉

南方红豆杉

罗汉松

金钱松

银杏

小斑叶兰

台湾独蒜兰

金线兰

春兰

多花兰

伯乐树

韩信草

花榈木

金荞麦

中华猕猴桃

厚朴

香果树

蛛网萼

五爪金龙

附图3　龙泉市哺乳动物

藏酋猴

猕猴

食蟹獴

鼬獾

黄鼬

豹猫

野猪

小麂

中华鬣羚

东北刺猬

华南兔

大蹄蝠

附图4　龙泉市鸟类

白鹇

鸳鸯

黑翅鸢

黑冠鹃隼

蛇雕

林雕

凤头鹰

赤腹鹰

松雀鹰

领角鸮

领鸺鹠

斑头鸺鹠

日本鹰鸮

红头咬鹃

红隼

附图5　龙泉市两栖动物

秉志肥螈

崇安髭蟾

淡肩角蟾

中华蟾蜍

中国雨蛙

三港雨蛙

弹琴蛙

大绿臭蛙

天目臭蛙

武夷湍蛙

泽陆蛙

虎纹蛙

小棘蛙

九龙棘蛙

棘胸蛙

大树蛙

布氏泛树蛙

北仑姬蛙

附图 6　龙泉市爬行动物

铅山壁虎

宁波滑蜥

蓝尾石龙子

中国石龙子

铜蜓蜥

崇安草蜥

福建钝头蛇

海南闪鳞蛇

黄链蛇

王锦蛇

玉斑锦蛇

翠青蛇

台湾小头蛇

绞花林蛇

颈棱蛇

挂墩后棱蛇

尖吻蝮

原矛头蝮

福建竹叶青蛇

台湾烙铁头蛇

福建华珊瑚蛇

银环蛇

舟山眼镜蛇

眼镜王蛇

附图7　龙泉市陆生昆虫

黑尾叶蝉

钩镰翅绿尺蛾

褐点尺蛾

樗蚕蛾

柑橘凤蝶

灰绒麝凤蝶

金裳凤蝶

宽尾凤蝶

青凤蝶

亮灰蝶

傲白蛱蝶

白带螯蛱蝶

黄钩蛱蝶

苎麻珍蝶

曲纹紫灰蝶

东方蜜蜂

阳彩臂金龟

拉步甲

异色瓢虫

红头豆芫菁

红蜻

附图 8　龙泉市淡水鱼类

马口鱼

齐氏田中鳑鲏

小鰁

建德小鳔鮈

拟腹吸鳅

原缨口鳅

子陵吻虾虎鱼

网纹吻虾虎鱼

圆尾斗鱼

附图 9　龙泉市大型真菌

刺柄集毛孔菌

赭白多年卧孔菌

漏斗多孔菌

薄皮干酪菌

深红鬼笔

匙盖假花耳

小果蚁巢伞

星孢丝盖伞

绵毛丝盖伞

紫茸小菇

点柄乳牛肝菌

黑柄炭角菌

后 记

　　本书的出版得到了生态环境部生物多样性保护重大工程、丽水市生物多样性本底调查（一期）、浙江省瓯江源头区域山水林田湖草沙一体化保护修复工程子项目——丽水市生物多样性保护项目的支持。

　　参与本书撰写的主要人员如下：全书组织、结构和内容审定由雷金松、陈灵敏和刘春龙完成，第一章由雷雅妮、杨善玲、王鹿敏、毛方芳完成，第二章由崔鹏、刘春龙、吴翼完成，第三章由吴翼、葛晓敏完成，第四章由郑笑、孙骏威、周旭、陈水飞、丁晖完成，第五章由赵圣军、雍凡、张文文、吴延庆、杨笑、尧袁、吴军、崔鹏完成，第六章由王晨彬、马方舟完成，第七章由王乐、朱滨清、吴军、齐鑫完成，第八章由胡亚萍、盖宇鹏、娜琴完成。

　　值此出版之际，感谢生态环境部自然生态保护司、浙江省生态环境厅对丽水市生物多样性保护工作给予的关心和指导。在本书编写过程中难免存在一些不足，有待今后深入研究并不断完善。

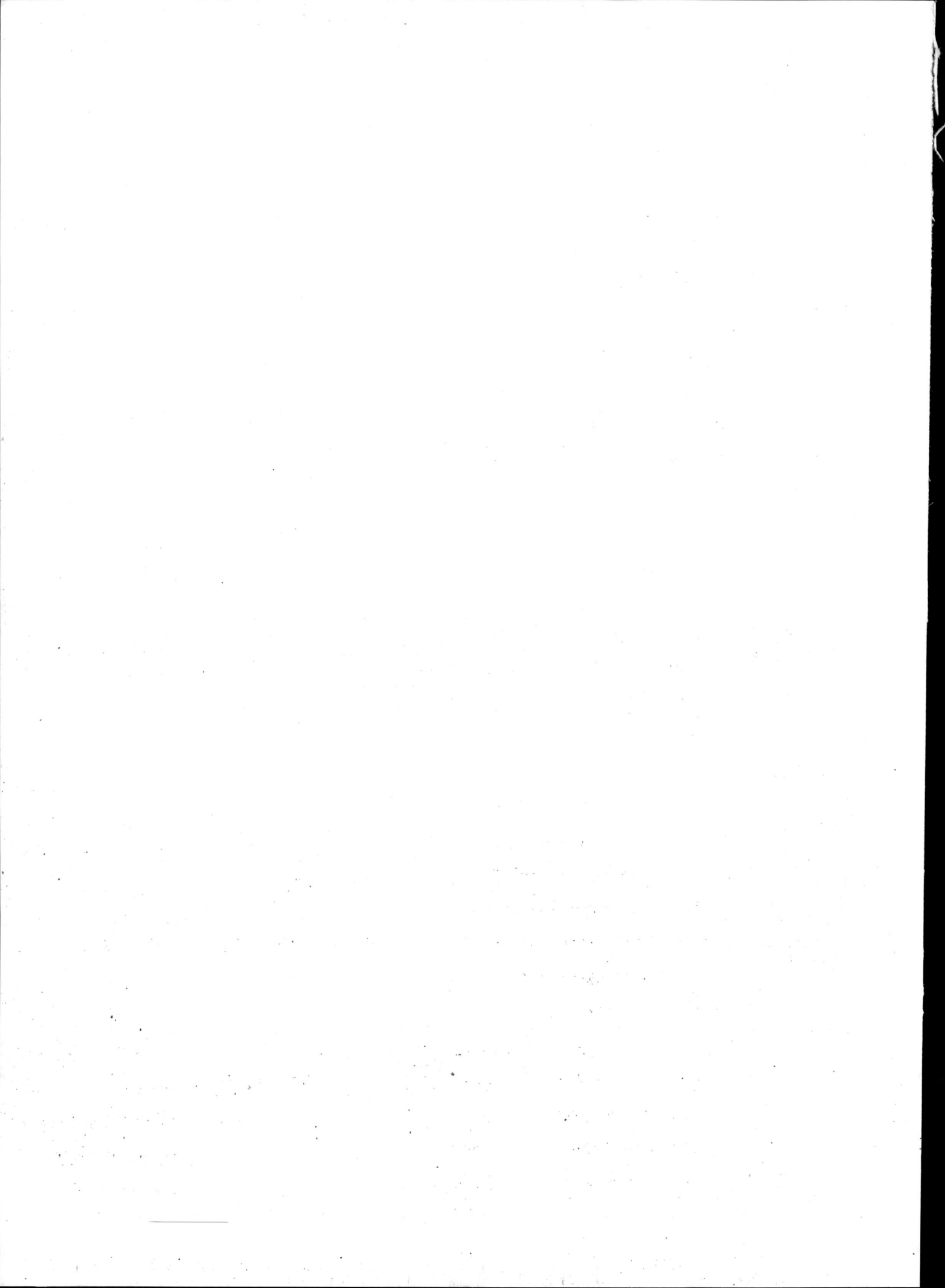